DUDEN

POCKET TEACHER PHYSIK

Abi

6., aktualisierte Auflage

Hans-Peter Götz

Dudenverlag
Berlin

Der Autor
Hans-Peter Götz unterrichtete Physik und Mathematik an einem Gymnasium. Er hat an zahlreichen Physik-Lehrbüchern mitgearbeitet.

Bibliografische Information der Deutschen Nationalbibliothek
Die Deutsche Nationalbibliothek verzeichnet diese Publikation in der Deutschen Nationalbibliografie; detaillierte bibliografische Daten sind im Internet über http://dnb.dnb.de abrufbar.

Bibliographisches Institut GmbH, Mecklenburgische Straße 53, 14197 Berlin

Projektleitung: Juliane Maaß
Konzeption der Karteikarten: Martin Radke
Herstellung: Uwe Pahnke
Umschlaggestaltung: Büroecco, Augsburg
Layout und Satz: LemmeDESIGN, Berlin
Sachzeichnungen: Stefan Giertzsch und Lennart Fischer, beide Berlin
Druck und Bindung: Heenemann GmbH & Co. KG
Bessemerstraße 83–91, 12103 Berlin
Printed in Germany

ISBN 978-3-411-87218-3

Inhalt

Vorwort

Liebe Leserin, lieber Leser!

Der Pocket Teacher Abi Physik eignet sich als Wegbegleiter durch die gesamte Oberstufe bis zum Abitur. Er hilft nicht nur beim Endspurt vor dem Abitur, sondern ebenso gut bei Hausaufgaben und Referaten oder bei der Vorbereitung von Klausuren und Tests. Selbst wer glaubt, schon fit zu sein, kann hier mit Gewinn noch einmal ein Kapitel querlesen und sein Wissen auffrischen. Vor allem aber werden die Zusammenhänge übersichtlich und anschaulich präsentiert. Dazu tragen auch die zahlreichen Grafiken und Schaubilder bei.

Gewünschte Infos können am schnellsten über das Stichwortverzeichnis am Ende des Bandes gefunden werden. Am besten ins Inhaltsverzeichnis schauen und im entsprechenden Kapitel nach dem Begriff suchen! Stichwörter sind hier durch Fettdruck hervorgehoben (z. B. ***Wirkungsgrad,*** S. 41). Farbige Pfeile ▶ verweisen auf andere Stellen im Buch zum gleichen Thema.

BEISPIEL Bewegungsenergie (▶ S. 35)
Geht man den Pfeilen nach, bekommt man zu diesen Fachbegriffen weitere Informationen.

◆ Mehrere Beispielaufgaben oder Aufzählungen zu einem Thema sind meist durch kleine farbige Quadrate übersichtlich gegliedert (▶ S. 49).

Wichtige, wesentliche Informationen sind besonders hervorgehoben:

▶ **ANMERKUNGEN** (▶ S. 37)

Auch die folgenden Hervorhebungen verdienen Ihre besondere Aufmerksamkeit:

MERKE

In diesen Kästen wird in konzentrierter Form Grundsatzwissen vermittelt

ACHTUNG Hiermit wird auf besondere Aspekte wie leichte Verwechselungen u. Ä. hingewiesen.

BEACHTE (▶ S. 37)

Diese Rubrik kennzeichnet Merksätze und Definitionen (▶ S. 59).

Mechanik des Massenpunkts 1

Die Mechanik beschreibt den Ablauf verschiedenartiger Bewegungen von Körpern (Kinematik) und stellt Fragen nach der Ursache von Bewegungen (Dynamik). Die Erfahrung zeigt, dass es für die Beantwortung vieler Fragen genügt, den Körper, der sich relativ zu einem ruhenden Beobachter bewegt, als „punktförmig" zu betrachten. In dieser ***Punktmechanik*** spielt die wirkliche Gestalt des Körpers keine Rolle; man rechnet so, als ob die ganze Masse in seinem Schwerpunkt konzentriert wäre. In dieser Modellvorstellung greifen alle äußeren Kräfte am Schwerpunkt des Körpers an. Verformungen der Körper und Drehbewegungen um Achsen des Körpers treten in diesem Teil der Mechanik nicht auf; Begriffe und Größen wie Drehmasse (= Trägheitsmoment), Drehimpuls, Rotationsenergie … fehlen deshalb in diesem Band. Je nachdem, ob und in welcher Richtung eine Kraft (oder mehrere Kräfte) auf einen Körper der Masse m einwirkt, unterscheidet man verschiedene Bewegungsarten.

1.1 Bewegung ohne Einwirkung einer Kraft

Die geradlinige Bewegung mit konstanter Geschwindigkeit

In diesem Fall gilt das ***Trägheitsprinzip*** (auch **1. Newton'sches Gesetz**): Aufgrund seiner Masse (= Trägheit, ***Beharrungsvermögen***) ist jeder Körper „von sich aus" bestrebt, seinen augenblicklichen Bewegungszustand beizubehalten. Ist er momentan in Ruhe, so wird er in diesem Zustand verharren, wenn ihn nicht Kräfte zwingen, dies zu ändern. Aber auch ein schon bewegter Körper behält seine Bewegung bei – selbst ohne weitere Antriebskraft.

Ein kräftefreier Körper bewegt sich mit konstanter Geschwindigkeit längs einer Geraden; diese einfachste Bewegungsart wird auch als ***gleichförmige Bewegung*** bezeichnet.
Der Quotient aus der Streckenlänge Δs, die ein Körper während der Zeitspanne Δt zurücklegt, und dieser Zeitspanne, wird als Geschwindigkeit bezeichnet:

$$v = \frac{\Delta s}{\Delta t}$$

und in den Einheiten $\frac{\mathrm{m}}{\mathrm{s}}$ oder $\frac{\mathrm{km}}{\mathrm{h}}$ angegeben. Es ist $1\,\frac{\mathrm{m}}{\mathrm{s}} = 3{,}6\,\frac{\mathrm{km}}{\mathrm{h}}$; $1\,\frac{\mathrm{km}}{\mathrm{h}} \approx 0{,}28\,\frac{\mathrm{m}}{\mathrm{s}}$.

(mittlere) Geschwindigkeit: $v = \frac{\Delta s}{\Delta t}$

Da bei der ***gleichförmigen Bewegung*** die Geschwindigkeit konstant ist, spielt es keine Rolle, wie groß oder wie klein die Wegstücke Δs gewählt werden. Für diese Bewegung gilt daher auch $v = \frac{s}{t}$ oder $s = v \cdot t$, wo s den in der Zeit t zurückgelegten Gesamtweg bezeichnet.

BEISPIEL Fährt ein Auto vom Ort A in $\Delta t = 30\,\mathrm{min}$ in den $\Delta s = 9\,\mathrm{km}$ entfernten Ort B, so beträgt seine *mittlere* Geschwindigkeit $v = \frac{\Delta s}{\Delta t} = \frac{9000\,\mathrm{m}}{1800\,\mathrm{s}} = 5\,\frac{\mathrm{m}}{\mathrm{s}}$.

Nehmen wir an, dass dieses Auto stets mit der konstanten Geschwindigkeit $v = 5\,\frac{\mathrm{m}}{\mathrm{s}}$ fahre (was in Wirklichkeit sicher nicht längere Zeit einzuhalten ist), so bewegt es sich gleichförmig und legt beispielsweise in $t = 5$ Stunden Fahrzeit den Gesamtweg $s = v \cdot t = 5\,\frac{\mathrm{m}}{\mathrm{s}} \cdot 18\,000\,\mathrm{s} = 90\,000\,\mathrm{m} = 90\,\mathrm{km}$ zurück.

▶ **ANMERKUNG** Selbstverständlich benötigt das Auto für sein Fortkommen eine ständig einwirkende Kraft. Der Motor übt über das Getriebe und die Räder eine Kraft auf die Straße aus; die Gegenkraft dazu treibt das Auto vorwärts. Im Fall einer gleichförmigen Bewegung ist der Betrag dieser Kraft exakt gleich der Summe aller Reibungskräfte, die das Auto von der Straße und der Luft erfährt. Da die Reibungskräfte der Antriebskraft entgegengerichtet sind, „kompensieren“ sich die Kräfte und die Physiker bezeichnen auch diesen Zustand als „kräftefrei“.

Trägt man den zurückgelegten Weg s und die Zeit t in ein Schaubild ein, so ergibt sich – wenn zum Zeitpunkt $t = 0$ auch der Weg $s = 0$ ist – eine Ursprungsgerade. Sie beschreibt das ***Weg-Zeit-Gesetz*** der gleichförmigen Bewegung. Die Steigung ist ein Maß für die Geschwindigkeit $v = \frac{\Delta s}{\Delta t}$. In das gleiche Schaubild eingetragen, gehört zu einem schnelleren Fahrzeug eine steilere Gerade.

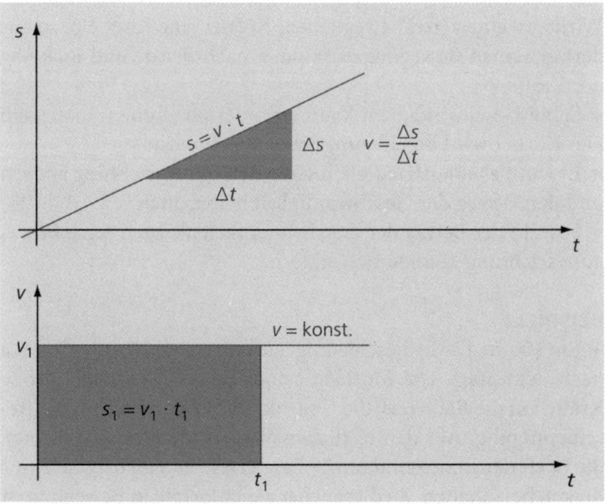

Trägt man in ein weiteres Schaubild die Geschwindigkeit v und die Zeit t ein, so erhält man eine Parallele zur t-Achse: v = konst. Diese Gerade beschreibt das ***Geschwindigkeits-Zeit-Gesetz.*** Der

Flächeninhalt unter dem Schaubild (in diesem Fall ein Rechteck) ist ein Maß für den zurückgelegten Weg.

> **Bewegungsgesetze der gleichförmigen Bewegung:**
> *Weg-Zeit-Gesetz:* $s = v \cdot t$
> bzw. $s = v \cdot t + s_0$, wenn zum Zeitpunkt $t = 0$ bereits ein Wegvorsprung s_0 besteht.
> *Geschwindigkeits-Zeit-Gesetz:* $v = \text{konst.}$

1.2 Bewegungen unter der Einwirkung von Kräften

Wirkt auf einen (frei beweglichen) Körper eine Kraft ein, so ändert er seinen Bewegungszustand je nach *Betrag* und *Richtung* der Kraft:

- Seine Geschwindigkeit kann zu- oder abnehmen, man sagt: Der Körper wird beschleunigt oder abgebremst.
- Er kann aber auch lediglich seine Bewegungsrichtung ändern und den Betrag der Geschwindigkeit beibehalten.
- Sowohl der Betrag der Geschwindigkeit als auch seine Bewegungsrichtung können sich ändern.

BEISPIELE

- Ein 100-m-Läufer beschleunigt auf den ersten 20 m der Strecke nach dem Start. Die Muskeln seiner Beine üben dabei große Kräfte auf die Bahn aus; die Gegenkraft dazu erteilt ihm die Beschleunigung. Auf den restlichen 80 m versuchen die Sprinter, die nach der Beschleunigungsphase erreichte Höchstgeschwindigkeit beizuhalten. Zu dieser eher gleichförmigen Bewegung ist weniger Krafteinsatz erforderlich, lediglich die Reibungskräfte müssen kompensiert werden.
- Die Erde übt auf den Mond eine ständig einwirkende Kraft aus. Diese Kraft führt dazu, dass der Mond fortwährend zu einer

Richtungsänderung gezwungen wird. Anstatt aufgrund seiner Trägheit geradlinig fortzufliegen, wird er durch die Anziehungskraft der Erde auf eine Kreisbahn genötigt. Da die Kraftrichtung immer rechtwinklig zur Bewegungsrichtung einwirkt, ändert diese Kraft den Betrag seiner Geschwindigkeit nicht!

◆ Wirft man einen Ball seinem Mitspieler zu, so wirkt auch während des freien Flugs die Gewichtskraft auf den Ball ein. Sie bewirkt, dass der Ball auf einer gekrümmten Bahn (einem Parabelbogenstück) fliegt, also ständig seine Richtung ändert, und gleichzeitig, dass sich der Betrag der Geschwindigkeit ändert.

Kräfte, Wege, Geschwindigkeiten und Beschleunigungen besitzen eine Richtung im Raum. Solche gerichteten Größen – im Gegensatz zu Größen, denen man keine Richtung zuordnen kann, wie beispielsweise der Masse m – werden in der Physik als *vektorielle Größen* bezeichnet und erhalten zur Kennzeichnung einen Pfeil über das Größensymbol: $\vec{F}$, $\vec{s}$, $\vec{v}$, $\vec{a}$ …

In den Fällen, wo es auf die Richtung nicht ankommt, oder wo diese aus der Anschauung her klar ist, verzichtet man häufig auf diese umständliche Schreibweise und versteht unter F, s, v, a … (ohne Pfeil darüber) die Beträge dieser Größen. In diesem Band verwenden wir nur in Ausnahmefällen die vektorielle Schreibweise.

Wenn die Kraft weder ihren Betrag noch ihre Richtung ändert

Die gleichmäßig beschleunigte Bewegung

Ist ein Körper zuvor in Ruhe oder bereits in Bewegung und wirkt dann eine Kraft parallel zur Bewegungsrichtung ein, so wird der Körper beschleunigt oder – wenn die Kraft entgegenwirkt – abgebremst.

Diesen Sachverhalt kennen wir aus typischen Alltagssituationen: Bei der Anfahrbewegung eines Autos nimmt seine Geschwindigkeit ständig zu. Man meint damit, dass seine Momentangeschwindigkeit wächst.

> Unter der ***Momentangeschwindigkeit*** versteht man den Grenzwert der Durchschnittsgeschwindigkeit $v = \frac{\Delta s}{\Delta t}$ für „unendlich" kleine Zeitspannen Δt ($\Delta t \to 0$).

So versucht z. B. die Polizei bei einer Geschwindigkeitskontrolle mit der Lichtschranken-Methode möglichst genau die Momentangeschwindigkeit zu ermitteln, indem sie die Messstrecke Δs sehr klein wählt und damit kleine Zeitspannen Δt misst.

Sind der Betrag und die Richtung der beschleunigenden Kraft konstant, so nimmt die Geschwindigkeit in gleichen Zeitspannen Δt jeweils um den gleichen Betrag Δv zu (oder ab). Diese ebenfalls geradlinig verlaufende Bewegung wird als ***gleichmäßig beschleunigte*** (bzw. gleichmäßig verzögerte) ***Bewegung*** bezeichnet.
Unter der Beschleunigung (bzw. Verzögerung) a versteht man den Quotienten $\frac{\Delta v}{\Delta t}$ aus einer Geschwindigkeitsänderung Δv und der Zeitspanne Δt, in der diese stattfindet:

> Beschleunigung: $a = \frac{\Delta v}{\Delta t}$

(Vereinbart man, dass jede Änderung mit dem Δ-Zeichen als Differenz „neuer Wert minus altem Wert" berechnet wird, so können negative Beschleunigungen auftreten; in diesem Fall wird der Betrag $|a|$ auch als Verzögerung bezeichnet.)

Beschleunigungen und Verzögerungen werden üblicherweise in der Einheit $\frac{\text{m}}{\text{s}^2}$ gemessen.

BEISPIEL Beschleunigt ein Fahrzeug beim Anfahren aus dem Stand mit einer konstanten Beschleunigung $a = 3{,}0\,\frac{\text{m}}{\text{s}^2}$, so beträgt seine Momentangeschwindigkeit nach der 1. Sekunde $v_1 = 3{,}0\,\frac{\text{m}}{\text{s}}$, nach der 2. Sekunde $v_2 = 6{,}0\,\frac{\text{m}}{\text{s}}$, nach der 3. Sekunde $v_3 = 9{,}0\,\frac{\text{m}}{\text{s}}$ usw.

Wirkt auf einen frei beweglichen Körper der Masse m eine konstante Kraft F ein, so erfährt er die konstante Beschleunigung: $a = \frac{F}{m}$ in Richtung der Kraft.

> Diese Ursache und Wirkung verknüpfende Beziehung wird als ***Newton'sches Grundgesetz der Mechanik*** oder auch **2. Newton'sches Gesetz** bezeichnet:
> $a = \frac{F}{m}$ bzw. $F = m \cdot a$.

1

BEISPIEL Soll ein Auto der Masse $m = 1200\,\text{kg}$ mit $a = 4{,}0\,\frac{\text{m}}{\text{s}^2}$ beschleunigen, so muss der Motor hierfür die Kraft:

$F = m \cdot a = 1200\,\text{kg} \cdot 4\,\frac{\text{m}}{\text{s}^2} = 4\,800\,\text{kg} \cdot \frac{\text{m}}{\text{s}^2} = 4800\,\text{N}$ aufbringen.

Für die gleiche Beschleunigung eines Lkw mit $m = 12\,000\,\text{kg}$ Masse muss der Motor eine Kraft von $48\,000\,\text{N}$ aufbringen. Ist seine Kraft jedoch weiterhin auf $4800\,\text{N}$ begrenzt, so ist die maximal erreichbare Beschleunigung des Lkw:

$a = \frac{F}{m} = \frac{4800\,\text{N}}{12000\,\text{kg}} = 0{,}4\,\frac{\text{m}}{\text{s}^2}$,

d. h., seine Momentangeschwindigkeit beim Startvorgang beträgt nach 1 Sekunde $0{,}4\,\frac{\text{m}}{\text{s}}$, nach 2 Sekunden $0{,}8\,\frac{\text{m}}{\text{s}}$, nach 3 Sekunden $1{,}2\,\frac{\text{m}}{\text{s}}$ usw.

Bei der gleichmäßig beschleunigten Bewegung ist das $v(t)$-Schaubild eine Ursprungsgerade, wenn zum Zeitpunkt $t = 0$ die Bewegung beginnt, oder eine „verschobene Gerade", wenn aus einer Anfangsgeschwindigkeit v_0 heraus beschleunigt wird („fliegender Start"). In jedem Fall ist die Steigung ein Maß für die Beschleunigung $a = \frac{\Delta v}{\Delta t}$ und der Flächeninhalt unter dem Schaubild ein Maß für den zurückgelegten Weg. Geschwindigkeits-Zeit-Schaubilder werden auch als Tachogramme bezeichnet.

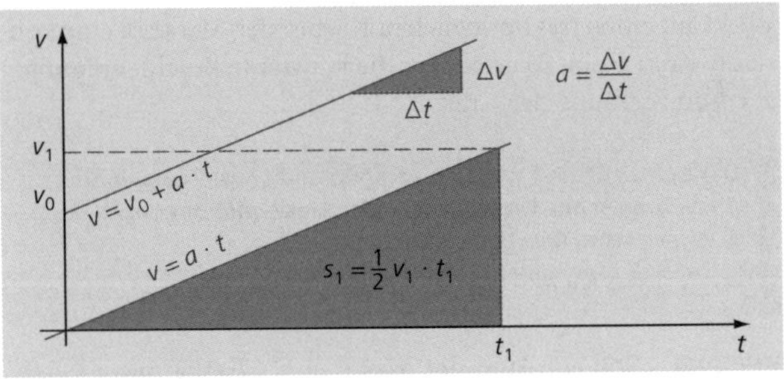

Die zugehörigen Geschwindigkeits-Zeit-Gesetze können direkt dem Diagramm entnommen werden (bei gleichmäßig verzögerten Bewegungen sind die Pluszeichen durch Minuszeichen zu ersetzen).

> **Bewegungsgesetze der gleichmäßig beschleunigten Bewegung:**
> *Weg-Zeit-Gesetze:* $s = \frac{1}{2} v \cdot t = \frac{1}{2} a \cdot t^2$ bzw. $s = v_0 \cdot t + \frac{1}{2} a \cdot t^2$
> *Geschwindigkeits-Zeit-Gesetze:* $v = a \cdot t$ bzw. $v = v_0 + a \cdot t$

Alle im Vakuum fallenden Körper ***(freier Fall)*** erfahren durch die einwirkende Gewichtskraft F_G dieselbe konstante Beschleunigung $a = \frac{F_G}{m} = \frac{m \cdot g}{m} = g$. (In der Mittelstufe wird $g = 9{,}81 \frac{\text{N}}{\text{kg}} = 9{,}81 \frac{\text{m}}{\text{s}^2}$ als Ortsfaktor bezeichnet.)

BEISPIEL Ein frei fallender Stein fällt (ohne Luftwiderstand) in einen 80 m tiefen Brunnenschacht.

Aus dem Weg-Zeit-Gesetz $s = \frac{1}{2} a \cdot t^2$ folgt mit $a = g = 9{,}81 \frac{\text{m}}{\text{s}^2} \approx 10 \frac{\text{m}}{\text{s}^2}$ für die Fallzeit $t = \sqrt{\frac{2s}{g}} \approx 4\,\text{s}$. Für die Endgeschwindigkeit liefert das Geschwindigkeits-Zeit-Gesetz dann: $v = a \cdot t = g \cdot t \approx 40 \frac{\text{m}}{\text{s}}$.

Auch Gleit- oder Rollbewegungen auf einer geneigten Fahrbahn verlaufen gleichmäßig beschleunigt. Die parallel zur Bahn gerichtete Komponente der Gewichtskraft $F_H = F_G \cdot \sin \alpha$ liefert eine konstant beschleunigende Kraft. F_H wird als ***Hangabtriebskraft*** bezeichnet.

Diese hierzu rechtwinklig orientierte 2. Komponente der Gewichtskraft – auch als ***Normalkraft*** bezeichnet – bewirkt ein

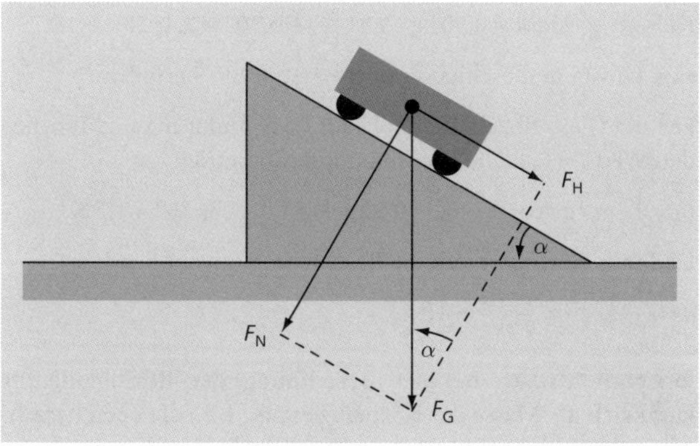

„Anpressen" des Körpers auf die Unterlage. Diese Normalkomponente $F_N = F_G \cdot \cos \alpha$ ist – neben der Oberflächenbeschaffenheit – wesentlich für die mechanischen Reibungskräfte zwischen zwei gleitenden Körpern verantwortlich. (Auf einer horizontalen Ebene ist $F_N = F_G$.)

Für die Reibung eines gleitenden Körpers auf einer trockenen Unterlage zeigen Experimente, dass die ***Reibungskraft*** F_R weitgehend unabhängig von der Geschwindigkeit und der Größe der reibenden Flächen ist. Mit dem experimentell bestimmten Quotienten $\frac{F_R}{F_N} = f$ (eine benennungslose Zahl!) wird die Oberflächenbeschaffenheit der Gleitflächen charakterisiert; f wird als Reibzahl bezeichnet.

> Kennt man die Reibzahl f (hierfür gibt es Tabellen in Büchern), so liefert $F_R = f \cdot m \cdot g \cdot \cos\alpha$ eine (gute) Näherung zur Berechnung der Reibungskraft.

BEISPIEL Ein Holzklotz der Masse $m = 0{,}50\,\text{kg}$ wird auf eine um $\beta = 60°$ abwärts geneigte Glasplatte gesetzt und dann losgelassen. Würde der Klotz auf der Glasfläche keine Reibung erfahren, so würde ihm die Hangabtriebskraft:

$$F_H = m \cdot g \cdot \sin\alpha = 0{,}50\,\text{kg} \cdot 9{,}81\,\frac{\text{m}}{\text{s}^2} \cdot \sin 30° = 2{,}45\,\text{N}$$

eine konstante Beschleunigung $a = \frac{F_H}{m} = 4{,}9\,\frac{\text{m}}{\text{s}^2}$ erteilen.

Für die Gleitreibzahl bei Holz auf Glas findet man in Tabellen den Wert $f = 0{,}4$. Die Gleitreibungskraft beträgt:

$$F_R = f \cdot m \cdot g \cdot \cos\alpha = 0{,}4 \cdot 0{,}5\,\text{kg} \cdot 9{,}81\,\frac{\text{m}}{\text{s}^2} \cdot \cos 30° \approx 1{,}7\,\text{N}.$$

Dadurch verringert sich die Beschleunigung auf den Wert:

$$a = \frac{(F_H - F_R)}{m} = \frac{0{,}75\,\text{N}}{0{,}5\,\text{kg}} = 1{,}5\,\frac{\text{m}}{\text{s}^2}.$$

▶ **ANMERKUNG** Bei der Berechnung der Beschleunigung kürzt sich die Masse des Körpers heraus, d. h., die oben berechneten Beschleunigungswerte gelten für beliebig schwere Körper. Soll ein zunächst ruhender Körper, der auf einer Unterlage aufsitzt, verschoben werden, so setzt er sich in der Regel erst in Bewegung, wenn die an ihm angreifende Kraft einen bestimmten Betrag übersteigt. Bevor eine Beschleunigung einsetzt, wirkt der von außen angreifenden Kraft die sogenannte ***Haftreibungskraft*** entgegen; der Körper ist so lange im Kräftegleichgewicht. Es zeigt sich, dass die *maximale* Haftreibungskraft in den meisten Fällen größer ist als die Gleitreibungskraft. Ist die Haftreibung einmal „überwunden", genügt in der Regel ein kleinerer Kraftbetrag, um den Körper (gleichförmig) in Bewegung zu halten.
Die maximal erreichbaren Haftreibungskräfte spielen in der Technik und im Verkehr eine große Rolle. Beim Anfahren, Abbremsen, aber auch bei der Kurvenfahrt eines Fahrzeugs, wird

das Fahrverhalten im Wesentlichen von den *Haft*reibungskräften bestimmt. Den kürzesten Bremsweg erreicht ein Autofahrer, wenn er so abbremst, dass die Reifen nicht ins Gleiten kommen. Modeme Bremshilfen, wie z. B. ABS, verhindern auch bei stärkstem Druck auf das Bremspedal ein Blockieren der Räder, was einen Gleitvorgang mit geringerer Verzögerung zur Folge hätte. Reibzahlen für die maximal mögliche Haftreibung können ohne großen Aufwand auf einer geneigten Ebene (sie wird in der Schule gelegentlich auch als schiefe Ebene bezeichnet) bestimmt werden. Dazu legt man z. B. einen Holzklotz auf ein Brett und vergrößert dann langsam den Steigungswinkel der Ebene bis zu dem Moment, in dem der Klotz ins Rutschen gerät. Bei diesem Winkelwert ist der Betrag der Hangabtriebskraft gleich dem Maximalwert der Haftreibung:
$m \cdot g \cdot \sin \alpha = f \cdot m \cdot g \cdot \cos \alpha$ oder $f = \tan \alpha$.

BEISPIEL Gerät ein Körper beim Winkel $\alpha = 30°$ gerade ins Gleiten, so beträgt die maximale Haftreibzahl für die beiden Materialien $f = \tan 30° = 0{,}58$.

Würfe

Wenn sich Kinder Bälle zuwerfen, so fliegt der Ball zwischen den Fängern auf einer gekrümmten Bahn, einem nach unten geöffneten Parabelbogenstück. Obwohl im Flug nur die konstante Gewichtskraft auf den Ball einwirkt, ist seine Bewegung (zunächst) mit den Bewegungsgesetzen für *geradlinige* Bewegungen nicht zu berechnen. Doch hilft hier (wie auch bei vielen weiteren physikalischen Problemen) das *Ersatzprinzip* weiter:
Man kann häufig (doch nicht immer) einen komplizierten Bewegungsablauf durch zwei einfache, *geradlinige* Bewegungen ersetzen. Die anschließende rechnerische Überlagerung der beiden Ersatzbewegungen liefert das richtige Ergebnis, wenn die Teilbewegungen unabhängig voneinander ablaufen.

Bei Würfen erfüllen die folgenden Ersatzbewegungen diese Bedingung, wenn der Einfluss der Luftreibung vernachlässigt werden kann.

a) Vertikaler Wurf nach oben

Jeder Körper, der senkrecht nach oben geworfen wird, kehrt nach einiger Zeit seine Flugrichtung um und kommt zum Werfer zurück. Diese Bewegung kann man sich als Überlagerung zweier geradliniger Bewegungen *vorstellen,* die gleichzeitig und unabhängig voneinander ablaufen (in Wirklichkeit führt der Körper natürlich nur *eine* Bewegung aus!):

- vertikal aufwärts: eine gleichförmige Bewegung mit der Anfangsgeschwindigkeit v_0
- vertikal abwärts: eine gleichmäßig beschleunigte Bewegung mit $a = g$ *(freier Fall).*

Erfolgt der Abwurf zum Zeitpunkt $t = 0$ in Richtung einer nach oben positiv orientierten y-Achse, so kann man den Ort $y(t)$ und den Betrag der Momentangeschwindigkeit $v(t)$ zu jedem Zeitpunkt t durch einfache Addition berechnen:

Bewegungsgesetze des vertikalen Wurfs:

$y(t) = v_0 \cdot t - \frac{1}{2} \cdot g \cdot t^2$ und

$v(t) = v_0 - g \cdot t \ \left(\text{mit } g = +9{,}81 \frac{\text{m}}{\text{s}^2}\right)$

BEISPIEL Ein Tennisball werde mit der Anfangsgeschwindigkeit $v_0 = 30 \frac{\text{m}}{\text{s}}$ senkrecht nach oben geworfen.
Sein Geschwindigkeits-Zeit-Gesetz lautet dann:

$$v(t) = v_0 - g \cdot t = 30 \frac{\text{m}}{\text{s}} - 9{,}81 \frac{\text{m}}{\text{s}^2} \cdot t.$$

Wenn der Tennisball im höchsten Punkt seiner Bahn kehrtmacht, ist für einen kleinen Augenblick seine Geschwindigkeit 0. Setzt man $v = 0$, so liefert die Gleichung:

$0 = 30\,\frac{\text{m}}{\text{s}} - 9{,}81\,\frac{\text{m}}{\text{s}^2} \cdot t$

– aufgelöst nach t – die Steigzeit des Balls: $t_S = \dfrac{30\,\frac{\text{m}}{\text{s}}}{9{,}81\,\frac{\text{m}}{\text{s}^2}} \approx 3{,}1\,\text{s}$.

Mit $t = t_S = 3{,}1\,\text{s}$ liefert das Weg-Zeit-Gesetz für die maximale Höhe des Wurfs:

$$y(t_S) = v_0 \cdot t_S - \frac{1}{2} \cdot g \cdot t_S^2$$

$$= 30\,\frac{\text{m}}{\text{s}} \cdot 3{,}1\,\text{s} - \frac{1}{2} \cdot 9{,}81\,\frac{\text{m}}{\text{s}^2} \cdot (3{,}1\,\text{s})^2 = 93\,\text{m} - 47{,}1\,\text{m} = 45{,}9\,\text{m}.$$

(Durch die unvermeidliche Luftreibung ist der Wert in Wirklichkeit wesentlich kleiner!)

b) Waagrechter Wurf

Auch ein Wurf mit horizontal gerichtetem Abwurf lässt sich aus 2 Teilbewegungen zusammensetzen. Man stellt sich dazu vor, dass der Abwurf im Ursprung eines rechtwinkligen Koordinatensystems erfolgt, die positiv orientierte y-Achse zeigt in diesem Fall zweckmäßigerweise nach unten.

Blickt man aus der Vogelperspektive, so wird man nur die x-Achse sehen und in x-Richtung eine gleichförmige Bewegung mit der Anfangsgeschwindigkeit v_0 wahrnehmen.

Blickt man von vorn auf die Wurfbahn (so, dass man die Projektion der Bahn auf die y-Achse sieht), scheint längs der y-Achse ein freier Fall abzulaufen.

Wie man dann bei seitlichem Blick auf die x- und y-Achse den Bahnverlauf des wirklichen Wurfs punktweise konstruieren kann, zeigt die folgende Skizze. (Da die beiden Teilbewegungen rechtwinklig zueinander orientiert sind, würde eine „normale" Addition, wie dies bei senkrechten Würfen möglich ist, ein falsches Ergebnis liefern. Man muss in diesem Fall „geometrisch" [= vektoriell] addieren.).

Punktweise Konstruktion der Flugbahn eines Körpers, der horizontal mit $v_0 = 30\,\frac{\text{m}}{\text{s}}$ abgeworfen wurde (gezeichnet mit dem Näherungswert $g = 10\,\frac{\text{m}}{\text{s}^2}$)

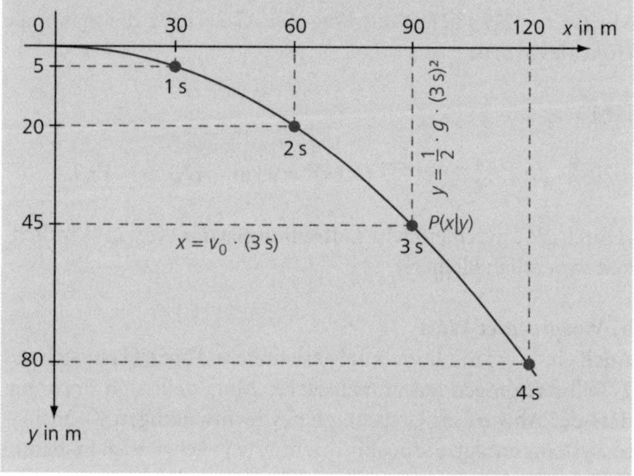

c) Schiefer Wurf

Auch bei schräg nach oben gerichteten Würfen kann dieses Verfahren angewandt werden. Es ist nur zu beachten, dass die Abwurfgeschwindigkeit v_0 zunächst in ihre x- und y-Komponenten zerlegt wird:

$v_{0x} = v_0 \cdot \cos\alpha$ und

$v_{0y} = v_0 \cdot \sin\alpha$.

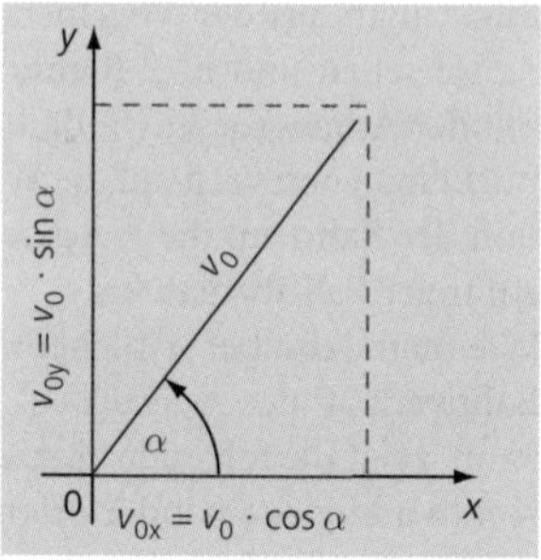

Die nachfolgenden Skizzen zeigen zwei Möglichkeiten einer Konstruktion der Bahnkurve eines mit $v_0 = 11{,}5\,\frac{\text{m}}{\text{s}}$ unter 60° schräg nach oben geworfenen Körpers.

1. Konstruktion: Die beiden Komponenten der anfänglichen Geschwindigkeit haben die Beträge:

$v_{0x} = v_0 \cdot \cos\alpha = 11{,}5\,\frac{\text{m}}{\text{s}} \cdot \frac{1}{2} = 5{,}75\,\frac{\text{m}}{\text{s}}$ und

$v_{0y} = v_0 \cdot \sin\alpha = 11{,}5\,\frac{\text{m}}{\text{s}} \cdot 0{,}866 \approx 10{,}0\,\frac{\text{m}}{\text{s}}$.

In der Abbildung unten wurden die Koordinaten $(x|y)$ für eine Anzahl Punkte (in Schritten von 0,25 s) nach den folgenden Gleichungen berechnet, eingezeichnet und dann verbunden:

$x = v_{0x} \cdot t = 5{,}75\,\frac{\text{m}}{\text{s}} \cdot t$

$y = v_{0y} \cdot t - \frac{1}{2} \cdot g \cdot t^2 \approx 10\,\frac{\text{m}}{\text{s}} \cdot t - \frac{1}{2} \cdot 10\,\frac{\text{m}}{\text{s}^2} \cdot t^2.$

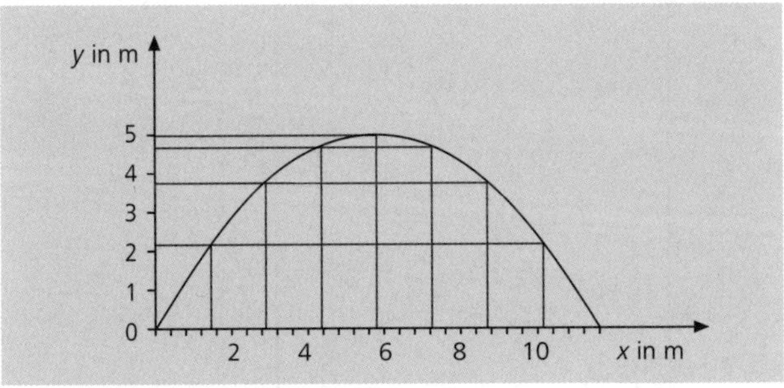

2. Konstruktion: Hierbei (s. Abb. S. 24) wird ein anderes Prinzip angewandt: Einer gleichförmig gedachten Bewegung mit der Geschwindigkeit $v_0 = 11{,}5\,\frac{\text{m}}{\text{s}}$ längs eines Strahls mit dem Steigungswinkel $\alpha = 60°$ werden die Fallstrecken eines freien Falls punktweise angehängt – hier in 0,25-Sekunden-Abständen berechnet. Die Bahnkurve eines schiefen Wurfs im luftleeren Raum ist ein Parabelbogenstück, sie verläuft symmetrisch zu ihrem Hochpunkt.

Auch Bremsbewegungen von Fahrzeugen können als Überlagerung zweier Bewegungen betrachtet werden. Dies soll am Beispiel eines bremsenden Autos verdeutlicht werden.

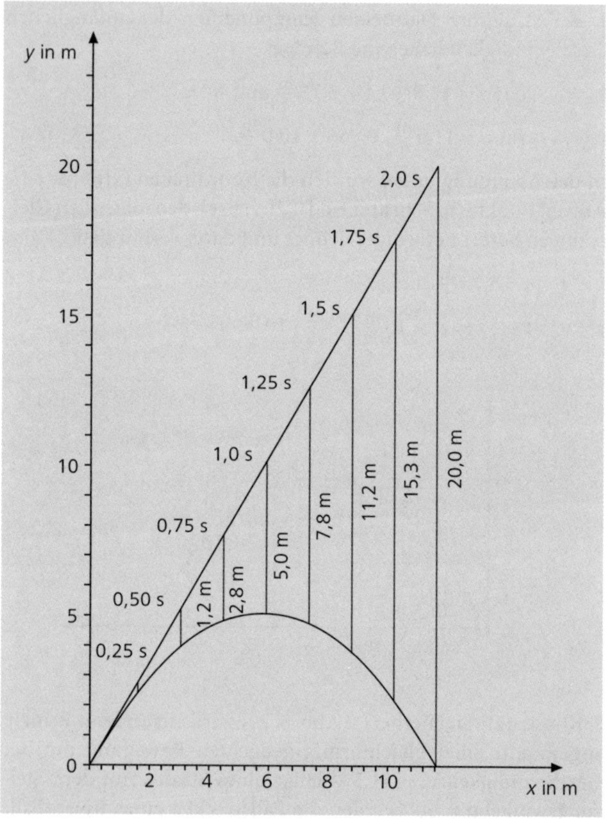

Ein Auto fährt mit $v_0 = 180\,\frac{\text{km}}{\text{h}} = 50\,\frac{\text{m}}{\text{s}}$ auf der Autobahn. An einer Baustelle muss die Geschwindigkeit auf $v_1 = 40\,\frac{\text{km}}{\text{h}} = 11{,}1\,\frac{\text{m}}{\text{s}}$ verringert werden. Der Fahrer sieht das Hinweisschild erstmals in 100 m Entfernung vor der Baustelle.

Kann der Fahrer bei einer konstanten Verzögerung $a = 6{,}0\,\frac{\mathrm{m}}{\mathrm{s}^2}$ innerhalb von 100 m diese Geschwindigkeitsreduzierung vornehmen?
Sein Geschwindigkeits-Zeit-Gesetz lautet in diesem Fall:
$v_1(t) = v_0 - a \cdot t.$

Von der Geschwindigkeit v_0 einer gleichförmigen Bewegung wird ein mit der Zeit anwachsender Betrag $a \cdot t$, der Geschwindigkeitswert einer beschleunigten Bewegung, subtrahiert.
Setzt man die speziellen Werte ein:

$11{,}1\,\frac{\mathrm{m}}{\mathrm{s}} = 50\,\frac{\mathrm{m}}{\mathrm{s}} - 6{,}0\,\frac{\mathrm{m}}{\mathrm{s}^2} \cdot t,$

so erhält man die Bremszeit: $t = \frac{38{,}9\,\frac{\mathrm{m}}{\mathrm{s}}}{6\,\frac{\mathrm{m}}{\mathrm{s}^2}} = 6{,}48\ \mathrm{s}.$

Das Weg-Zeit-Gesetz für den Bremsweg s lautet in diesem Fall:

$s(t) = v_0 \cdot t - \frac{1}{2} \cdot a\,t^2 = 50\,\frac{\mathrm{m}}{\mathrm{s}} \cdot 6{,}48\ \mathrm{s} - \frac{1}{2} \cdot 6\,\frac{\mathrm{m}}{\mathrm{s}^2} \cdot (6{,}48\ \mathrm{s})^2$

$= 324\ \mathrm{m} - 126\ \mathrm{m} = 198\ \mathrm{m}.$

Das Auto kommt nicht rechtzeitig zum Stehen. Auch im Weg-Zeit-Gesetz kann man die Weganteile der zwei Bewegungen erkennen.

Wenn Kräfte von konstantem Betrag einwirken und ihre Richtung stets rechtwinklig zur augenblicklichen Bewegungsrichtung ist

Die gleichmäßige Kreisbewegung

Mit einer Kraft dieser Art – genannt *Zentripetalkraft* – kann ein Körper auf eine Kreisbahn gezwungen werden. Die Kraftpfeile weisen auf einen festen Punkt: den Drehpunkt D der Kreisbewegung. Obwohl sich der Betrag der ***Bahngeschwindigkeit:***

$v = \frac{\Delta b}{\Delta t}$

dabei nicht ändert, zählt die ***gleichmäßige Kreisbewegung*** zu den beschleunigten Bewegungen. (Wir setzen hier für die Wegstrecke s die Bogenlänge b ein.)

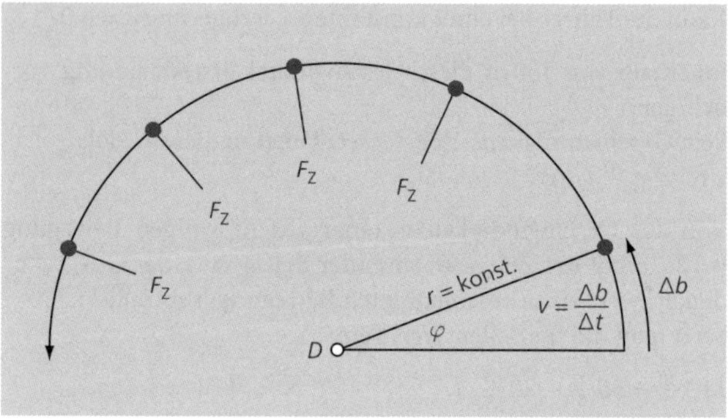

Die Zentripetalkraft F_z erteilt dem Körper der Masse m ständig eine Zentripetalbeschleunigung $a_z = \frac{F_z}{m}$ in Richtung D und hindert den Körper daran, aufgrund seiner Trägheit geradlinig weiterzufliegen.
Häufig beschreibt man die Kreisbewegung durch die ***Winkelgeschwindigkeit*** $\omega = \frac{\Delta\varphi}{\Delta t}$, mit dem Drehwinkel φ bezüglich des festen Drehzentrums D und einer „Nullrichtung" des Winkels. Bewegt sich der Massenpunkt auf einer Kreislinie mit *konstantem* Radius r, so kann der Drehwinkel im Bogenmaß geschrieben werden: $\varphi = \frac{b}{r}$

und man erhält für den Zusammenhang zwischen der Bahn und der Winkelgeschwindigkeit die einfache Beziehung $v = r \cdot \omega$.

Bei langsam verlaufenden Kreisbewegungen lässt sich häufig sehr leicht die Zeitdauer für einen Umlauf, die sogenannte ***Umlaufdauer*** T messen, bei raschen Bewegungen bestimmt man eher die Anzahl der Umläufe in einer bestimmten Zeitspanne, die ***Frequenz*** $f = \frac{1}{T} = \frac{\omega}{2\pi}$.

Mit diesen Größen ergeben sich bei der gleichmäßigen Kreisbewegung für die erforderliche ***Zentripetalkraft (= Ziehkraft)*** mehrere gleichwertige Beziehungen:

$F_z = \frac{m \cdot v^2}{r} = m \cdot r \cdot \omega^2 = 4\pi^2 \cdot m \cdot r \cdot f^2 = 4\pi^2 \cdot m \cdot \frac{r}{T^2}$.

Mit einer konstanten Kraft vom Betrag $F_z = \frac{m \cdot v^2}{r}$, deren Richtung stets auf einen festen Punkt D weist, kann ein punktförmiger Körper der Masse m auf eine Kreisbahn von konstantem Radius r gezwungen werden; die Beträge von Bahn- und Winkelgeschwindigkeit sowie Frequenz und Umlaufdauer sind dann konstant.

1

BEISPIEL Bei einem Kinderkarussell werden Holzpferdchen der Masse m = 32 kg im Kreis bewegt. Ihre Entfernung von der Drehachse beträgt $r = 6{,}0\,\text{m}$; sie benötigen 4,0 Sekunden für einen Umlauf.

Die Frequenz beträgt $f = \frac{1}{T} = 0{,}25\,\frac{1}{\text{s}} = 0{,}25\,\text{Hz}$ (= 0,25 Hertz).

Die Winkelgeschwindigkeit der Pferdchen beträgt:

$\omega = \frac{2\pi}{T} = 2\pi f = 1{,}57\,\frac{1}{\text{s}}$.

Ihre Bahngeschwindigkeit ist:

$v = r \cdot \omega = 6{,}0\,\text{m} \cdot 1{,}57\,\frac{1}{\text{s}} = 9{,}42\,\frac{\text{m}}{\text{s}}$.

Über die Verankerung im Boden erfahren die Pferdchen die für die Kreisbahn notwendige Zentripetalkraft:

$F_Z = 4\pi^2 \cdot \frac{m \cdot r}{T^2} \approx 40 \cdot \frac{32\,\text{kg} \cdot 6\,\text{m}}{16\,\text{s}^2} = 480\,\text{N}$.

(Nimmt man als Beobachter selbst an einer Kreisbewegung teil, wie z. B. bei einer Karussellfahrt oder der Kurvenfahrt in einem Auto, so spürt man eine vom Drehzentrum weg weisende, nach außen gerichtete Kraft. Diese Trägheitskraft wird als ***Zentrifugalkraft*** bezeichnet. Sie hat den gleichen Betrag wie F_Z. Bei der in der Schule üblicherweise bevorzugten Betrachtungsweise, wobei der Beobachter aus seinem Ruhesystem heraus die Bewegungen beschreibt, hat die Zentrifugalkraft „nichts verloren".)

BEISPIEL Bekanntlich muss sich jeder Rad- oder Motorradfahrer „in die Kurve legen", umso mehr, je enger der Kurvenradius und je höher seine Geschwindigkeit ist. Aus der Sicht eines ruhenden Beobachters am Straßenrand lautet die Argumentation hierfür:
Ein Zweiradfahrer muss sich so weit aus der Vertikalen in eine Schräglage neigen, dass die Resultierende aus der Gewichtskraft und einer Reaktionskraft, die der Boden auf ihn in Richtung seiner Körperlängsachse nach oben ausübt, die für eine Kreisbewegung erforderliche Zentripetalkraft $F_Z = \frac{m \cdot v^2}{r}$ liefert.

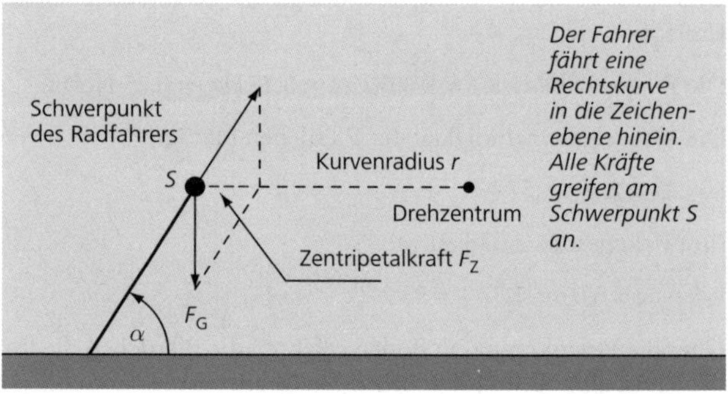

Ein mitfahrender Beobachter verspürt eine Zentrifugalkraft, die ihn „aus der Kurve" treiben will. Diesem Bestreben kann er ausweichen, wenn er sich so weit in die Kurve neigt, dass die Resultierende aus Zentrifugal- und Gewichtskraft in seiner Körperlängsachse nach unten wirkt. Dieser resultierenden Kraft wirkt dann eine Reaktionskraft des Sattels entgegen, der Fahrer ist im Kräftegleichgewicht.

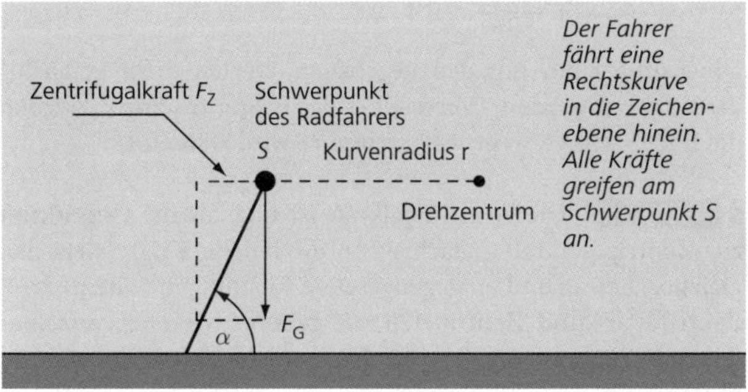

Beide Betrachtungsweisen liefern für den Neigungswinkel α denselben Wert: $\tan \alpha = \frac{F_Z}{F_G} = \frac{v^2}{r \cdot g}$.

Da die Masse in dieser Gleichung nicht vorkommt, gilt dieser von Radius und Geschwindigkeit abhängige Winkel für leichte Rad- und schwere Motorradfahrer gleichermaßen.

Ob dieser erforderliche Winkel jedoch in der Praxis realisierbar ist, besagt diese Gleichung nicht!

Wie eine eingehende Betrachtung zeigt, muss der Betrag der Zentripetalkraft letztlich von der maximalen Haftreibungskraft aufgebracht werden (für die Zentrifugalkraft ist sie die Gegenkraft).

BEISPIEL Kann ein Zweiradfahrer ein Kurvenstück vom Radius $r = 5{,}0\,\mathrm{m}$ mit der Geschwindigkeit $v = 18\,\frac{\mathrm{km}}{\mathrm{h}} = 5{,}0\,\frac{\mathrm{m}}{\mathrm{s}}$ gefahrlos durchfahren, wenn bei feuchter Witterung die maximale Haftreibzahl zwischen Gummi und Beton auf $f = 0{,}4$ absinkt?

Der Betrag der aus physikalischen Gründen erforderlichen Zentripetalkraft $F_Z = \frac{m \cdot v^2}{r}$ kann nicht größer werden als die praktisch erreichbare maximale Haftreibkraft $f \cdot m \cdot g$, es gilt also die Bedingung $\frac{m \cdot v^2}{r} \leq f \cdot m \cdot g$. Ein Einsetzen der Werte zeigt (nach

Kürzen von m): $\frac{\left(5{,}0\,\frac{\mathrm{m}}{\mathrm{s}}\right)^2}{5{,}0\,\mathrm{m}} > 0{,}4 \cdot 9{,}81\,\frac{\mathrm{m}}{\mathrm{s}^2}$.

Die Kurve kann mit den gegebenen Werten nicht gefahrlos durchfahren werden. (Versucht es der Fahrer trotzdem, werden die Räder seitlich wegrutschen und er wird stürzen.)

BEACHTE Die Zentrifugalkraft ist niemals die Gegenkraft zur Zentripetalkraft – auch wenn die beiden Kräfte stets den gleichen Betrag und entgegengesetzte Richtungen haben!
Zentrifugal- und Zentripetalkraft gehören zu zwei verschiedenen Bezugssystemen, treten also niemals gemeinsam auf und dürfen deshalb nicht in *eine* Skizze eingezeichnet werden!

Einen wichtigen Sonderfall stellen Bewegungen dar, bei denen die einwärts wirkende Kraft zwar ebenfalls stets auf einen festen Punkt weist, der *Betrag* der Kraft jedoch von der augenblicklichen Entfernung abhängt.
Dies ist zum Beispiel bei allen Planetenbewegungen und auch beim Umlauf der Erde um die Sonne gegeben. Die Anziehungskraft, welche die Sonne mit ihrer Masse M auf einen Planeten der Masse m ausübt (und umgekehrt), wird durch das

Gravitationsgesetz $F = G \cdot \frac{m \cdot M}{r^2}$ beschrieben

($G = 6{,}67 \cdot 10^{-11}\,\frac{\mathrm{m}^3}{\mathrm{kg} \cdot \mathrm{s}^2}$ wird als Gravitationskonstante bezeichnet).

Die Gravitationskraft zwingt alle Planeten auf eine elliptische Umlaufbahn um den Sonnenmittelpunkt. (Bei größeren Bahngeschwindigkeiten als denjenigen, welche die heutigen Planeten besitzen, sind auch parabel- oder hyperbelförmige Bahnen möglich. Einmalig auftretende Kometen durchkreuzen auf diese Weise unser Sonnensystem.)

Die Gewichtskraft $F_G = m \cdot g$, die ein Körper an der Erdoberfläche erfährt, ist identisch der Gravitationskraft $F = G \cdot \frac{m \cdot M}{r^2}$, welche die Erde als Körper mit großer Masse M auf alle Körper in ihrer Umgebung ausübt.
Mit dem Erdradius $r = 6\,370\,\text{km}$ kann aus dem Gleichsetzen der rechten Seiten die Masse der Erde ermittelt werden:

$$M = \frac{g \cdot r^2}{G} = 9{,}81\,\frac{\text{kg} \cdot \text{m}}{\text{s}^2} \cdot \frac{(6{,}37 \cdot 10^6\,\text{m})^2}{6{,}67 \cdot 10^{-11}\,\frac{\text{m}^3}{\text{kg} \cdot \text{s}^2}} \approx 6 \cdot 10^{24}\,\text{kg}.$$

1

Wie für den Mond, liefert die Gravitationskraft der Erde auch für die in großer Zahl umkreisenden Satelliten die erforderliche Zentripetalkraft.
Satelliten, die Fernsehprogramme ausstrahlen sollen, können in einer bestimmten Höhe in der Äquatorebene der Erde „geparkt“ werden, dort, wo ihre Bahngeschwindigkeit $v = \frac{2\pi \cdot r}{t}$ aufgrund der Kräftebedingung genau so groß ist, dass sie die Erde auf einer Kreisbahn in genau einem Tag ($t = 24 \cdot 3600\,\text{s} = 86\,400\,\text{s}$) umrunden. Von der Erde aus gesehen scheinen sie dann stets über dem gleichen Punkt der Erdoberfläche zu stehen. Für den Bahnradius r dieser sogenannten geostationären Satelliten gilt deshalb die Kräftebeziehung:

$$\frac{m \cdot v^2}{r} = 4\pi^2 \cdot \frac{m \cdot r}{t^2} = G \cdot m \cdot \frac{M}{r^2} \text{ oder}$$

$$r = \sqrt[3]{\frac{G \cdot M \cdot t^2}{4\pi^2}} \approx \sqrt[3]{6{,}67 \cdot 10^{-11}\,\frac{\text{m}^3}{\text{kg} \cdot \text{s}^2} \cdot 6 \cdot 10^{24}\,\text{kg} \cdot \frac{(86\,400\,\text{s})^2}{40}}$$

$$r \approx 42{,}0 \cdot 10^6\,\text{m} = 42\,000\,\text{km}.$$

Bei den elliptischen Planetenbewegungen ist weder die Bahn-, noch die Winkelgeschwindigkeit konstant. In Sonnennähe sind sie jeweils (etwas) größer als in Sonnenferne.

Johannes Kepler (1571–1630) leitete aus den Daten, die der dänische Astronom Tycho Brahe (1546–1601) bei der Beobachtung der Marsbahn gewonnen hatte, 3 Gesetze ab, welche die Planetenbahnen beschreiben:

Kepler'sche Gesetze:

1. Die Planeten umlaufen die Sonne auf einer Ellipse (die allerdings nur geringfügig von einer Kreisbahn abweicht, in der Abbildung unten ist die Elliptizität stark übertrieben!). Die Sonne steht in einem – für alle Planeten gemeinsamen – Brennpunkt der Ellipse.
2. Die Verbindungslinie vom Sonnen- zum Planetenmittelpunkt überstreicht in gleichen Zeiten gleiche Flächeninhalte (Flächensatz). Hieraus folgt, dass die Bahngeschwindigkeit eines Planeten, wenn er sich in Sonnennähe befindet, größer ist als in einer Position der Sonnenferne.

Liegen zwischen den Bahnpunkten A_1 und A_2, B_1 und B_2 sowie C_1 und C_2 jeweils gleiche Zeitspannen, z. B. 1 Monat, so sind die gefärbten Flächen gleich groß.

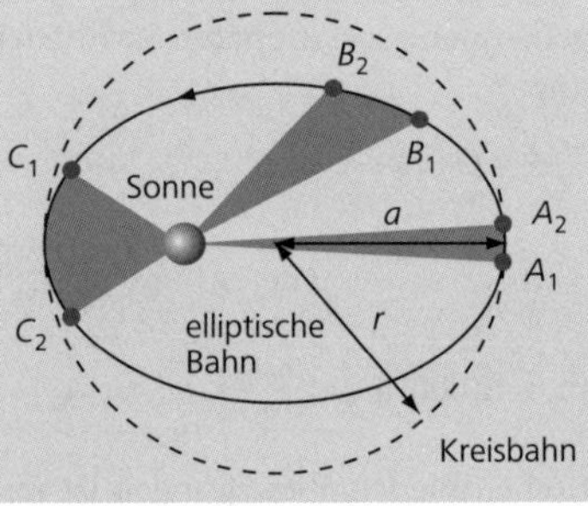

3. Für zwei beliebige Planeten des Sonnensystems gilt: Die Quadrate der Zeiten für einen Umlauf um die Sonne verhalten sich wie die 3. Potenzen der großen Halbachsen ihrer Bahnellipsen: $T_1^2 : T_2^2 = a_1^3 : a_2^3$.

(Für die meisten Rechnungen kann die große Halbachse a der Ellipse näherungsweise durch eine mittlere Entfernung r ersetzt werden.)

BEISPIEL *(1. KEPLER'sches Gesetz)* Die Erde durchläuft ihren sonnennächsten Punkt (Perihel) am 2. Januar eines jeden Jahres in $147 \cdot 10^6$ km Entfernung von der Sonne; die größte Sonnenentfernung (Aphel) am 2. Juli beträgt $152 \cdot 10^6$ km.

Der Unterschied ist so gering, dass ihre Bahnellipse – maßstäblich verkleinert, sodass sie auf ein Blatt Papier gezeichnet werden kann – als perfekter Kreis erscheint.

Gemäß dem 2. Kepler'schen Gesetz schwankt die Bahngeschwindigkeit zwischen $30{,}3\,\frac{\text{km}}{\text{s}}$ und $29{,}3\,\frac{\text{km}}{\text{s}}$.

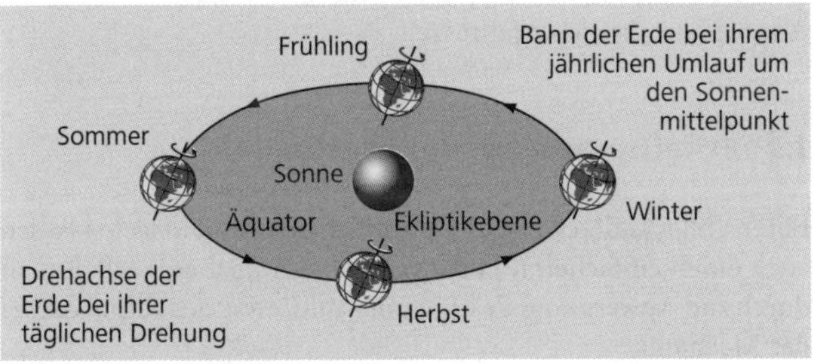

BEISPIEL *(3. KEPLER'sches Gesetz)* Da die mittlere Entfernung des Jupiters zur Sonne ($778 \cdot 10^6$ km) etwa 5,2-mal größer ist als diejenige der Erde ($150 \cdot 10^6$ km), gilt für die Umlaufzeiten:

$$T_{\text{Jup}}^2 : T_{\text{Erde}}^2 = 5{,}2^3 : 1,$$

und für die Umlaufdauer des Jupiters:

$$T_{\text{Jup}} = 1\ \text{Jahr} \cdot \sqrt{5{,}2^3} = 11{,}8\ \text{Jahre}.$$

Planeten, deren Sonnenentfernung größer ist als diejenige der Erde (Mars, Jupiter, Saturn, Uranus, Neptun, Pluto) haben deshalb Umlaufzeiten, die größer als ein irdisches Jahr sind, für die sonnennäheren Planeten (Merkur, Venus) gilt das Umgekehrte. Der kleine Unterschied in der Entfernung zwischen sonnennächstem und -fernstem Punkt hat keine klimatischen Auswirkungen auf der Erde. Dass bei uns auf der nördlichen Halbkugel zur Sommerzeit höhere Temperaturen herrschen als im Winter, beruht auf der Eigenrotation der Erde. Die Drehachse dieses „Kreisels“ ist um ca. 23,5° gegen die Ekliptik geneigt. Da dieser Winkel – vom Weltall aus gesehen – stets in die gleiche Richtung weist (eine Folge des Drehimpulserhaltungssatzes), ist zur Sommerzeit auf der nördlichen Halbkugel der Tagesbogen der scheinbaren Sonne am Himmel größer – die Zeitdauer zwischen Sonnenauf- und -untergang ist länger – und zur Mittagszeit fällt das Sonnenlicht unter steilerem Winkel auf die Erdoberfläche. Dadurch ist die eingestrahlte Energie pro Flächeneinheit größer. Diese beiden Effekte bewirken eine im Mittel größere Erwärmung der Atmosphäre zu dieser Jahreszeit.

1.3 Erhaltungssätze der Mechanik

Einen völlig anderen Zugang zur Mechanik (und in vielen Fällen auch einen einfacheren Lösungsweg bei Aufgaben!) erhält man durch die Anwendung des Energie- und/oder des Impulssatzes der Mechanik.
Werden bei einem mechanischen Vorgang (z. B. einem schwingenden Pendel) in aufeinanderfolgenden Zeiten „Momentaufnahmen“ gemacht und geeignete Zustandsgrößen gemessen, so stellt man fest, dass bei einer bestimmten mathematischen Verknüpfung dieser Größen die *Summe* solcher Rechenausdrücke in jedem Zustand den gleichen Wert aufweist, man spricht dann von der Summe als einer *Erhaltungsgröße*.

Energieerhaltung

Bei einem *reibungsfrei* ablaufenden mechanischen Vorgang, wie ihn ein schwingendes Pendel (näherungsweise) vollführt, muss der Pendelkörper zunächst aus seiner Ruhelage heraus angehoben werden. Hierzu muss Hubarbeit verrichtet werden oder –

was dasselbe bedeutet – dem Körper muss Energie zugeführt werden. Wird der Körper anschließend freigelassen, so verliert er zunächst an Höhe und seine Lageenergie (Höhenenergie) verringert sich, dafür nimmt seine Geschwindigkeit zu, seine Bewegungsenergie vergrößert sich und liefert die Energie für ein erneutes Anheben. Dieses Wechselspiel kann sich beim Hin- und Herschwingen (theoretisch) beliebig oft wiederholen.

Die dem Körper zu Beginn zugeführte Energie findet sich im tiefsten Punkt der Bahn vollständig in Form von Bewegungsenergie, in den Umkehrpunkten seiner Pendelschwingung in Form von Lageenergie wieder. Aber auch an jeder anderen Stelle seiner Bahn hat die *Summe* aus ***Bewegungsenergie*** und ***Lageenergie*** denselben Wert, nämlich die „Anzahl von Joule", die dem Körper zu Beginn zugeführt wurden.

Energie kann gespeichert werden (z. B. im Benzin in Form von chemischer Energie), als ***Lageenergie*** (z. B. in hoch gelegenen Wasserbecken) oder als ***Spannenergie*** in einer Feder. Energie lässt sich auch umwandeln, z. B. von Lageenergie in Bewegungsenergie oder von Bewegungsenergie zurück in Lageenergie oder auch in thermische Energie.

In der Mechanik spielen folgende 3 Energieformen eine große Rolle:

Bewegungsenergie (kinetische Energie): $W_{kin} = \frac{1}{2} m \cdot v^2$

Lageenergie (potenzielle Energie): $W_{pot} = m \cdot g \cdot h$

Spann(ungs)energie einer Feder: $W_{spann} = \frac{1}{2} D \cdot s^2$

In diesen Gleichungen bedeuten: m die Masse eines Körpers, v seine Geschwindigkeit, $g = 9{,}81\ \frac{\text{m}}{\text{s}^2}$ den Ortsfaktor, h dasjenige Höhenstück, um das ein Körper angehoben wird, D die Federkonstante (= Federhärte) und s die Verlängerung einer Feder, wenn diese gespannt wird.

Sieht man von Vorgängen mit Reibung ab (oder ist diese vernachlässigbar), so wird keine Energie als Wärme an die

Umgebung abgeführt und man kann einen *Energieerhaltungssatz der Mechanik* formulieren:

> **Die Summe der Energien $W_{kin} + W_{pot} + W_{spann}$ in einem System ist in jedem Zustand konstant.**

BEISPIEL Wir berechnen die Maximalgeschwindigkeit eines Fadenpendels im tiefsten Punkt seiner Bahn mithilfe des Energieerhaltungssatzes.

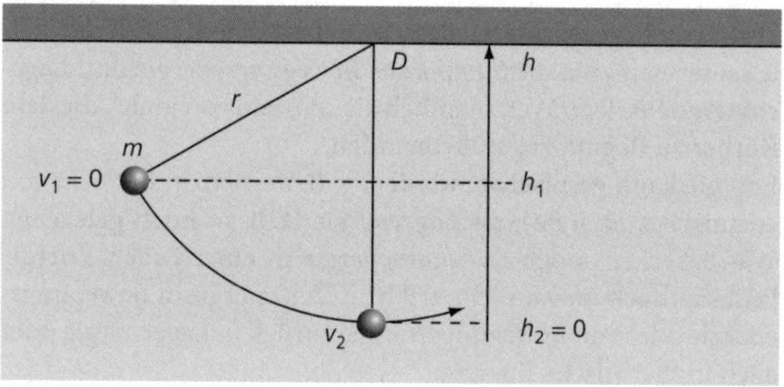

Dazu betrachten wir zwei Zustände des Pendels:

Zustand 1: Startpunkt maximaler Auslenkung aus der Höhe $h_1 = 0{,}5\,\text{m}$, Startgeschwindigkeit $v_1 = 0$

Zustand 2: Durchgang des Pendelkörpers mit der Geschwindigkeit v_2 durch den tiefsten Punkt der Bahn in der Höhe $h_2 = 0$ (s. Abbildung).

Wir bilden die Energiesummen:

für den Zustand 1: $W_1 = W_{kin} + W_{pot} + W_{spann} = 0 + m \cdot g \cdot h_1 + 0$

für den Zustand 2: $W_2 = W_{kin} + W_{pot} + W_{spann} = \frac{1}{2} m \cdot v_2^2 + 0 + 0$

Nach dem Energieerhaltungssatz sind die Summen $W1 = W2$ gleich. Draus folgt für die Geschwindigkeit v_2 im Durchgang durch den tiefsten Bahnpunkt:

$$v_2 = \sqrt{2g \cdot h_1} \approx \sqrt{2 \cdot 9{,}81\,\tfrac{\text{m}}{\text{s}^2} \cdot 0{,}5\,\text{m}} = 3{,}1\,\tfrac{\text{m}}{\text{s}}.$$

BEACHTE Die Berechnung der Maximalgeschwindigkeit über den Energieerhaltungssatz erfordert keinerlei Kenntnisse darüber, wie lange der Körper vom Zustand 1 zum Erreichen des Zustands 2 benötigt und ebenfalls keine Information über die beschleunigende Kraft, ja nicht einmal über die Form der Bahn von 1 nach 2! Der Betrag der beschleunigenden Kraft ändert sich mit dem Winkel der Auslenkung; die Bewegung des Pendelkörpers ist also weder gleichförmig noch gleichmäßig beschleunigt. Wie das Ergebnis zeigt, ist die Geschwindigkeit v_2 zudem unabhängig von der Masse des Körpers (wie beim freien Fall).

1

▶ ANMERKUNGEN

◆ Für die Einheit aller Energieanteile gilt die Abkürzung:
1 Nm (Newtonmeter) = 1 J ***(Joule).***

◆ Der Berechnung der Bewegungsenergie in den verschiedenen Zuständen muss ein gemeinsames Bezugssystem (in dem alle Geschwindigkeiten gemessen werden) zugrunde liegen. Normalerweise misst der Beobachter alle Geschwindigkeiten in seinem „Laborsystem", in dem er selbst ruht.
Dass ein unbedachter Wechsel des Bezugssystems große Verwirrung hervorrufen kann, zeigt folgendes Beispiel:

BEISPIEL Im Flur eines Zuges geht ein Passagier (Masse $m = 75\,\text{kg}$) in den Speisewagen. Er bestimmt seine Geschwindigkeit zu $v_1 = 2\,\tfrac{\text{m}}{\text{s}}$ und wird von sich sagen: Ich besitze die Bewegungsenergie $W_{\text{kin}} = \tfrac{1}{2}\,m \cdot v_1^2 = \tfrac{1}{2} \cdot 75\,\text{kg} \cdot 4\,\tfrac{\text{m}^2}{\text{s}^2} = 150\,\text{J}$.

Ein Beobachter auf dem Bahndamm stellt eine andere Rechnung auf: Wenn der Zug mit $v_0 = 40\,\tfrac{\text{m}}{\text{s}}$ fährt und der Passagier in die gleiche Richtung geht, beträgt seine Geschwindigkeit relativ zu mir $v = 42\,\frac{\text{m}}{\text{s}}$ und seine kinetische Energie:

$$W_{\text{kin}} = \frac{1}{2}\,m \cdot v^2 = \frac{1}{2} \cdot 75\,\text{kg} \cdot \left(42\,\frac{\text{m}}{\text{s}}\right)^2 = 66\,150\ \text{J}.$$

Wenn der Passagier anschließend seine Geschwindigkeit auf $v_2 = 3\,\frac{\text{m}}{\text{s}}$ steigert, sagt er: Zur Steigerung meiner kinetischen Energie habe ich die Arbeit:

$$\Delta W = \frac{1}{2}\,m\,(v_2^2 - v_1^2) = \frac{1}{2} \cdot 75\,\text{kg} \cdot \left(9\,\frac{\text{m}^2}{\text{s}^2} - 4\,\frac{\text{m}^2}{\text{s}^2}\right) = 187{,}5\ \text{J}$$

aufgebracht.

Die entsprechende Rechnung des Beobachters am Bahndamm:

$$\Delta W = \frac{1}{2} \cdot 75\,\text{kg}\left(43^2\,\frac{\text{m}^2}{\text{s}^2} - 42^2\,\frac{\text{m}^2}{\text{s}^2}\right) = 3\,187{,}5\ \text{J}$$

liefert einen viel größeren Wert für die Arbeit!
Dieser scheinbare Widerspruch findet seine Lösung, wenn man bedenkt, dass die Füße des Fahrgasts bei dem Beschleunigungsvorgang dem Zug eine Kraft in rückwärtige Richtung erteilt haben, welche die Geschwindigkeit des Zugs (geringfügig) verringerte. Wenn aber der Zug mit konstant $v_0 = 40\,\frac{\text{m}}{\text{s}}$ fahren soll, muss der Motor der Lokomotive den Geschwindigkeitsverlust ausgleichen und kurzzeitig mehr Energie aufbringen. Wie eine detaillierte Rechnung zeigt, ist in dem Energiebetrag 3 187,5 J eine „Eigenarbeit“ des Passagiers von 187,5 J enthalten, 3 000 J steuert die Lokomotive bei.

◆ In ähnlicher Weise muss bei der Berechnung der Lageenergie (Höhenenergie) ein (willkürlich gewähltes) gemeinsames Nullniveau festgelegt sein.
◆ In der Gleichung für die Spannenergie einer Feder kennzeichnet *D* die „Härte“ der Feder (= Federkonstante) und *s* die Verlängerung der zuvor völlig entspannten Feder.

BEISPIEL In einer Federpistole befindet sich eine Feder der Härte $D = 500\,\frac{\text{N}}{\text{m}}$. Wird sie beim Spannen um $s = 10\,\text{cm}$ zusammengedrückt, so beträgt ihre Spannenergie:

$W_{\text{spann}} = \frac{1}{2}\,D \cdot s^2 = \frac{1}{2} \cdot 500\,\frac{\text{N}}{\text{m}} \cdot (0{,}1\text{ m})^2 = 2{,}5\,\text{J}.$

Ein Pfeil der Masse $m = 50\,\text{g}$ erreicht damit beim Abschuss die Geschwindigkeit $v = \sqrt{2 \cdot \frac{W_{\text{spann}}}{m}} = \sqrt{2 \cdot \frac{2{,}5\,\text{J}}{0{,}05\,\text{kg}}} = 10\,\frac{\text{m}}{\text{s}}.$

1

◆ Bei Vorgängen mit Reibung wandelt sich in der Regel ein Teil der Energie in innere Energie der beteiligten Körper (= thermische Energie) um, die sich nicht in mechanische Energieformen rückwandeln lässt. In einfachen Fällen kann aus der Kenntnis der Reibungskraft F_R und dem Verschiebungsweg s eines Körpers diese „verlorene“ Energie abgeschätzt werden: $W_R = F_R \cdot s$. (W_R wird auch als ***Reibungsarbeit*** bezeichnet.)

BEISPIEL Eine schwere Werkzeugkiste der Masse $m = 800\,\text{kg}$ soll auf einem ebenen Betonboden um die Streckenlänge $s = 6{,}00\,\text{m}$ verschoben werden. Für Eisen auf Beton beträgt die Gleitreibzahl $f = 0{,}8$. Für den Transport (ohne Beschleunigung!) ist deshalb eine Energie (= Reibungsarbeit):

$W = f \cdot m \cdot g \cdot s = 0{,}8 \cdot 800\,\text{kg} \cdot 9{,}81\,\frac{\text{m}}{\text{s}^2} \cdot 6\,\text{m} \approx 37{,}7\,\text{kJ}$

erforderlich.

◆ Gelegentlich sind auch noch die folgenden Rede- und Schreibweisen üblich:
Die einem Fahrzeug zugeführte ***Bewegungsarbeit*** $W = \frac{1}{2}\,m \cdot v^2$ erhöht seine kinetische Energie um $W = \frac{1}{2}\,m \cdot v^2$; die ***Hubarbeit*** $W = m \cdot g \cdot h$ erhöht die potenzielle Energie um $W = m \cdot g \cdot h$.

◆ In einfachen Fällen, wenn beispielsweise nur *ein* Körper das System bildet, kann bei diesem Körper sein „Besitzstand" Energie in verschiedene Erscheinungsformen verwandelt werden. Bei einem anfahrenden Auto wandelt sich zunächst (ein Teil) seiner im Benzin gebundenen chemischen Energie durch die Oxidation mit dem Sauerstoff der Luft in thermische Energie und dann in Bewegungsenergie des Fahrzeugs um. Kommt das Auto an eine Steigung, könnte es (mit ausgekuppeltem Motor) noch eine gewisse Höhe erlangen, seine kinetische Energie würde sich dabei in potenzielle Energie verwandeln. Kann man sich um ein System eine energieundurchlässige „Hülle" denken – man spricht dann von einem energetisch abgeschlossenen System – dann kann man auch nicht mechanische Energieformen wie innere Energie, chemische Energie, elektrische Energie … in den Energieerhaltungssatz mit ein- beziehen. Man spricht dann von einem allgemeinen Energieerhaltungssatz.

◆ In vielen Fällen des täglichen Lebens interessiert nicht nur der Gehalt eines Energieträgers (weil Energie Geld kostet!), sondern auch, wie schnell ein gewisser Energiebetrag umgewandelt wird – meist in eine anschließend für uns weniger wertvolle Form. In diesen Fällen bildet man für die Energie-Änderungsgeschwindigkeit den Quotienten:

$$P = \frac{\Delta W}{\Delta t}$$

und bezeichnet P auch als ***Leistung.***

Für Leistungsangaben sind die folgenden Einheiten üblich:

$$\frac{1\,\mathrm{J}}{1\,\mathrm{s}} = 1\,\mathrm{W}\ \textit{(Watt)}.$$

BEISPIEL Die Beinmuskeln des menschlichen „Antriebsmotors" können eine Dauerleistung (wenigstens für ein paar Stunden) von $P = 60\,\mathrm{W}$ aufbringen. Ein Bergwanderer verrichtet im Wesentlichen Hubarbeit $W_\mathrm{h} = m \cdot g \cdot h$ an seiner Körpermasse ($m = 75\,\mathrm{kg}$). Mit diesen Daten kann er abschätzen, wie lange er für die Überwindung eines Höhenunterschieds von $h = 300\,\text{m}$ benötigen wird.

Aus $P = \frac{\Delta W}{\Delta t} = \frac{\Delta(F \cdot s)}{\Delta t} = F \cdot \frac{\Delta s}{\Delta t} = m \cdot g \cdot \frac{h}{\Delta t}$ folgt:

$\Delta t = m \cdot g \cdot \frac{h}{P} = 75\,\text{kg} \cdot 9{,}81\,\frac{\text{m}}{\text{s}^2} \cdot \frac{300\,\text{m}}{60\,\frac{\text{J}}{\text{s}}} = 3679\,s \approx 1\,\text{h}.$

Motoren sind speziell konstruierte Maschinen zur Energiewandlung, was jedoch nie 100 %ig geschieht. Das Verhältnis von abgegebener (Nutz-)Leistung zu aufgenommener Leistung wird als ***Wirkungsgrad*** $\eta = \frac{P_{\text{nutz}}}{P_{\text{auf}}}$ bezeichnet.

Impulserhaltung

Stoßen zwei (oder mehrere) Körper aufeinander, so üben sie während der Berührung gegenseitig Kräfte aufeinander aus und besitzen nach dem Stoßvorgang andere Geschwindigkeitsbeträge als zuvor. Auch ihre Bewegungsrichtungen können sich geändert haben. Diese Ergebnisse bei Stößen machen beispielsweise das Billardspiel ja gerade so interessant!
Es hat sich gezeigt, dass neben den Bewegungsenergien eine weitere physikalische Größe eine wichtige Rolle spielt, der ***Impuls,*** für den ebenfalls ein Erhaltungssatz gilt.

> Unter dem ***Impuls p*** eines Körpers versteht man das Produkt aus Masse und Geschwindigkeit: $p = m \cdot v$.
>
> Die Einheit des Impulses ist $1\,\frac{\text{kg} \cdot \text{m}}{\text{s}}$.

Während des Kontaktes beim Stoß zweier Körper sind die Wechselwirkungskräfte nicht konstant, sie hängen u. a. von Materialeigenschaften der Körper ab und sind in der Regel unbekannt. Betrachtet man wiederum zwei Zustände, einen vor dem Stoß und einen weiteren nach dem Stoßvorgang, so kann man mithilfe des Impulserhaltungssatzes die Geschwindigkeiten berechnen – unabhängig davon, was während des Stoßvorgangs genau

passiert. (In ähnlicher Weise wie bei dem Beispiel zum Energieerhaltungssatz (▶ S. 36) benötigt man also keine Kenntnisse über die speziellen Kräfte!)
Bei Vorgängen dieser Art (kurzzeitige Wechselwirkung von Körpern aufeinander durch Kräfte) ist die ***Impulssumme*** der Körper im Zustand „vor dem Stoß" gleich der Impulssumme im Zustand „nach dem Stoß". Es gilt ein ***Impulserhaltungssatz:***

$$m_1 \cdot v_1 + m_2 \cdot v_2 = m_1 \cdot u_1 + m_2 \cdot u_2$$

(zu den Bezeichnungen der Indizes siehe Merksatz).
Wir wollen uns hier auf 2 einfache Fälle beschränken:

Fall 1:
Stoß zweier elastischer Kugeln (Gummibälle, Stahlkugeln, Billardkugeln), deren Mittelpunkte sich reibungsfrei längs einer Geraden bewegen ***(zentraler, elastischer Stoß):***
Haben die beiden Kugeln (Masse m_1 bzw. m_2) vor dem Stoßvorgang die Geschwindigkeitsbeträge v_1 bzw. v_2, so ist ihre Impulssumme vor dem Stoß: $p = m_1 \cdot v_1 + m_2 \cdot v_2$ (bewegen sich die Körper aufeinander zu, so ist das Pluszeichen durch ein Minuszeichen zu ersetzen).

Der Impulserhaltungssatz besagt, dass die Impulssumme – Impuls gebildet als Produkt „Masse mal Geschwindigkeit" – nach dem Stoß gleich der Impulssumme vor dem Stoß ist:

$$m_1 \cdot u_1 + m_2 \cdot u_2 = m_1 \cdot v_1 + m_2 \cdot v_2.$$

(Mit u_1 und u_2 werden hier die Geschwindigkeiten nach dem Stoß bezeichnet, da die Zahlenindizes sich auf die Körper 1 und 2 beziehen.)

BEISPIEL Elastischer Stoß: Eine Kugel der Masse $m_1 = 5\,\text{kg}$ stößt mit der Geschwindigkeit $v_1 = 2\,\frac{\text{m}}{\text{s}}$ auf eine ruhende Kugel der Masse $m_2 = 3\,\text{kg}$. Wie groß sind ihre Geschwindigkeiten nach dem Stoß?

Die Impulssumme vor dem Stoß ist:

$p = m_1 \cdot v_1 + m_2 \cdot v_2 = 5\,\mathrm{kg} \cdot 2\,\frac{\mathrm{m}}{\mathrm{s}} + 0 = 10\,\frac{\mathrm{kg \cdot m}}{\mathrm{s}}.$

Auch die Impulssumme nach dem Stoß beträgt $p' = 10\,\frac{\mathrm{kg \cdot m}}{\mathrm{s}}$, doch verteilt sie sich jetzt auf beide Körper.

Die Gleichung $p' = 10\,\frac{\mathrm{kg \cdot m}}{\mathrm{s}} = 5\,\mathrm{kg} \cdot u_1 + 3\,\mathrm{kg} \cdot u_2$ ist also nicht eindeutig auflösbar.

1

Doch bei einem ideal ***elastischen Stoß*** geht keine mechanische Energie verloren; der Energieerhaltungssatz gilt also für die kinetischen Energieanteile:

$W = \frac{1}{2}\,m_1 \cdot v_1^2 + \frac{1}{2}\,m_2 \cdot v_2^2 = \frac{1}{2} \cdot 5\,\mathrm{kg} \cdot 4\,\frac{\mathrm{m}^2}{\mathrm{s}^2} + 0 = 10\,\mathrm{J} = W'.$

Damit haben wir zwei Bestimmungsgleichungen für die zwei unbekannten Geschwindigkeiten u_1 und u_2:

$10\,\frac{\mathrm{kg \cdot m}}{\mathrm{s}} = 5\,\mathrm{kg} \cdot u_1 + 3\,\mathrm{kg} \cdot u_2,$

$10\,\mathrm{J} = 2{,}5\,\mathrm{kg} \cdot u_1^2 + 1{,}5\,\mathrm{kg} \cdot u_2^2;$

ein Gleichungssystem, das (wenn auch mit einiger Mühe) eindeutig nach u_1 und u_2 auflösbar ist.

(Ergebnis: $u_1 = 0{,}5\,\frac{\mathrm{m}}{\mathrm{s}}$; $u_2 = 2{,}5\,\frac{\mathrm{m}}{\mathrm{s}}$, wovon man sich leicht durch Einsetzen überzeugen kann!).

Fall 2:

Sehr viel einfacher ist die Berechnung der Geschwindigkeiten nach dem Stoß, wenn beide Kugeln dabei zu einem Gesamtkörper der Masse $m_1 + m_2$ „verschmelzen" (oder verhaken, wie dies bei einem Autozusammenstoß passieren kann). Für diesen ***unelastischen Stoß*** liefert schon der Impulserhaltungssatz allein die Lösung:

$p = m_1 \cdot v_1 + m_2 \cdot v_2 = p' = (m_1 + m_2) \cdot u.$

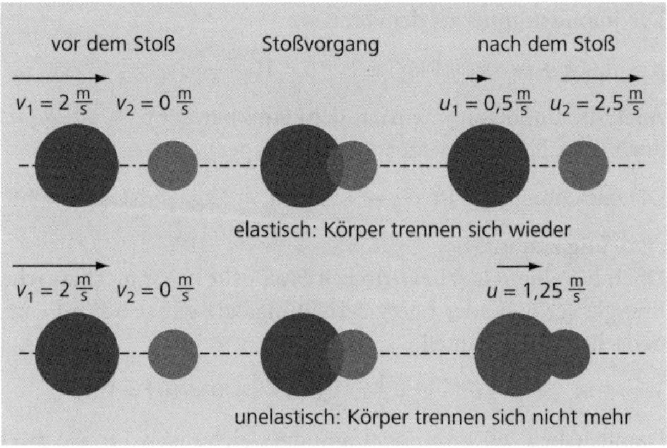

Bei unserem Beispiel ist:

$$u = \frac{m_1 \cdot v_1 + 0}{m_1 + m_2} = \frac{10\,\frac{\text{kg}\cdot\text{m}}{\text{s}}}{8\,\text{kg}} = 1{,}25\,\frac{\text{m}}{\text{s}}.$$

▶ **ANMERKUNG** Der Impuls ist – im Gegensatz zur Energie – eine „gerichtete Größe", ein sogenannter Vektor (wir verzichten in diesem Pocket Teacher weitgehend auf die Vektorschreibweise). Der Impulserhaltungssatz liefert deshalb – bei konsequenter Vektorschreibweise – auch Auskünfte über die Bewegungs*richtung* der Körper nach dem Stoß. Dies gilt insbesondere auch für nicht zentrale Stöße, bei denen die Körper nach dem Stoß in verschiedenen Richtungen wegfliegen, dem häufigsten und interessantesten Fall beim Billardspiel.

Thermodynamik

2

Worin unterscheidet sich eine Tasse heißen Kaffees von einer kalten Kaffees? Natürlich durch den besseren Geschmack und die Temperatur! Doch worauf beruht – physikalisch gesehen – der Unterschied? Welche innere Eigenschaft kennzeichnet eine größere Temperatur?

Noch bis zu Beginn des 19. Jahrhunderts glaubten die Physiker und Chemiker an einen „Wärmestoff" – sie nannten ihn Phlogiston oder Caloricum –, von dem jeder Körper eine bestimmte Menge besitzen sollte, heiße Körper eben mehr. Würde man einen heißen Körper mit einem kälteren in engen Kontakt bringen, so würde das Caloricum zum kälteren hinüberfließen, bis sich die Temperaturen angeglichen hätten. Bei der Verbrennung von brennbaren Stoffen würde das Phlogiston entweichen (griechisch: phlogistós „verbrannt") und nur noch die Asche zurückbleiben.

Viele alltägliche Erscheinungen ließen sich mit einer Wärmestofftheorie problemlos erklären und einige Chemiker versuchten sogar, den Wärmestoff zu wiegen. Ein blankes Eisenstück wiegt nach einer starken Erhitzung auf einer Feinwaage tatsächlich einige Milligramm mehr (beim Abkühlen überzieht sich das Eisen mit einer dünnen Oxidschicht; der gebundene Sauerstoff erhöht die Gewichtskraft). Mit diesem experimentellen Befund hatten die Phlogiston-Anhänger Probleme (das Geschehen bei einer Oxidation war noch nicht bekannt), denn das entweichende Phlogiston sollte – wenn ihm überhaupt eine stoffliche Existenz zugeschrieben wurde – die Gewichtskraft unverändert lassen oder allenfalls verringern. Mit heute skurril anmutenden Ansichten versuchten einige Zeitgenossen ihre Theorie zu retten: Das Phlogiston besäße dann eben eine negative Masse!

Erst als der schottische Botaniker Robert Brown 1827 bei der Betrachtung von Blütenpollen, die in einem Tropfen Wasser schwammen, unter dem Mikroskop die merkwürdigen Zitterbewegungen als Stöße der (unsichtbaren) Wassermoleküle auf die Pollenkörner erkannte, reifte die Vorstellung, dass der Temperaturzustand mit der Bewegung der Atome und Moleküle zusammenhängt.

Im heißen Kaffee sind die Wassermoleküle in heftigerer Bewegung als im kalten Kaffee; ihre mittlere Geschwindigkeit zwischen Zusammenstößen mit anderen Molekülen ist größer. Da diese mikroskopisch kleinen Bewegungen zwischen den Stößen nach allen Richtungen erfolgen, bewegt sich dadurch der Kaffee als Ganzes nicht. Die von diesen Mikrobewegungen hervorgerufenen Stöße werden von den Nervenenden in unserer Zunge und unserer Hautoberfläche registriert; unser Wärmesinn vermeldet uns „heiß".

Dass diese Temperaturaussage sehr subjektiv ist, kennt jeder aus eigener Erfahrung. Das Wasser im Freibad empfinden manche Leute als stets zu kalt, andere als angenehm temperiert.

Die Thermodynamik ist eine Wärmelehre, die sich mit energetischen Vorgängen befasst, die meist von einer Temperaturänderung begleitet sind. Thermodynamische Gesetze bestimmen unser Wettergeschehen, sind jedoch auch die physikalischen Grundlagen für die sogenannten Wärmekraftmaschinen wie Verbrennungs- oder Heißluftmotoren, Wärmepumpen, Kühlaggregate …

ACHTUNG Leider unterscheiden sich – gerade in der Wärmelehre besonders häufig – die umgangssprachlich benutzten Begriffe von denen der physikalischen Fachsprache. Wenn wir Kaffeewasser „erwärmen oder erhitzen", so führen wir, physikalisch ausgedrückt, dem Wasser Wärme zu. Das warme Kaffeewasser hat anschließend eine höhere Temperatur.

Tätigkeiten im Zusammenhang mit dem Wort Wärme, wie „erwärmen", „warm machen", „warm halten" usw. verwenden wir in

der Physik ausschließlich für energetische Prozesse, bei denen Körpern Energie in Form von Arbeit oder Wärme zu- oder abgeführt wird.
Zur Beschreibung eines *thermischen Zustands* wie „der Kaffee ist warm“, „mir ist heute warm“ o. Ä. verwenden wir vorzugsweise den Temperaturbegriff.

2.1 Die Gasgesetze

Da die Grundgesetze der Wärmelehre am einfachsten bei Gasen zu erkennen sind (weil hier die Moleküle nicht in Wechselwirkung miteinander stehen), beschäftigt sich die Thermodynamik der Schule fast ausschließlich mit Gasen. Im folgenden Kapitel werden deshalb einige Grundbegriffe und Gesetzmäßigkeiten der Mittelstufe wiederholt.
Überlässt man einen heißen Körper sich selbst, so kühlt er ohne fremdes Zutun ab. Nach einiger Zeit ist er im thermischen Gleichgewicht mit seiner Umgebung. Man sagt: Der Körper hat die gleiche Temperatur wie seine Umgebung.
Aber auch für anfänglich kalte Körper gilt diese Aussage; alle Körper eines Systems streben – wenn man ihnen nur genügend Zeit lässt – ein Temperaturgleichgewicht an.
Auf diesem Grundsatz der Natur beruhen alle Temperaturmessungen. Ein Thermometer in den heißen Kaffee getaucht, zeigt die Temperatur des Kaffees an, wenn es (oder der zur Messung wesentliche Teil) die gleiche Temperatur angenommen hat.
Zur Bestimmung der Temperatur sind verschiedene Skalen gebräuchlich, denen im Wesentlichen verschiedene Fixpunkte zugrunde liegen.
Für das bürgerliche Leben ist bei uns in Europa die Celsiusskala in Verwendung. Sie ist benannt nach dem Schweden Anders Celsius (1701–1744), der die temperaturabhängige Volumenzunahme von Quecksilber zu einer objektiven Messung der Temperatur vorschlug.

Für die Temperatur in Grad Celsius (°C) gilt nach Celsius: Die Temperatur von schmelzendem Eis wird zu 0 °C definiert, die von siedendem Wasser (unter Normalbedingungen) als 100 °C bezeichnet. Den Abstand, den diese beiden Fixpunkte bei einem quecksilbergefüllten Thermometer mit einem Kapillarrohr von überall gleicher Querschnittsfläche markieren, teilt man in 100 gleiche Teile und führt die so gewonnene Skala über 100 °C und unter 0 °C linear fort.
Die Definition der Skala nach Celsius bezieht sich ausschließlich auf Quecksilber als Thermometerflüssigkeit. Da man heute aus Sicherheitsgründen Haushaltsthermometer meist mit (gefärbtem) Alkohol füllt, sind die Skalen dieser Thermometer nichtlinear; sie müssen Punkt für Punkt anhand eines Quecksilberthermometers kalibriert werden.
Dieser Umstand, und dass eine Skala mithilfe eines ganz bestimmten Stoffes definiert ist, stört die Physiker im wissenschaftlichen Bereich.

Das Gasthermometer, absolute Temperatur

Gasthermometer bestehen wie Quecksilberthermometer aus einem Vorratsgefäß, das mit einem gläsernen Kapillarrohr verbunden ist. Statt Quecksilber wird es mit Gas (in der Schule meist mit wasserdampffreier Luft) gefüllt. Ein kleiner Quecksilbertropfen im Kapillarrohr bildet den leicht beweglichen Abschluss des Gasvolumens und markiert gleichzeitig die Ablesestelle auf einer unterlegten Skala.

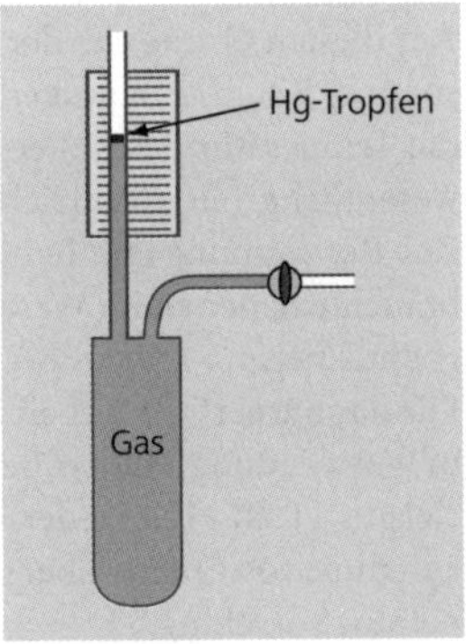

Wird das Vorratsgefäß z. B. in heißes Wasser getaucht, so nimmt nach einiger Zeit das Gas im Gefäß die gleiche Temperatur an. Die dabei stattfindende Volumenzunahme des Gases ist ein Maß für

den Temperaturzustand, der kleine Quecksilbertropfen wird weiter nach oben geschoben.
Dazu muss das Kapillarrohr oben offen sein, nur so bleibt der Luftdruck im Messgas konstant (gleich dem äußeren Luftdruck) und der Quecksilbertropfen im Kräftegleichgewicht. (Während einer Messung darf sich der äußere Luftdruck nicht nennenswert ändern!).
Abgesehen von dieser Einschränkung überwiegen die Vorteile:
◆ Wie Messungen zeigen, ist die relative Volumenzunahme von der Art des Gases (weitgehend) unabhängig.
◆ Gase können nicht sieden oder verdampfen; die Temperaturmessung ist nach oben hin (im Prinzip) unbegrenzt.
◆ Aber auch für tiefe Temperaturen ist das Gasthermometer gut geeignet, denn Gase verflüssigen sich erst bei sehr tiefen Temperaturen (zum Vergleich: Quecksilber erstarrt bei –39 °C).

Die Volumenausdehnung eines Gases wird durch das ***Gesetz von Gay-Lussac*** beschrieben: Nimmt ein Gas bei 0 °C das Volumen V_0 ein, so hat es bei jeder anderen Temperatur ϑ das Volumen $V_\vartheta = V_0 + \Delta V = V_0 \cdot (1 + \beta \cdot \vartheta)$ – wenn sich der Druck nicht ändert.

$\beta = 3{,}66 \cdot 10^{-3} \frac{1}{°\mathrm{C}}$ heißt isobarer (= druckgleicher) Ausdehnungskoeffizient eine Konstante, die für alle Gase (annähernd) gleich ist.
Ein Gas, für das der oben angeführte β-Wert exakt gilt, nennt man ***ideales Gas***. Wasserstoff und Helium erfüllen diese Forderung recht gut; sie werden deshalb in der Wissenschaft als Gasfüllung vorzugsweise verwendet.
Zeichnet man in ein Schaubild für verschiedene Ausgangsvolumina die Gay-Lussac-Geraden ein, so schneiden sich die linksseitigen Verlängerungen in einem gemeinsamen Punkt der Temperaturachse, dem – nach Celsius – der Wert –273,15 °C zukommt.

Bei dieser Temperatur hätte ein ideales Gas das Volumen $V = 0$, und bei noch tieferen Temperaturen würden die Volumina negative Werte annehmen. Da dies irreal ist, bezeichnet man den Schnittpunkt mit der Achse als den absoluten Nullpunkt, eine tiefere Temperatur als –273,15 °C kann es nicht geben. (Jedes reale Gas wird noch vor Erreichen dieser Temperatur flüssig, es „verlässt" schon weiter rechts die Gay-Lussac-Gerade. Der absolute Nullpunkt kann deshalb nie erreicht werden, auch wenn man sich ihm heute – mit einigen Tricks – schon bis auf wenige tausendstel Kelvin genähert hat.)

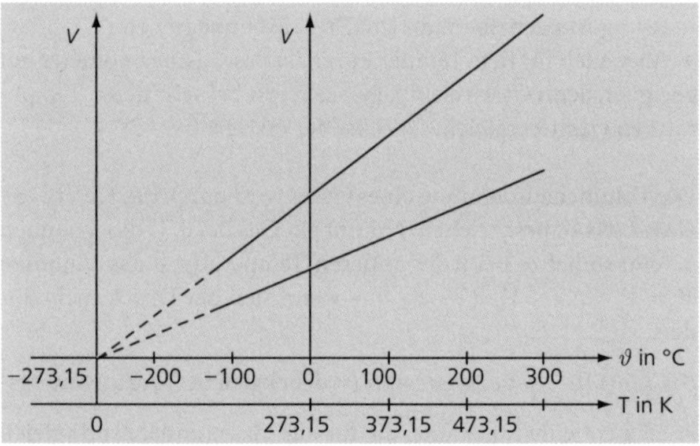

Nach einem Vorschlag des englischen Physikers Lord Kelvin wird eine Temperaturskala, die den absoluten Nullpunkt als unteren Fixpunkt benutzt, als ***absolute Temperaturskala*** bezeichnet und die Temperaturen in ***Kelvin*** zur Unterscheidung von Grad-Celsius-Werten mit T abgekürzt. Als oberen Fixpunkt verwendet man (heute) den sogenannten Tripelpunkt des Wassers, eine Temperatur, bei der Eis und Wasserdampf im thermischen Gleichgewicht nebeneinander existieren können. Da er bei +0,01 °C liegt, kann er – für die Schule – mit dem Eispunkt des Wassers 0 °C gleichgesetzt werden.

Die Gradschritte sind bei beiden Skalen gleich, man kann deshalb sehr leicht nach folgender Gleichung von Grad Celsius in Kelvin umrechnen:

$T = 273{,}15\,\mathrm{K} + \vartheta\,\frac{\mathrm{K}}{°\mathrm{C}}.$

Benutzt man die Kelvin-Skala, so sind die Gay-Lussac-Geraden *Ursprungsgeraden* in einem (TV)-System und es gilt für die Volumina eines Gases bei verschiedenen Temperaturen:

$\frac{V_1}{T_1} = \frac{V_2}{T_2} = \ldots$; oder kurz $\frac{V}{T} = \text{konst.}$

Führt man einer abgeschlossenen Menge Gas Energie zu, z. B. in Form von Wärme, so vergrößert sich ihr Volumen (wenn man den Druck konstant hält) oder es erhöht sich der Druck (wenn man das Volumen konstant hält). Sorgt man durch entsprechende Wärmeisolation des Gefäßes dafür, dass keine Wärme zu- oder abfließen kann, so kann man die Temperatur einer Gasmenge auch dadurch steigern, dass man ihr Volumen durch äußere Einwirkung verringert, das Gas also komprimiert.

Wie man vermuten kann, stehen die 3 Zustandsgrößen: Temperatur T, Druck p und Volumen V einer abgeschlossenen Gasmenge in einer Wechselbeziehung, die man mit der absoluten Temperatur sehr einfach notieren kann. Bezeichnen die Indizes 1 und 2 zwei Zustände einer abgemessenen Gasmenge, so gilt die:

Allgemeine Gasgleichung:

$$\frac{p_1 \cdot V_1}{T_1} = \frac{p_2 \cdot V_2}{T_2} = \text{konst.}$$

(In der Mittelstufe werden die Abhängigkeiten einzeln experimentell gefunden und meist mit der Temperatur in Grad Celsius als Boyle-Mariotte'sches Gesetz, Gesetz von Gay und Lussac sowie als Gesetz von Amontons bezeichnet. In der allgemeinen Gasgleichung sind alle diese Gesetze als Sonderfälle enthalten.)

BEISPIEL Ein Wetterballon wird bei $\vartheta_1 = 0\,°C$ (= 273 K) mit $V_1 = 5\,dm^3$ Heliumgas gefüllt. Welches Volumen beansprucht die gleiche Gasmenge, wenn die Temperatur durch einstrahlendes Sonnenlicht auf $\vartheta_2 = 50\,°C$ (= 323 K) steigt und der Druck p konstant bleibt? (Solange die Gummihülle relativ schlaff ist, herrscht im Gas der gleiche Druck wie der in der umgebenden Luft).

Das Volumen: $V_2 = V_1 \cdot \frac{T_2}{T_1} = 5\,dm^3 \cdot \frac{323\,K}{273\,K} = 5{,}92\,dm^3$.

Steigt der Ballon anschließend auf eine Höhe, in der der Luftdruck auf die Hälfte des Bodenwerts abgesunken ist (in etwa 5 500 m Höhe), so verdoppelt sich das Volumen auf:

$$V_3 = V_2 \cdot \frac{p_1}{p_2} = 5{,}92\,dm^3 \cdot 2 = 11{,}8\,dm^3,$$

wenn wir jetzt annehmen, dass die Temperatur konstant bleibt. Da gleiche Volumina (idealer) Gase bei gleichem Druck und gleicher Temperatur die gleiche Teilchenzahl enthalten (▶ Chemie, Avogadro'sches Gesetz), lässt sich ein Zustandstripel (p_0, V_0, T_0) durch die Stoffmenge n (Einheit: mol) ausdrücken. Bei Normalbedingungen ($p_0 = 1{,}1013$ bar; $T_0 = 273{,}15$ K) nimmt 1 Mol eines jeden Gases das Volumen 22,4 dm^3 (= 22,4 Liter) ein. Kennt man die Stoffmenge n eines Gases, so ist sein Normalvolumen $V_0 = n \cdot 22{,}4\,dm^3$ und es gilt für den Normalzustand:

$$p_0 \cdot \frac{V_0}{T_0} = 1{,}1013\,bar \cdot n \cdot \frac{22{,}4\,dm^3}{mol \cdot 273{,}15\,K} = n \cdot 8{,}3145\,J\,\frac{J}{mol \cdot K}.$$

Mit der Abkürzung $R = 8{,}3145 \frac{J}{mol \cdot K}$ geht die allgemeine

Gasgleichung in die ***universelle Gasgleichung*** über:

$$\frac{p \cdot V}{T} = n \cdot R$$

BEISPIEL Da das Molvolumen der Gase unter Normalbedingungen $V_m = 22{,}4 \frac{dm^3}{mol}$ beträgt, ist $V_0 = 5\,dm^3$ der Stoffmenge $n = \frac{5}{22{,}4}$ mol = 0,22 mol gleichzusetzen.

Wird der Heliumballon (aus dem vorherigen Beispiel) bei Normalbedingungen gefüllt, so gilt für das Zustandstripel:

$$\frac{p_0 \cdot V_0}{T_0} = n \cdot R = 0{,}22\,\mathrm{mol} \cdot 8{,}31\,\frac{\mathrm{J}}{\mathrm{mol} \cdot \mathrm{K}} = 1{,}83\,\frac{\mathrm{J}}{\mathrm{K}}.$$

In der Höhe des halben Normalluftdrucks:

$$p = 0{,}506\,\mathrm{bar} = 506\,\mathrm{hPa} = 50\,600\,\frac{\mathrm{N}}{\mathrm{m}^2}$$

und der Temperatur $T = 323\,\mathrm{K}$ ist deshalb nach der universellen Gasgleichung das Volumen:

$$V = n \cdot R \cdot \frac{T}{p} = 1{,}83\,\frac{\mathrm{J}}{\mathrm{K}} \cdot \frac{323\,\mathrm{K}}{50\,600\,\frac{\mathrm{N}}{\mathrm{m}^2}} = 0{,}0117\,\mathrm{m}^3 = 11{,}7\,\mathrm{dm}^3.$$

2.2 Thermische Energie, innere Energie

Die Spitze eines Bohrers kann glühend heiß werden, wenn man versucht, in eine Stahlplatte ohne Schmiermittel ein Loch zu bohren. Durch Reibung zwischen dem Bohrer und dem Stahl wird der größte Teil der mechanischen Energie der Bohrmaschine in thermische Energie verwandelt, was zu einer Temperaturerhöhung von Bohrer und Stahlplatte führt.

Bei raschen Stößen mit einer Fahrradpumpe kann der Nippel an der Pumpe sehr heiß werden. Die Arbeit, die man beim Pumpen der Luft verrichtet, wandelt sich teilweise in thermische Energie um, die Luft „reagiert“ mit einer Temperaturerhöhung. Beim Dieselmotor wird durch Kompression der Luft die Zündtemperatur des Brennstoffs erreicht.

Alle Körper – ob fest, flüssig oder gasförmig – besitzen aufgrund der ungeordneten Wärmebewegung der Moleküle oder Atome thermische Energie. Bei Festkörpern und Flüssigkeiten üben die Moleküle auf ihre unmittelbaren Nachbarn Bindungskräfte aus (diese sind elektrischer Natur); in diesen Bindungen steckt weitere, potenzielle Energie. (Bei Gasen kann aufgrund des großen

mittleren Abstands der Moleküle dieser Effekt vernachlässigt werden.)
Diese potenzielle Energie und die kinetische Energie der Teilchen bezeichnet man zusammen als ***thermische Energie***; zählt man noch die chemische Energie und die Kernenergie dazu, spricht man bei der Summe dieser Energieformen von der ***inneren Energie*** U.
Da sich bei thermodynamischen Prozessen die chemische Energie und die Kernenergie nicht ändern, kann man in diesem Kapitel thermische und innere Energie einander gleichsetzen.
Manche Stoffe können in verschiedenen ***Aggregatzuständen*** wie fest, flüssig oder gasförmig existieren; dies hängt vom Druck und der Temperatur ab. Phasenübergänge wie Schmelzen (fest → flüssig), Verdampfen (flüssig → gasförmig), Sublimieren (fest → gasförmig), aber auch Erstarren, Kondensieren und Verfestigen sind mit großen Änderungen der inneren Energie verbunden.
Ein Charakteristikum von Phasenübergängen ist, dass *während* des Übergangs die Temperatur konstant bleibt (bei konstantem Druck); bei einer für den Stoff charakteristischen Temperatur.
Während eines Phasenübergangs ändern sich die Struktur und die Dichte des Stoffes. So wird z. B. beim Schmelzen die kristalline Struktur aufgebrochen, und der gegenseitige Abstand der Teilchen wird größer. Dies erfordert (wie die Verlängerung einer Feder) die Zufuhr von Energie.
Wird einem Körper Energie zugeführt, als mechanische Reibungsenergie oder als Wärme, so nimmt in der Regel seine Temperatur zu. Steigt seine Temperatur trotz Energiezufuhr nicht an, so findet eine Änderung des Aggregatszustands statt.
Für den Fall, dass eine Temperaturänderung ΔT eintritt, gelten einfache Proportionalitäten zwischen der Energie Q und der Masse m: $Q = c \cdot m \cdot \Delta T$. Der Faktor c ist eine Stoffkonstante und wird als ***spezifische Wärmekapazität*** bezeichnet.
Für Phasenübergänge gilt: $Q = r \cdot m$, wobei r ebenfalls eine stofftypische Konstante ist.

BEISPIEL 5 Kilogramm Eis der Temperatur $\vartheta_1 = -10\,°C$ sollen verdampft werden. Welche Energie ist dazu nötig?

spezifische Wärmekapazität von Eis: $c_{Eis} = 2{,}05\,\frac{kJ}{kg \cdot K}$

Schmelzwärme von Eis: $r_{Schmelz} = 333{,}5\,\frac{kJ}{kg}$

spezifische Wärmekapazität von Wasser: $c_{wasser} = 4{,}18\,\frac{kJ}{kg \cdot K}$

Verdampfungswärme: $r_{Verd.} = 2257\,\frac{kJ}{kg}$.

1. Erwärmen des Eises von −10 °C auf 0 °C:

$$Q_1 = 2{,}05\,\frac{kJ}{kg \cdot K} \cdot 5\,kg \cdot 10\,K = 102{,}5\,kJ$$

2. Schmelzen des Eises:

$$Q_2 = 333{,}5\,\frac{kJ}{kg} \cdot 5\,kg = 1667{,}5\,kJ$$

3. Erwärmen des Wassers von 0 °C auf 100 °C:

$$Q_3 = 4{,}18\,\frac{kJ}{kg \cdot K} \cdot 5\,kg \cdot 100\,K = 2090\,kJ$$

4. Verdampfen des Wassers:

$$Q_4 = 2257\,\frac{kJ}{kg} \cdot 5\,kg = 11\,285\,kJ$$

Ergebnis: $Q_1 + Q_2 + Q_3 + Q_4 = 15\,145\,kJ$ sind nötig.

2.3 Die Hauptsätze der Wärmelehre

Ein Kolbenprober, der teilweise mit Luft gefüllt und unten verschlossen ist, kann abwechselnd in heißes oder kaltes Wasser eingetaucht werden. Taucht er aus der kalten Umgebung kommend in das heiße Wasser ein, wird ein kleines Wägestück auf dem Kolben in die Höhe gehoben, wenn die Luft die Temperatur des heißen Wasser angenommen hat. Die Beschreibung aus energetischer Sicht: Der Gasmenge (Luft) wurde die Wärme Q zugeführt, die Temperatur und der Druck im Gas stiegen an. Dabei verrichtete das thermodynamische System mechanische

Arbeit W am System „Wägestück + Gravitationsfeld der Erde". In einem weiteren Versuch wird der Kolbenprober in das kalte Wasser gestellt und der Kolben von Hand eingedrückt, wozu mechanische Arbeit nötig ist. Nach etwa 1 Minute kann der Kolben losgelassen werden, er verbleibt in seiner Stellung.

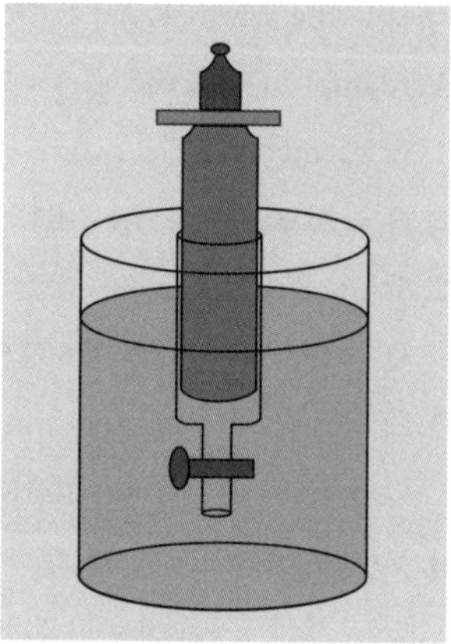

Bei diesem Versuch wurde am System mechanische Arbeit W verrichtet, es gab Wärme Q an das Wasser ab. Wird der gleiche Versuch durchgeführt, wobei der Kolbenprober in warmem Wasser steht, so kann die zugeführte mechanische Arbeit eventuell nur teilweise in Form von Wärme an das Wasser abgegeben werden. Wird dann der Kolben in der eingedrückten Stellung festgehalten, so wird die Differenz seiner inneren Energie U zugeführt.

Bei einem thermodynamischen System, das Energie in verschiedener Form mit anderen Systemen austauscht, gilt der:

Erster Hauptsatz der Thermodynamik: $\Delta U = Q + W$.
Die Summe der ausgetauschten Wärme und mechanischen Arbeit führt zu einer Änderung der inneren Energie.
(In dieser Gleichung werden zugeführte Energien positiv, abgegebene Energien negativ gerechnet.)

Kann ein „System" mit seiner Umgebung keine Energie austauschen, weil es sehr gut gegen einen Wärmetransport isoliert ist und auch keine mechanischen Energien diese Barriere durchdringen können, so ist $\Delta U = 0$, die innere Energie U ist konstant. Innerhalb des Systems können Energieumwandlungen – bei-

spielsweise durch Reibungsvorgänge zwischen Teilsystemen – stattfinden. Die Gesamtenergie des Systems bleibt jedoch konstant.
Der erste Hauptsatz ist eine Erweiterung des Energieerhaltungssatzes der Mechanik (▸ S. 36), der lediglich für mechanische Energien formuliert wurde und ausdrücklich Reibungsvorgänge ausschloss.
Auch in seiner Form des 1. Hauptsatzes der Wärmelehre schließt der Energieerhaltungssatz die Existenz eines „Perpetuum mobiles" aus, einer Maschine, die ohne Energiezufuhr ständig mechanische Arbeit verrichten könnte.
Bei Dampfmaschinen, aber auch Verbrennungsmotoren (Otto- oder Dieselmotoren) bewegen heißer Dampf oder heiße Gase einen Kolben in einem Zylinder. Wärme wird in mechanische Arbeit umgewandelt.

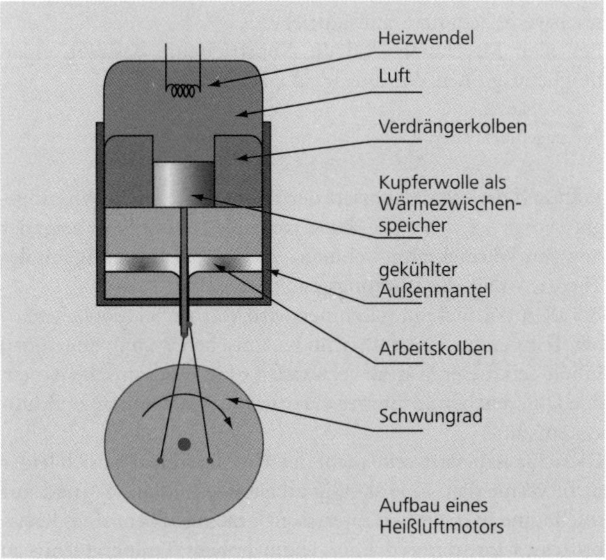

Aufbau eines Heißluftmotors

Bei den Automotoren wird durch eine explosionsartige Verbrennung des Brennstoff-Luft-Gemischs im Zylinder ein hoher Druck erzeugt. Die Druckkraft auf den beweglichen Kolben verrichtet während des „Kolbenhubs" mechanische Arbeit.
Eine periodisch arbeitende Wärmekraftmaschine, die zugeführte Wärme direkt in mechanische Arbeit verwandelt, ist der ***Heißluftmotor*** (nach seinem Erfinder Robert Stirling (1816) auch ***Stirlingmotor*** genannt, s. Abb. S. 57). In seinem Zylinder finden keine Explosionen statt, er benötigt keinen speziellen Brennstoff, sein Arbeitsgas ist normale Luft. Die Art und Weise, wie diese erhitzt wird, spielt für seine Funktion keine Rolle. Heißluftmotoren können mit minderwertigen Brennstoffen wie Holzabfällen, Altölrückständen o. Ä. betrieben werden. Da sie zwei bewegliche Kolben in einem Zylinder benötigen, die zudem durch eine mechanisch aufwändige Steuerung bewegt werden, lohnt sich ihr Einsatz (bislang) nur bei Großmotoren wie beispielsweise dem für Schiffsantriebe.
Bei allen Maschinen sind die Konstrukteure bestrebt, einen möglichst großen Wirkungsgrad η zu erzielen:

$$\eta = \frac{\text{Nutzenergie}}{\text{zugeführte Energie}}.$$

Während der erste Hauptsatz der Wärmelehre einen Wirkungsgrad von $\eta > 1$, d. h. über 100 %, prinzipiell ausschließt, zeigt der Bau von Wärmekraftmaschinen – in Übereinstimmung mit der Theorie – dass der Wirkungsgrad stets kleiner 1 ist.
Bei allen Wärmekraftmaschinen wird Wärme bei möglichst hoher Temperatur einem thermodynamischen System zugeführt. Einen Teil dieser Wärme verwandelt es in mechanische Arbeit, den Differenzbetrag führt es in Form von Abwärme einem Kühlsystem zu.
Diese für Arbeitszwecke nicht nutzbare Energie lässt sich leider nicht vermeiden. Eine ständig arbeitende Maschine – und nur solche sind in der Praxis interessant – muss in Form eines Kreisprozesses fortwährend Energie auf hohem Temperaturniveau

aufnehmen und einen Teil davon einem Energiereservoir geringer Temperatur zuführen. Ohne dieses Temperaturgefälle innerhalb der Maschine wäre eine Energieaufnahme nicht möglich.

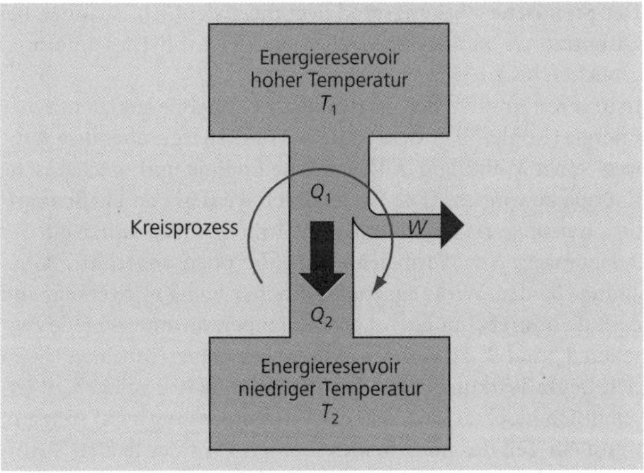

Eine Maschine, welche die *gesamte* aufgenommene Wärme in mechanische Arbeit umwandelt, ist unmöglich, sie wird als Perpetuum mobile 2. Art bezeichnet.
Eine gleichwertige Aussage wird auch als ***Zweiter Hauptsatz der Thermodynamik*** formuliert:

> Es gibt keine periodisch arbeitende Maschine, die zugeführte Wärme in mechanische Arbeit umwandelt, ohne dass ein Teil der Wärme abgegeben wird.

Der ***Wirkungsgrad*** von Wärmekraftmaschinen ist umso größer, je höher die Temperatur T_1 ist, bei der die Wärmemenge Q_1 zufließt, und je geringer die Temperatur T_2 ist, bei der sie abfließt.

Für den theoretisch bestmöglichen Wirkungsgrad gilt:
$\eta = 1 - \frac{T_2}{T_1}$.

Der praktische Wirkungsgrad liegt meist deutlich darunter, bei Ottomotoren werden etwa 25 % erzielt, Groß-Dieselmotoren erreichen bis zu 35 %.
In unseren Kraftwerken wird elektrische Energie aus chemischer Energie (Kohle, Öl, Erdgas) oder aus Kernenergie über den „Umweg" einer Wandlung in thermische Energie und mechanische Energie gewonnen. (Die Generatoren werden von Heißdampfturbinen angetrieben.) Für diese Wärmekraftmaschinen gilt der 2. Hauptsatz der Wärmelehre und die oben angeführte Gleichung für den Wirkungsgrad. Betreiber von Kraftwerken sind deshalb bestrebt, möglichst große Temperaturunterschiede zwischen T_1 und T_2 zu erzielen. Mit mehrstufigen Turbinen lassen sich heute Wirkungsgrade bis zu 0,58 ≙ 58 % erreichen. Wirtschaftlich gesehen lässt sich der Gesamtwirkungsgrad steigern, wenn ein Teil des noch heißen Dampfes vor der letzten Turbinenstufe ausgekoppelt und einem Wärmetauscher zugeführt wird, der dann größere Stadtteile in der näheren Umgebung mit Fernwärme versorgt. Solche Blockheizkraftwerke mit Kraft-Wärme-Kopplung werden heute von vielen Städten in Neubaugebieten installiert. Sie arbeiten sehr wirtschaftlich: Im Sommer produzieren sie vorzugsweise elektrische Energie, im Winter wird ein größerer Teil der Energie für Heizzwecke abgezweigt. Auch für Hallenbäder oder Krankenhäuser, die ganzjährig einen großen Wärmebedarf haben, sind erdgas- oder dieselbetriebene Kleinanlagen eine echte Alternative.
Jeder Heißluftmotor kann auch als ***Wärmepumpe*** betrieben werden, wenn man sein Schwungrad antreibt und den Kreisprozess in entgegengesetzter Richtung ablaufen lässt. Wärme wird dann vom Reservoir niedriger Temperatur T_2 auf eines höherer Temperatur T_1 „hinaufgepumpt". So kann beispielsweise einem vorbeifließenden Bach oder dem Grundwasser Wärme entzogen

werden und diese dann – mit höherer Temperatur – von einem Heizkörper zur Beheizung einer Wohnung abgegeben werden. Der Vorteil dieser Heizsysteme ist, dass die Wärme praktisch kostenlos bezogen werden kann, ihr technischer Wirkungsgrad $\eta = \frac{T_1}{T_1 - T_2}$ ist sogar größer 1.

Lediglich für die Pumpe wird (elektrische) Energie benötigt.

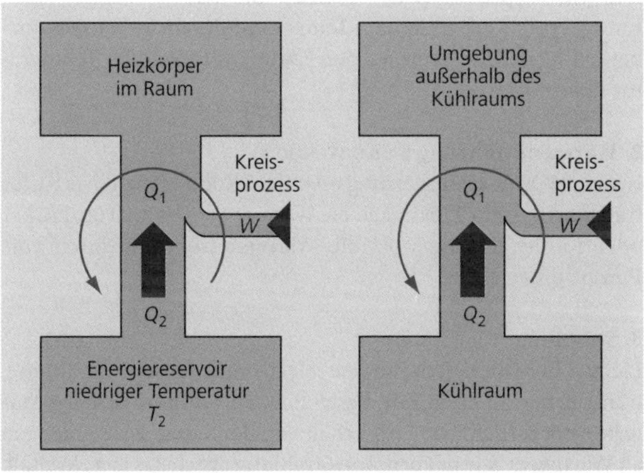

Wärmepumpen sind schon in vielen Häusern installiert worden (es gibt auch die Möglichkeit, der Umgebungsluft im Freien Energie zu entziehen, wenn kein Grundwasser zur Verfügung steht), ihre Anschaffungskosten sind jedoch um ein Vielfaches höher als bei einer konventionellen Heizung. Da in der Pumpe ständig mechanische Teile in Bewegung sind, ist auch mit hohen Reparatur- und Ersatzbeschaffungskosten zu rechnen. Dieselbe Maschine, als Wärmepumpe betrieben, kann auch als Kältemaschine angesehen werden, wenn man die bei niedriger Temperatur T_2 dem Energiereservoir entzogene Wärme als Nutzenergie ansieht.

2.4 Die Strahlungsgesetze

Zum Transport von Wärme stehen 3 Mechanismen zur Verfügung:

1. Wärmeleitung
Wenn sich Körper unterschiedlicher Temperatur direkt berühren, wie beispielsweise der Kochtopf die heiße Herdplatte, geht Energie vom Körper höherer Temperatur durch die Temperaturbewegung der Moleküle auf den Körper mit niedriger Temperatur über.

2. Wärmemitführung (= Konvektion)
In einer Warmwasserheizung oder dem Kühlsystem eines Autos transportiert eine Flüssigkeit die Wärmeenergie zum Heizkörper oder Kühler. Häufig wird die Wärmemitführung durch eine Pumpe unterstützt.

3. Strahlung
Licht, aber auch jede andere elektromagnetische Strahlung, transportiert Energie. Für diesen Energietransport ist keine Materie erforderlich. Die Erde erhält von der Sonne große Mengen an Wärmeenergie in Form von Strahlung durch das leere Weltall.

Für die Aussendung (Emission) und die Aufnahme (Absorption) von Wärme in Form von elektromagnetischer Strahlung gelten eine Reihe besonderer Gesetze, deren Entdeckung letztlich zu einem neuen Verständnis der physikalischen Welt – der Quantenphysik – geführt haben.
Wie jeder aus seiner Erfahrung weiß, erwärmen sich dunkle Beläge von Gehwegen oder Terrassen im Sommer bei Sonneneinstrahlung auf eine höhere Temperatur als helle, glatte Flächen bei sonst gleichen Bedingungen. Die hellen Beläge absorbieren weniger von der Strahlung, einen Teil des auffallenden Lichts streuen oder reflektieren sie. Schwarze Körper erscheinen uns deshalb

dunkel, weil sie (fast) alle Wellenanteile des auffallenden Lichts vollständig absorbieren.
Für objektive Aussagen in der Strahlungsmesstechnik benutzt man die Größe ***Strahlungsintensität (= Energiestromdichte):***

$I = \frac{\text{Energie}}{\text{Fläche} \cdot \text{Zeit}} = \frac{\Delta E}{A \cdot \Delta t}$; ihre Einheit ist $\frac{\text{J}}{\text{m}^2 \cdot \text{s}} = \frac{\text{W}}{\text{m}^2}$.

Rechtwinklig auf eine Fläche auffallendes Sonnenlicht an einem klaren Tag kann eine Strahlungsintensität bis zu $1 \frac{\text{kW}}{\text{m}^2}$ erreichen.

Von dieser relativ großen Energiestromdichte profitieren Sonnenkollektoren und Solarzellen, auch wenn ihre Wirkungsgrade eher bescheiden sind!
Wie Versuche zeigen, ist jeder Gegenstand in einem Zimmer, ist jeder Körper Empfänger, aber auch Sender von Strahlung. Er absorbiert Strahlung aus seiner Umgebung, emittiert gleichzeitig aber auch Wärme durch Strahlung.
Neben der Oberflächenbeschaffenheit (wozu auch die Körperfarbe zählen soll) bestimmt sehr wesentlich die Temperatur des Körpers die Strahlungsintensität. Bei *gleicher* Temperatur absorbieren – aber emittieren auch – schwarze Körper am stärksten, helle oder glänzend polierte Flächen am wenigsten. (Unsere Ur-Ur-Großeltern hatten diese Tatsache wohl schon bemerkt und schwärzten die Oberfläche ihrer Kohleöfen mit „Ofenschwärze", einer Paste, die Rußteilchen enthielt.)
Der gleiche Körper, einmal heiß, einmal kalt, emittiert im heißen Zustand mehr als im kalten. Dies erklärt, warum ein Körper abkühlt, auch wenn er keinen körperlichen Kontakt zu einem kühleren Gegenstand hat und damit Wärmeleitung oder Konvektion ausscheiden. Alle Gegenstände in einem Zimmer besitzen nach einiger Zeit die gleiche Temperatur, wenn sich kein Ofen oder eine andere Energiequelle im Zimmer befindet. Sie sind dann im Strahlungsgleichgewicht, d. h., die Intensität absorbierter und emittierter Strahlung ist gleich groß.
Um vergleichbare Messungen durchführen zu können, haben sich die Physiker einen „absolut schwarzen Körper" ausgedacht,

einen Körper, der jegliche auffallende Strahlung zu 100 % absorbiert, der aber auch der beste Emittent für Strahlung ist.
Einen solchen Körper gibt es in Wirklichkeit nicht, doch kommt ihm die Öffnung eines innen geschwärzten Hohlraums ziemlich nahe. (Bestreicht man eine kleine Pappschachtel innen und außen mit der „schwärzesten“ Farbe, die man findet, mit Tusche oder Ruß, und schneidet man dann in einer Fläche der Schachtel ein kleines Loch aus, so wird einem dieses Loch immer noch dunkler erscheinen als jede noch so tief schwarz eingefärbte Fläche.)
Für die Strahlungsintensität eines schwarzen Körpers (man spricht auch von „Hohlraumstrahlung“) gilt das

> **STEFAN-BOLTZMANN'sche Gesetz:**
> Die Strahlungsintensität I wächst mit der 4. Potenz der Temperatur: $I = \sigma \cdot T^4$.
> Die Konstante $\sigma = 5{,}67 \cdot 10^{-8}\ \frac{\text{W}}{\text{m}^2 \cdot \text{K}^4}$ ist eine universell gültige Naturkonstante.

Mithilfe des Stefan-Boltzmann'schen Gesetzes kann man die Oberflächentemperatur eines heißen Körpers bestimmen, wenn man die von ihm ausgehende Strahlung misst. Mit Strahlungsmessgeräten (Pyrometern) kann man z. B. die Temperatur von geschmolzenen Metallen berührungslos messen, aber auch die Oberflächentemperatur der Sonne.

BEISPIEL Die Sonne hat einen Radius von 696 000 km und ist $149{,}5 \cdot 10^6$ km von uns entfernt. Ihre Strahlungsintensität am Ort der Erde beträgt $1{,}33\ \frac{\text{kW}}{\text{m}^2}$ (= „Solarkonstante“, gemessen außerhalb der Lufthülle), d. h., auf jeden m^2 einer Kugelinnenfläche von $149{,}5 \cdot 10^9$ m Radius um den Sonnenmittelpunkt treffen in jeder Sekunde 1 330 J Strahlungsenergie auf. Da eine Kugel dieser Größe die Oberfläche:

$A = 4\pi \cdot r^2 = 4 \cdot 3{,}14 \cdot (149{,}5 \cdot 10^9\,\text{m})^2 = 2{,}81 \cdot 10^{23}\,\text{m}^2$

besitzt, strömen durch diese Fläche in jeder Sekunde:
$2{,}81 \cdot 10^{23} \cdot 1330\,\text{J} = 3{,}74 \cdot 10^{26}\,\text{J}$.
Diese Energienenge wird ständig von der Sonnenoberfläche (mit $A_S = 4\pi \cdot (6{,}96 \cdot 10^8\,\text{m})^2 = 6{,}09 \cdot 10^{18}\,\text{m}^2$ Flächeninhalt) emittiert. Die Intensität der Strahlung an der Sonnenoberfläche ist deshalb:

$$I_S = \frac{3{,}74 \cdot 10^{26}\,\text{J}}{6{,}09 \cdot 10^{18}\,\text{m}^2 \cdot 1\,\text{s}} = 6{,}14 \cdot 10^7\,\frac{\text{W}}{\text{m}^2}.$$

Die zu dieser Energiestromdichte gehörende Temperatur berechnet sich aus dem Stefan-Boltzmann'schen Gesetz zu:

$$T = \sqrt[4]{\frac{I_S}{\sigma}} = \sqrt[4]{\frac{6{,}14 \cdot 10^7\,\frac{\text{W}}{\text{m}^2}}{5{,}67 \cdot 10^{-8}\,\frac{\text{W}}{\text{m}^2 \cdot \text{K}^4}}} \approx 5740\,\text{K}.$$

(Wenn man die Sonne thermodynamisch als schwarzen Körper betrachtet.)

Zerlegt man das Licht durch ein Prisma oder ein Gitter (▶ Wel-

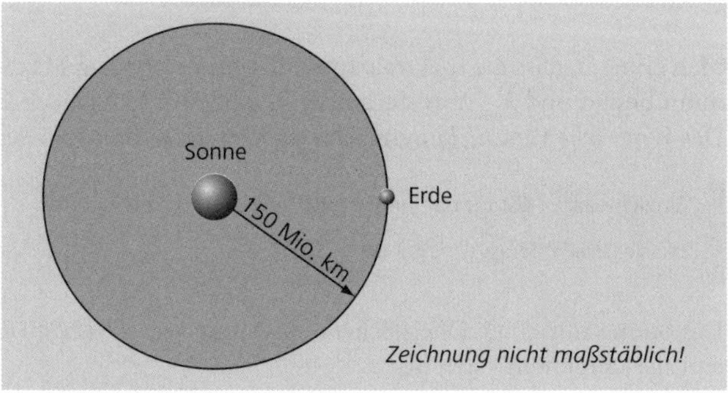

lentheorie des Lichts, S. 157 ff.) in ein Spektrum, so kann man für jede Wellenlänge einzeln die Intensität bestimmen. Man erhält in einem Schaubild die folgende Kurvenschar (Parameter ist die absolute Temperatur T):

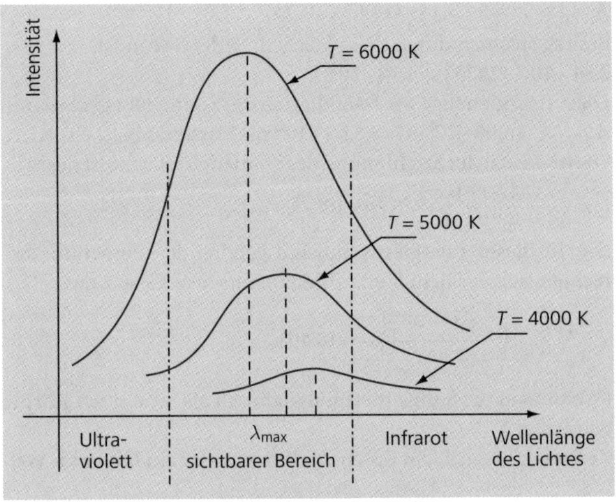

Man erkennt, dass die spektrale Intensität für $\lambda = \lambda_{max}$ ein Maximum besitzt und λ_{max} mit steigender Temperatur kleiner wird. Das ***WIEN'sche Verschiebungsgesetz*** zeigt diesen Zusammenhang:

> Ein schwarzer Körper der Temperatur T strahlt am intensivsten bei der Wellenlänge $\lambda_{max} = 2{,}898 \cdot 10^{-3}\,\frac{K \cdot m}{T}$.

Die Sonne mit einer Oberflächentemperatur von $T \approx 5740\,K$ emittiert am intensivsten bei:

$$\lambda_{max} = \frac{2{,}898 \cdot 10^{-3}\,K \cdot m}{5740\,K} = 5{,}05 \cdot 10^{-7}\,m \approx 505\,nm,$$

einer Wellenlänge, die in unserem Auge einen grünen Farbeindruck hervorruft und die für die Fotosynthese im Blattgrün eine große Rolle spielt.

Eine Formel zu finden, welche die Intensität für *jede* Wellenlänge bei *jeder* Temperatur beschreibt, bereitete den theoretischen

Physikern zunächst große Probleme. Nach vielen vergeblichen Ansätzen gelang Max Planck im Jahre 1900 mit einem revolutionären Ansatz die Lösung: Er löste sich von der Wellenvorstellung und postulierte, dass das Licht in bestimmten Energieportionen, als „Quanten“ bezeichnet, (▶ Photonentheorie des Lichts, S. 180 ff.), emittiert und absorbiert wird.

Seine mit diesem Ansatz gewonnene Gleichung – die Planck'sche Strahlungsformel – beschreibt exakt die spektrale Verteilung der Lichtintensität und wurde die Grundlage der modernen Quantenphysik. (Die Formel ist mathematisch sehr kompliziert, sie enthält als Sonderfälle das Stefan-Boltzmann'sche Gesetz und das Wien'sche Verschiebungsgesetz.)

Mithilfe des Planck'schen Strahlungsgesetzes, bzw. des Stefan-Boltzmann'schen Gesetzes, lässt sich aus der bekannten Strahlungsintensität des Sonnenlichts die Temperatur berechnen, bei der die Erde im Strahlungsgleichgewicht ist. Von der Sonne her gesehen, bestrahlt ihr Licht ständig eine Fläche von der Größe der *Querschnitts*fläche der Erdkugel:

$A_Q = \pi \cdot R^2 = 3{,}14 \cdot (6370\,\text{km})^2 = 1{,}27 \cdot 10^{14}\,\text{m}^2$.

Berücksichtigt man, dass vom auffallenden Licht etwa 30 % sofort reflektiert werden, so absorbiert die Fläche A_Q eine Leistung von:

$$P = A_Q \cdot 0{,}7 \cdot 1{,}33\,\frac{\text{kW}}{\text{m}^2} = 1{,}19 \cdot 10^{14}\,\text{kW}.$$

Diese zugeführte Leistung erwärmt die gesamte Erdoberfläche – im Mittel – auf eine Temperatur, bei der sie die gleiche Leistung P wieder abstrahlt – dies jedoch von ihrer gesamten *Ober*fläche $A_E = 4\pi \cdot R^2 = 4 \cdot 1{,}27 \cdot 10^{14}\,\text{m}^2 = 5{,}08 \cdot 10^{14}\,\text{m}^2$. Aus dem Stefan-Boltzmann'schen Gesetz folgt dann für die Temperatur:

$$T = \sqrt[4]{\frac{1{,}19 \cdot 10^{17}\,\text{W}}{5{,}08 \cdot 10^{14}\,\text{m}^2 \cdot 5{,}67 \cdot 10^{-8}\,\frac{\text{W}}{\text{m}^2 \cdot \text{K}^4}}} \approx 254\,\text{K} \approx -19\,^\circ\text{C}.$$

Tatsächlich beträgt die mittlere Oberflächentemperatur – zum Glück für uns – etwa +15 °C.

Wegen der hohen Temperatur der Sonnenoberfläche erhält die Erde ihre Energie bei relativ kurzen Wellenlängen des sichtbaren Lichts, für welche die Atmosphäre gut durchlässig ist. Ohne Atmosphäre würde diese Strahlung die Erdoberfläche tatsächlich auf nur – 19 °C aufheizen.
Aufgrund der niedrigeren Erdtemperatur erfolgt die Emission nach dem Strahlungsgesetz jedoch bei größeren Wellenlängen, im infraroten Lichtanteil. Einige Gase der Atmosphäre (Wasserdampf, Kohlenstoffdioxid, Methan u. a.) absorbieren jedoch infrarote Strahlung, sie erwärmen sich und strahlen sowohl in den Weltraum als auch auf die Erde zurück. Wir erhalten auf diese Weise zusätzlich zu den $0{,}7 \cdot 1330 \, \frac{\mathrm{W}}{\mathrm{m}^2} = 947 \, \frac{\mathrm{W}}{\mathrm{m}^2}$ durch direkte Sonneneinstrahlung noch ca. $236 \, \frac{\mathrm{W}}{\mathrm{m}^2}$ durch Rückstrahlung. Die entsprechende Rechnung zeigt, dass dieser Effekt – man kann ihn als den erwünschten Treibhauseffekt bezeichnen – eine Temperaturerhöhung von + 34 Grad erzeugt.
Dieses über Jahrmillionen eingespielte Gleichgewicht wird seit der Industrialisierung und Motorisierung der Menschheit durch vermehrten Ausstoß von CO_2 und weiteren Treibhausgasen empfindlich gestört. Welche Auswirkungen dies auf unsere klimatischen Verhältnisse haben wird, ist schwer vorherzusagen (bei steigender Temperatur würde der Wasserdampfgehalt der Luft erhöht, dies hätte größere Niederschlagsmengen zur Folge, was mehr CO_2 auswaschen würde), doch dürfte bei unvermindertem Ausstoß dieser Gase – global gesehen – die mittlere Temperatur der Erde langfristig steigen. Als Folge würden dann nicht nur die Gletscher und die Eiskappen der Pole abschmelzen, durch eine Temperaturerhöhung würde sich auch das Wasservolumen der Meere vergrößern und viele Länder an den großen Flussmündungen wären dauernd überflutet. Dies hätte auch Auswirkungen auf das Klima- und Wettergeschehen.
Während der Eiszeiten waren die mittleren Temperaturen der Erde um nur 1 bis 2 Grad niedriger als heute. Dies zeigt, wie

empfindlich das Erdgeschehen auf geringe Temperaturänderungen reagiert.
In den zurückliegenden Jahren stieg die globale Temperatur – gemittelt jeweils über ein Jahr – um 0,17 °C pro Jahrzehnt. Dies sieht auf den ersten Blick sehr gering aus, doch erschreckend ist das Tempo dieses Temperaturanstiegs!
Im Verlauf der Erdgeschichte gab es schon mehrfach Wechsel zwischen Eiszeiten (Kaltzeiten) und Warmzeiten mit Temperaturunterschieden von wenigen Graden (über deren Ursachen man immer noch rätselt – wie möglicherweise eine Änderung der Sonnenaktivität, eine Verlagerung der Erdachse oder einen extremen Vulkanismus, der so viel Staub und Asche in die Atmosphäre eintrug, dass über Jahrhunderte hinweg kaum mehr Sonnenlicht die Erdoberfläche erreichte). Doch erfolgten diese natürlichen Klimaschwankungen in Perioden von mehreren Tausenden von Jahren.
Noch nie war der CO_2-Gehalt in der irdischen Atmosphäre so hoch wie heute, und der damit verbundene rasche Temperaturanstieg lässt nur den Schluss zu, dass hier anthropogene, d. h. von Menschen verursachte Einflüsse, Auslöser sind.
Die in den letzten Jahren objektiv registrierte Zunahme von extremen Dürren in Teilen von Afrika oder Starkregenfällen in Asien mit großen Erosionsfolgen, sowie eine zunehmende Anzahl von Hurrikans und zerstörerischen Tornados sind durchaus im Einklang mit physikalischen Gesetzmäßigkeiten: Mit zunehmender Temperatur der Meere und Landmassen steigt die Verdunstungsrate und diese steigert die in der Atmosphäre deponierte Energiemenge.

3 Mechanische Schwingungen und Wellen

3.1 Schwingungen

Die Zinken einer Stimmgabel, ein Kind auf einer Schaukel oder ein Mobile, das über eine lange Feder an der Decke befestigt ist, führen – einmal angestoßen – eine Schwingung aus.
Äußeres Kennzeichen einer Schwingung ist die sich wiederholende Hin- und Her- oder Auf- und Abbewegung. Aus physikalischer Sicht kann ein Körper in Schwingung versetzt werden, wenn er sich in einem System befindet, in dem die ihm zu Beginn zugeführte Energie anschließend periodisch zwischen zwei Energieformen wechselt. So findet im Beispiel der Kinderschaukel eine ständige Umwandlung zwischen Lage- und Bewegungsenergie (▶ S. 35) statt, und wenn es keine Energieverluste durch Reibung gäbe, würde sich das Schaukelspiel unendlich lange fortsetzen. Selbstverständlich ist (im reibungsfreien Fall) der Energieerhaltungssatz der Mechanik (▶ S. 36) erfüllt. In jedem Moment ist die Summe aus Bewegungs- und Lageenergie konstant, nämlich gleich dem Energiebetrag, den der Vater dem Kind zu Beginn erteilt hat, sei es durch Anstoßen (= Bewegungsenergie) oder Auslenken und Hochheben der Schaukel (= Lageenergie).

Charakteristische Größen zur Beschreibung einer Schwingung

Wir betrachten in der Schule nur einfache Schwingungen in der Mechanik, die sich (idealisiert) auf zwei Grundformen zurückführen lassen:

- das *Feder-* und
- das *Fadenpendel*.

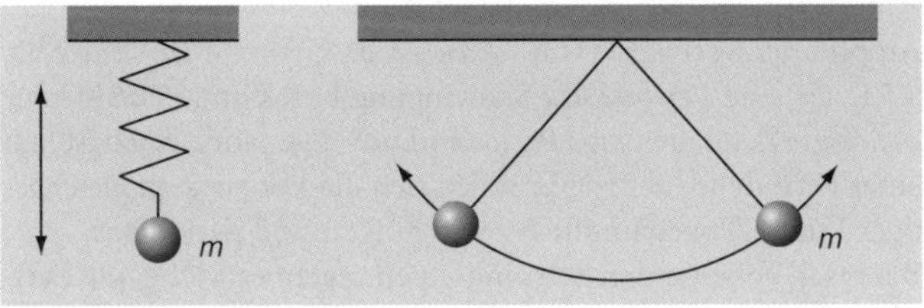

In beiden Fällen stellt man sich vor, dass die gesamte Masse *m* in einem punktförmig gedachten Pendelkörper vereinigt ist und längs einer Achse hin- und herschwingt. (Im Falle eines Fadenpendels ist die Achse leicht gebogen!) Da Schwingungen eine gewisse Symmetrie aufweisen, ist es zweckmäßig, den Nullpunkt der Auslenkungsachse so zu wählen, dass er mit dem „Ruhepunkt" der Bewegung zusammenfällt. Diesen Ruhepunkt findet man am leichtesten, wenn man sich vorstellt, in welcher Stellung der pendelnde Körper einmal zur Ruhe kommen wird, wenn er seine gesamte Schwingungsenergie durch Reibungsvorgänge verloren hat. Die Position des schwingenden Körpers auf dieser Achse zu einem beliebigen Zeitpunkt *t* wird als ***Auslenkung*** oder als ***Elongation*** $e(t)$ bezeichnet. Den Betrag der Höchstwerte der Elongation bezeichnet man als ***Amplitude*** $A = |e(t)_{\max}|$.

Bei einer reibungsfrei ablaufenden Schwingung – man spricht dann von einer ungedämpften Schwingung – ist die Amplitude konstant.

Eine vollständige Hin- und Herbewegung zum gleichartigen

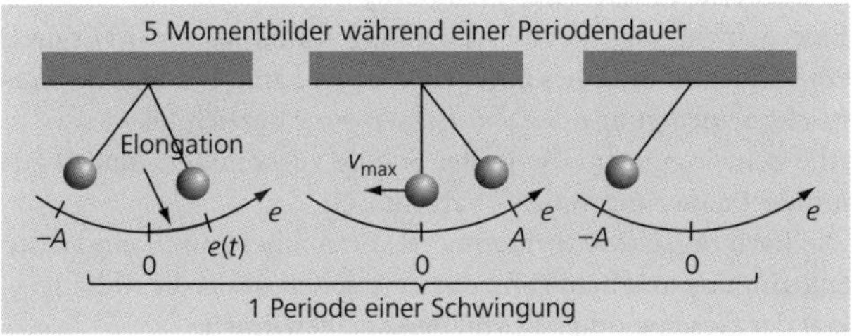

Amplitudenwert wird (von $+A$ zu $+A$ bzw. von $-A$ zu $-A$, ▶Abb. S. 71) als eine ***Periode*** der Schwingung bezeichnet. Die hierfür benötigte Zeitdauer wird ***Periodendauer*** T genannt. Nach Ablauf einer Periodendauer wiederholen sich die Vorgänge in gleichartiger Weise. Ungedämpfte Schwingungen sind periodisch.
Bei rasch ablaufenden Schwingungen macht es Mühe, die Periodendauer zu messen. Man bestimmt dann die Anzahl der Perioden (auch Bruchteile einer vollen Periode!), die in einer bestimmten Zeitdauer durchlaufen werden und bezeichnet diesen zeitbezogenen Wert als ***Frequenz*** f.

> Frequenz und Periodendauer stehen in einem reziproken Verhältnis: $f = \frac{1}{T}$ oder $T = \frac{1}{f}$.

Ist die Bezugsgröße der Zeit eine Sekunde, gibt man die Frequenz in der Einheit Hertz (Hz) an: $\frac{1}{\text{s}} = 1\,\text{Hz}$; $\frac{7}{\text{s}} = 7\,\text{Hz}$ usw.

BEISPIEL Schwingen die Zinken einer Stimmgabel in einer Sekunde 400-mal hin und her, so beträgt die Frequenz:

$$f = \frac{400}{\text{s}} = 400\,\text{Hz}.$$

Die Periodendauer beträgt:

$$T = \frac{1}{f} = \frac{1}{400 \cdot \frac{1}{\text{s}}} = 0{,}0025\,\text{s} = 2{,}5\,\text{ms (Millisekunden)}.$$

Die harmonische Schwingung

Eine Schwingung, deren Auslenkungsfunktion $e = f(t)$ durch eine Sinusfunktion beschrieben werden kann, wird als ***harmonische Schwingung*** oder *Sinusschwingung* bezeichnet.
Alle Schwingungen, die in der Schule vorkommen, sind – zumindest näherungsweise – harmonisch.
Die harmonische Schwingung ist die mathematisch einfachste Schwingung und man kann durch Ableiten sofort die Abhängigkeit der Geschwindigkeit von der Zeit gewinnen.

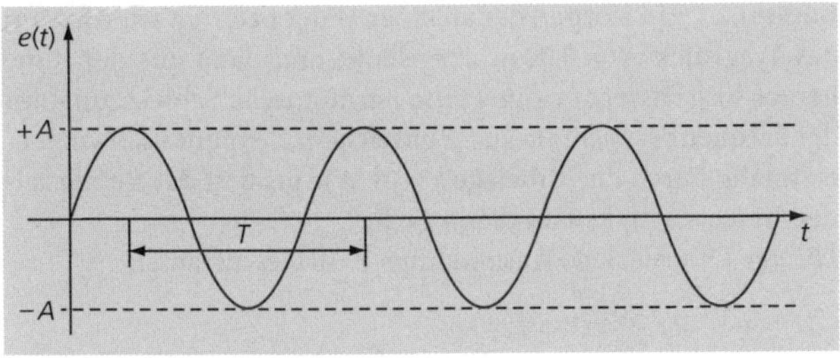

> Ist die Auslenkungsfunktion einer harmonischen Schwingung
> $e(t) = A \cdot \sin(2\pi \cdot f \cdot t)$,
> so liefert die 1. Ableitung nach der Zeit die Geschwindigkeits-Zeit-Funktion:
> $e'(t) = v(t) = A \cdot 2\pi \cdot f \cdot \cos(2\pi \cdot f \cdot t)$.

ANMERKUNG Für $t = 0$ ist $e(t) = 0$.

Die Definition $e(t) = A \cdot \sin(2\pi \cdot f \cdot t)$ setzt also voraus, dass der schwingende Körper zum willkürlich gewählten Zeitpunkt $t = 0$ seine Schwingung aus der Ruheposition heraus beginnt.
Häufig startet man jedoch eine Schwingung aus einer Amplitudenposition $e(0) = A$. Die Auslenkungsfunktion lautet dann:

$$e(t) = A \cdot \sin\left(2\pi \cdot f \cdot t + \frac{\pi}{2}\right)$$

oder (gleichwertig):

$$e(t) = A \cdot \cos(2\pi \cdot f \cdot t).$$

Der häufig vorkommende Term $2\pi \cdot f$ wird als ***Kreisfrequenz*** bezeichnet und mit ω (kleines Omega) abgekürzt.
BEACHTE Die Argumente der Sinus- und Kosinusfunktionen, also $\omega \cdot t$, müssen stets im Bogenmaß eingegeben werden. Der Taschenrechner ist also gegebenenfalls umzustellen, meist von DEG auf RAD.

BEISPIEL Ein Körper, der an einer Feder befestigt ist, wird um das Wegstück $A = 0{,}30\,\text{m}$ ausgelenkt und dann aus der Ruhe heraus losgelassen; er führt eine harmonische Schwingung mit der Frequenz $f = 0{,}50\,\text{Hz}$ aus. Zu welchem Zeitpunkt schwingt er erstmalig durch die Ruhelage $e = 0$? Wie groß ist der Betrag seiner Geschwindigkeit an dieser Stelle?

Lösung: Das spezielle Auslenkungs-Zeit-Gesetz lautet:

$$e(t) = 0{,}30\,\text{m} \cdot \cos\left(2\pi \cdot \frac{0{,}5}{\text{s}} \cdot t\right).$$

Setzt man $e(t) = 0$, so erhält man eine Bestimmungsgleichung für den gesuchten Zeitpunkt t_1:

$$0 = \cos\left(2\pi \cdot \frac{0{,}5}{\text{s}} \cdot t_1\right).$$

Da der Kosinus nur für Winkelwerte $\frac{\pi}{2}, \frac{3\pi}{2}, \frac{5\pi}{2}, \ldots$ den Wert 0 liefert, folgt aus $2\pi \cdot \frac{0{,}5}{\text{s}} \cdot t_1 = \frac{\pi}{2}$ der gesuchte Zeitpunkt $t_1 = 0{,}5\,\text{s}$.

Die Periodendauer der Schwingung beträgt demnach:

$$T = \frac{1}{f} = 2\,\text{s}.$$

Die Rechnung bestätigt also, dass das erstmalige Durchschwingen der Ruhelage nach $\frac{1}{4}$ Periodendauer erfolgt.

Das spezielle Geschwindigkeits-Zeit-Gesetz lautet:

$$v(t) = -0{,}30\,\text{m} \cdot 2\pi \cdot \frac{0{,}5}{\text{s}} \cdot \sin\left(2\pi \cdot \frac{0{,}5}{\text{s}} \cdot t\right).$$

Setzt man in diese Gleichung $t_1 = \frac{T}{4} = 0{,}5\,\text{s}$ ein, so nimmt der Sinusterm den größtmöglichen Wert 1 an. Die Geschwindigkeit zu diesem Zeitpunkt ist $v(t_1) = -0{,}30\,\text{m} \cdot 2\pi \cdot \frac{0{,}5}{\text{s}} \approx -0{,}94\,\frac{\text{m}}{\text{s}}$; einen größeren Geschwindigkeitsbetrag als $0{,}94\,\frac{\text{m}}{\text{s}}$ hat der Körper an keiner anderen Stelle der Schwingung.

MERKE

Die Maximalgeschwindigkeit, die ein Körper bei einer harmonischen Schwingung erreicht, ist:
$v_{max} = A \cdot 2\pi \cdot f = A \cdot \omega$,
das Produkt aus Amplitude A und Kreisfrequenz ω.

Physikalische Bedingungen für eine harmonische Schwingung

Die Untersuchung, ob eine reale Schwingung harmonisch ist, kann sich recht schwierig gestalten. Zwar kann man häufig mit geeigneten elektromechanischen Wandlern ihre Elongationen auf dem Schirm eines Oszilloskops oder mit einem *Y-t*-Schreiber aufzeichnen, doch ist unser „Augenmaß" nicht besonders scharf, wenn es gilt nachzuprüfen, ob das gewonnene ***Oszillogramm*** eine exakte Sinuskurve darstellt. (Zudem sind in der Regel alle Schwingungen gedämpft, d. h., die Amplituden werden mit der Zeit kleiner und genügen nicht dem oben genannten mathematischen Ansatz für eine harmonische Schwingung, der ein konstantes A fordert. Doch wird diese Voraussetzung in der Schule nicht besonders streng gesehen.)

Für die Beantwortung der Frage, ob eine Schwingung harmonisch abläuft, hat sich eine andere Methode bewährt: Man prüft die physikalischen Voraussetzungen für die Schwingung.

Mit mathematischen Mitteln lässt sich zeigen (eine Herleitung, auf die wir hier verzichten wollen), dass eine Schwingung harmonisch ist, wenn auf den Pendelkörper der Masse m eine Kraft einwirkt mit den folgenden Eigenschaften:

- In jeder Position wirkt eine Kraft auf den schwingenden Körper, deren Richtung auf die Ruhelage des Körpers (= Nullpunkt der Elongationsachse) weist; man spricht von der Existenz einer „rücktreibenden Kraft".
- Der Betrag der rücktreibenden Kraft wächst proportional zum Betrag der Auslenkung an; man spricht von der Gültigkeit eines linearen Kraftgesetzes.

Beide Forderungen lassen sich in vektorieller Schreibweise kurz notieren: $\vec{F} \sim -\vec{e}$ oder $\vec{F} = -k \cdot \vec{e}$, wobei k eine (positive) Proportionalitätskonstante bezeichnet.

Kann man die Existenz einer Proportionalitätskonstanten k zwischen Kraft und Auslenkung nachweisen, so ist erwiesen, dass die Schwingung harmonisch ist.
Die Periodendauer beträgt dann für jede Art eines Schwingers:
$T = 2\pi\sqrt{\frac{m}{k}}$ (m Masse des schwingenden Körpers).

Das Federpendel

Federpendel kommen üblicherweise in 3 Formen vor:
- als horizontale Schwinger mit *einer* Feder,
- als horizontale Schwinger mit *zwei* Federn,
- als vertikale Schwinger.

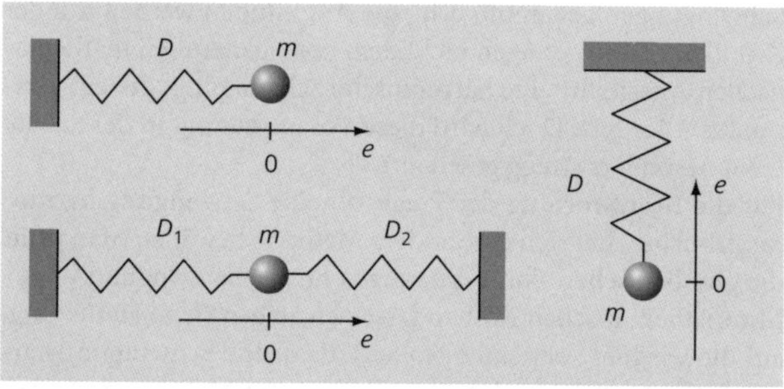

Wenn keine Reibung vorliegt, die verwendeten Federn das Hooke'sche Gesetz $F = D \cdot s$ erfüllen und die Schwingungen innerhalb des Gültigkeitsbereiches dieses Gesetzes erfolgen, sind alle Federschwingungen harmonisch. Besitzt eine Feder die Federkonstante D, beträgt die Periodendauer einer mit ihr erzeugten Federschwingung:
$T = 2\pi \cdot \sqrt{\frac{m}{D}}$.

▶ ANMERKUNG m bezeichnet hierin korrekt die schwingende Masse, d. h. die Masse des Pendelkörpers plus einem Bruchteil $\left(\text{ca. } \frac{1}{3}\right)$ der Federmasse. In vielen Fällen ist die Masse der Feder im Vergleich zur Masse des Pendelkörpers sehr klein, sodass der Einfluss der Federmasse auf die Periodendauer vernachlässigt werden kann.

BEISPIEL Hängt ein Körper der Masse $m = 1{,}00\,\text{kg}$ an einer Feder der Federkonstanten $D = 100\,\frac{\text{N}}{\text{m}}$, deren Masse sehr klein gegen 1 kg ist, so beträgt die Periodendauer der Federschwingung:

$T = 2\pi \cdot \sqrt{0{,}01\,\text{s}^2} = 2\pi \cdot 0{,}1\,\text{s} \approx 0{,}63\,\text{s}$

und die Frequenz ist:

$f = \frac{1}{T} \approx 1{,}59\,\text{Hz}$, unabhängig von der Amplitude!

▶ ANMERKUNGEN

- Im Falle des horizontalen Schwingers mit *einer* Feder muss diese Feder auf Zug und Druck belastbar sein, die Federringe dürfen sich im Ruhezustand nicht berühren.
- Den Fall mit zwei vorgespannten Federn kann man auf den ersten Fall zurückführen. Die zwei Federn mit den Konstanten D_1 und D_2 können gleichwertig durch eine Feder der Konstante $D = D_1 + D_2$ ersetzt werden. (Anwendung des Ersatzprinzips!)
- Im Fall des vertikalen Federschwingers kann man den Einfluss der Gewichtskraft auf den schwingenden Körper „vergessen", wenn man den Nullpunkt der Elongationsachse in denjenigen Punkt legt, in dem die Gewichtskraft auf den (ruhenden!) Körper die Feder dehnt. Die konstant einwirkende Gewichtskraft ist dann keine rücktreibende Kraft im oben genannten Sinn und hat deshalb keinen Einfluss auf die Periodendauer.

3

> Die Periodendauer von Federschwingern ist unabhängig von der Amplitude und vom speziellen Wert des Ortsfaktors des Ortes, an dem die Schwingungen ablaufen.
> Auf den Mond gebrachte Federschwinger schwingen dort in gleicher Weise wie auf der Erde!

Das Fadenpendel

Ein Körper der Masse m, der an einem (masselos gedachten) Faden der Länge l hängt, kann in Schwingungen auf einem Kreisbogenstück versetzt werden.

Wird der Körper aus der Ruhelage ausgelenkt, so versucht die auf ihn einwirkende Gewichtskraft, ihn wieder in diese Lage zu zwingen, jedoch auch, den Faden straff zu spannen. Diese „Doppelaufgabe" der Gewichtskraft macht man sich am besten durch eine Kräftezerlegung in einem Kräfteparallelogramm klar.

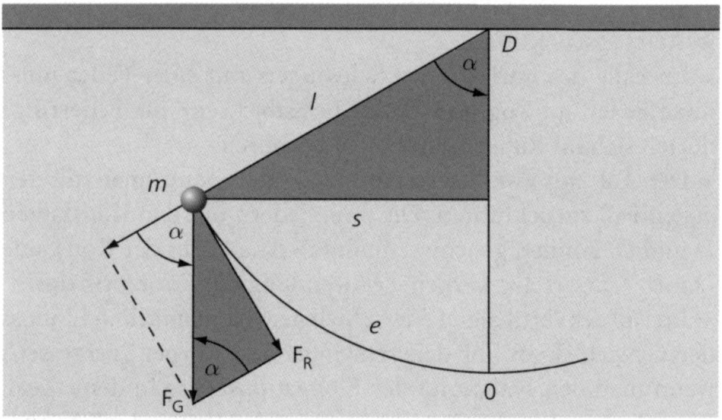

Die Kraftkomponente F_R der Gewichtskraft, rechtwinklig zur Fadenrichtung (= Tangentialkomponente), ist die rücktreibende Kraft. Setzt man jeweils den Sinus des Auslenkwinkels α der beiden dunkler gefärbten Dreiecke einander gleich:

$\sin \alpha = \frac{s}{l} = \frac{F_R}{F_G}$, so erhält man $F_R = F_G \cdot \frac{s}{l}$.

Die rücktreibende Kraft ist also bei konstanter Fadenlänge l dem Sehnenstück s proportional und **nicht** dem Kreisbogenstück e, der eigentlichen Auslenkung.

> Fadenpendel schwingen deshalb nicht harmonisch!

Beschränkt man sich jedoch auf kleine Auslenkwinkel α, so ist $e \approx s$ und die Voraussetzung für eine harmonische Schwingung ist erfüllt. Die Proportionalitätskonstante zwischen der rücktreibenden Kraft F_R und der Elongation e ist dann $k = \frac{m \cdot g}{l}$. Ein Fadenpendel mit kleiner Auslenkung ($\alpha < \approx 10°$) schwingt näherungsweise harmonisch mit der Periodendauer $T = 2\pi \cdot \sqrt{\frac{l}{g}}$.

3

BEISPIEL Ein Fadenpendel der Länge $l = 1{,}00$ m schwingt mit einer Periodendauer $T = 2\pi \cdot \sqrt{\frac{l}{g}} = 2\pi \cdot \sqrt{\frac{1\,\text{m}}{9{,}81\,\frac{\text{m}}{\text{s}^2}}} \approx 2$ s; eine Halbperiode dauert also ungefähr eine Sekunde, unabhängig von der Masse des schwingenden Körpers, jedoch abhängig vom Ort!

> Feder- und Fadenpendel schwingen jeweils mit *einer* bestimmten Frequenz, ihrer ***Eigenfrequenz.***
> Sie werden auch als ***harmonische Oszillatoren*** bezeichnet.

Wird auf einen Oszillator in periodischer Weise eine Kraft ausgeübt, so wird er zu ***erzwungenen Schwingungen*** erregt, er schwingt mit der Frequenz des Erregers.

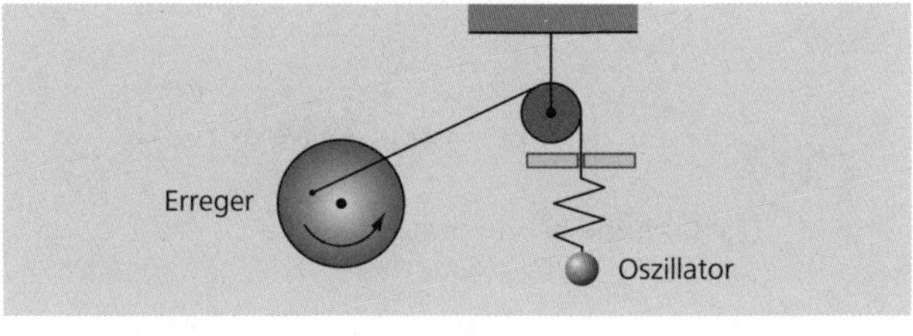

Stimmt die Frequenz des Erregers mit der Eigenfrequenz des Oszillators überein, so kommt es zur ***Resonanz.*** In diesem Fall wird besonders viel Energie vom Erreger zum Oszillator übertragen. Der Oszillator wird zu großen Amplituden erregt, was in manchen Fällen sogar zur Zerstörung (Resonanzkatastrophe) führen kann.
Die konstante Eigenfrequenz von Pendeln oder Federschwingern wurde früher häufig als Taktgeber für Uhren ausgenutzt. Da unvermeidliche Reibungsvorgänge zu einem Abklingen der Amplitude führten, musste der Energieverlust in genau dosierter Form ausgeglichen werden. Hierfür wurden in der Vergangenheit raffinierte Mechanismen erfunden (Selbsterregung durch Rückkopplung), sodass Uhrenpendel eine ungedämpfte, harmonische Schwingung ausführen.

3.2 Mechanische Wellen

Wellen (Wasserwellen, Schallwellen, Erdbebenwellen …, aber auch Licht) sind in der Natur sehr verbreitet und stellen einen wichtigen Mechanismus dar, mit dem Energie transportiert wird. Wir beschränken unsere Betrachtungen hier zunächst auf einfache Fälle einer mechanischen Wellenausbreitung längs einer Geraden.

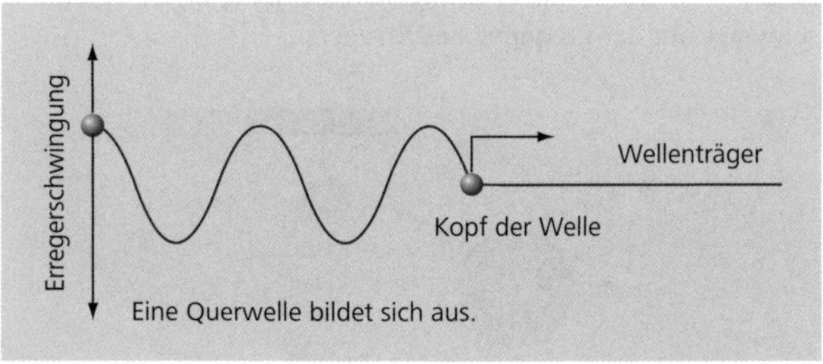

Fasst man das eine Ende eines langen Seils, eines Gartenschlauchs oder einer langen Schraubenfeder und führt daran eine Auf- und Abschwingung aus, so wird diese Schwingung *nacheinander* auf alle Teilchen dieses *Wellenträgers* übertragen – es entsteht eine ***Querwelle (= Transversalwelle)***.
Die Geschwindigkeit, mit der diese Erregung sich ausbreitet, hängt von elastischen Eigenschaften und von der Massenbelegung (= Masse pro Meter) des Wellenträgers ab; sie wird als ***Wellenausbreitungsgeschwindigkeit*** *c* bezeichnet.
Ein senkrechter Schnitt durch die Oberflächenwellen einer Wasserfläche zeigt Querwellen.
Befestigt man eine lange, weiche Schraubenfeder an einem Ende und führt man am anderen, freien Ende Schwingungen in Richtung der Federlängsachse aus, so breitet sich auf der Feder eine ***Längswelle (= Longitudinalwelle)*** aus. Es folgen nacheinander Verdichtungen und Verdünnungen der Federringe.
In dieser Weise hat man sich die Ausbreitung einer Schallwelle in Luft vorzustellen: Verdichtungen der Luftteilchen – Stellen, an denen ein geringer Überdruck herrscht – folgen Verdünnungen mit etwas geringerem Luftdruck. Auch hier lässt sich eine Ausbreitungsgeschwindigkeit messen; sie beträgt (in Luft) etwa $340\,\frac{\text{m}}{\text{s}}$.
Die Abbildung zeigt ein Modell dazu:

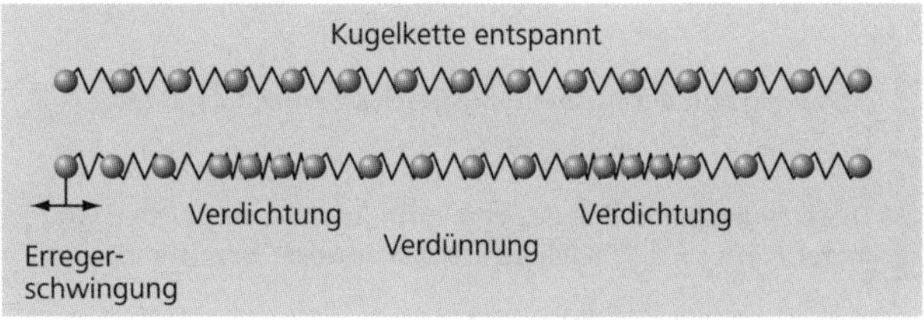

In einer Kugelkette sind Körper (mit Masse) durch (masselose) Federn verbunden, die sowohl anziehende als auch abstoßende Kräfte auf die Körper ausüben können. Wird beispielsweise die

erste Kugel am linken Ende etwas nach links ausgelenkt und dann losgelassen, wandert eine „Verdichtung-Verdünnungs-Störung“ über die Kugelkette. Wird die Auslenkung der ersten Kugel periodisch wiederholt, breitet sich eine Längswelle auf diesem Wellenträger aus.
Trägt man in einem Schaubild die Druckverhältnisse entlang der Ausbreitungsachse auf, so erhält man eine Sinuslinie; ein Bild wie dasjenige der Momentaufnahme einer Querwelle. Die im folgenden Text auftretenden Skizzen und Überlegungen beziehen sich auf Querwellen, sie sind jedoch sinngemäß auch auf Längswellen übertragbar.
Ein Momentbild lässt die ***Wellenlänge*** λ erkennen, den Abstand benachbarter Wellenberge oder Wellentäler. Immer dann, wenn der Erreger am linken Ende eine Periode seiner Schwingung durchgeführt hat, ist der Kopf der Welle während der Periodendauer T um eine Wellenlänge λ vorangekommen.

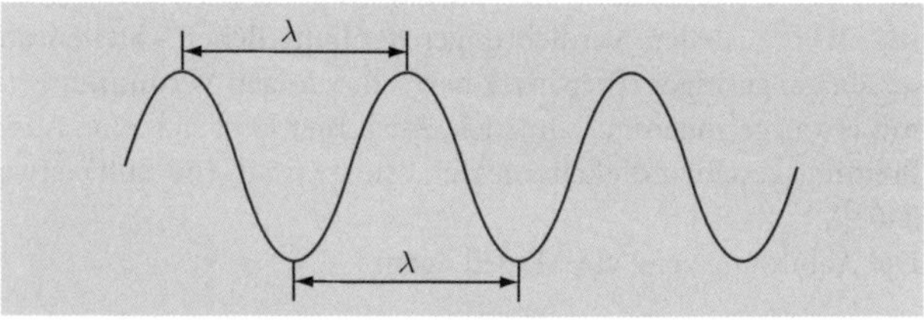

Abhängig von der Ausbreitungsgeschwindigkeit c gilt also:

$\lambda = c \cdot T = \frac{c}{f}$.

Diese allgemeingültige Beziehung für jede Art von Wellen wird in der Form $c = \lambda \cdot f$ auch als ***„Wellenformel“*** bezeichnet.

BEISPIEL Bei der mittleren Ausbreitungsgeschwindigkeit des Schalls in Luft $c = 340\,\frac{\text{m}}{\text{s}}$ gehört zum Kammerton a der Frequenz $f = 440\,\text{Hz}$ eine Wellenlänge $\lambda = \frac{c}{f} = \frac{340\,\frac{\text{m}}{\text{s}}}{440\,\frac{1}{\text{s}}} = 0{,}77\,\text{m}$.

Das Überlagerungsprinzip bei Wellen, Interferenz

Wirft man Steine in einen See, so beobachtet man sich kreisförmig ausbreitende Querwellen. Die Kreiswellen durchdringen sich so, als ob die anderen Kreiswellen nicht vorhanden wären.

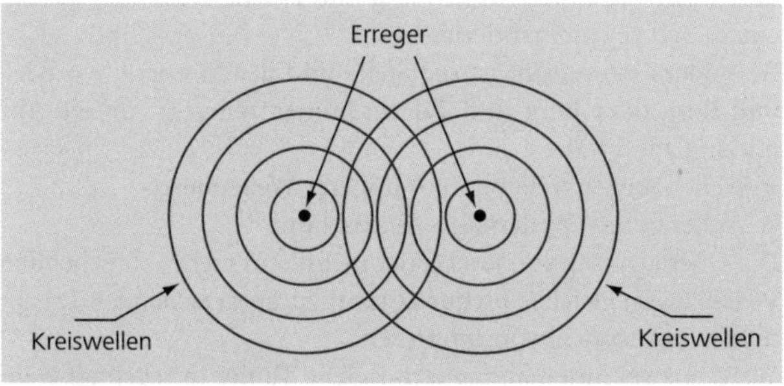

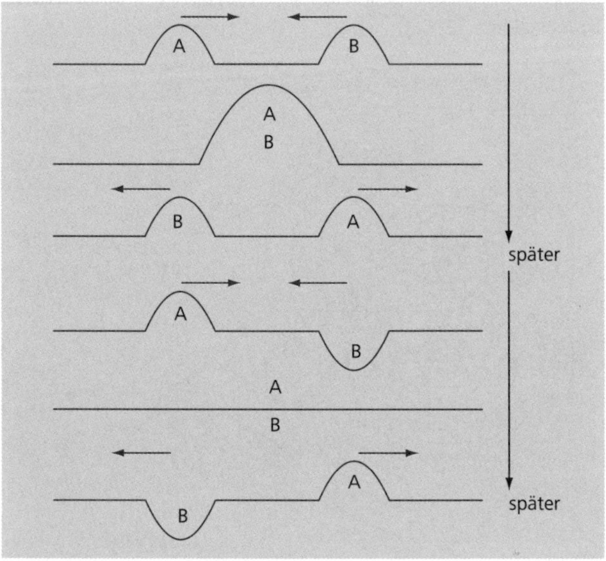

Auch zwei einander entgegenlaufende Wellen auf einem gemeinsamen Wellenträger durchdringen einander, ohne sich gegenseitig in ihrer Ausbreitung zu stören. Der Übersichtlichkeit wegen betrachten wir dieses Verhalten am Beispiel zweier Wellenberge und dann bei einem Wellenberg und einem Wellental, die auf einem Seil gegeneinanderlaufen.
Besonders interessant ist die Stelle und der Moment, wo Berg und Berg oder Berg und Tal zusammentreffen (s. untere Abbildung auf S. 83).

- Wellenberg + Wellenberg → höherer Wellenberg
- Wellenberg + Wellental → Auslöschung

Die Überlagerung von zwei (oder mehreren) nicht abbrechenden Wellenzügen gleicher Frequenz führt zu überraschenden Ergebnissen, man spricht von ***Interferenz.***
Werden zwei miteinander verbundene Tupfer in regelmäßigem Abstand in Wasser getaucht, so erzeugen sie kontinuierliche Kreiswellen.

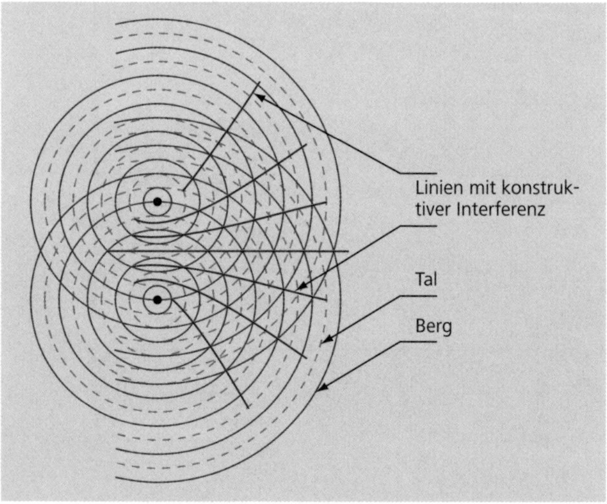

Jedes Wasserteilchen im Raum vor ihnen wird zugleich von zwei Wellen erregt. Auf der Mittelsenkrechten zwischen den beiden Tupfern sind die Wege zu den Erregern gleich groß, die beiden Wellenzüge treffen dort „in Phase“ ein, es bilden sich hohe Wellenberge aus, denen besonders tiefen Täler folgen. Diese Verstärkung der Amplitude wird als ***konstruktive Interferenz*** bezeichnet.

Seitlich der Mittelsenkrechten gibt es neben weiteren Stellen mit konstruktiver Interferenz auch „Linien“ (es sind Hyperbeläste), auf denen die Wasserteilchen – trotz ständiger Erregung durch zwei Wellen – fortwährend in Ruhe sind. Hier addieren sich in jedem Augenblick zwei gleich große Elongationen mit unterschiedlichem Vorzeichen. Das Ergebnis ist eine Auslöschung, die als ***destruktive Interferenz*** bezeichnet wird.

Mathematisch gesehen erhält man das Interferenzergebnis, in dem man in jedem Punkt der Wellenfläche die augenblicklichen Auslenkungen $e_1(t) + e_2(t)$ addiert, welche die beiden Erreger an dieser Stelle – jeweils für sich und ungestört – hervorgerufen haben. Dieses Verfahren erscheint zunächst als sehr mühsam und undurchführbar. Zum Glück sind die Stellen der Extrema (und nur für diese interessiert man sich eigentlich) leicht zu finden.

Man bestimmt dazu für einige Punkte P des Wellenfeldes den Wegunterschied Δs zu den beiden Erregern E_1 und E_2. Drückt man diese Wegdifferenz in Vielfachen (oder Bruchteilen) der Wellenlänge λ aus, so spricht man vom ***Gangunterschied.***

Ist der Gangunterschied ein ganzzahliges Vielfaches der Wellenlänge: $\Delta s = k \cdot \lambda$ mit $k = 0, 1, 2, 3, \ldots$, so findet Verstärkung durch konstruktive Interferenz statt.
Beträgt der Gangunterschied ein ungeradzahliges Vielfaches der halben Wellenlänge: $\Delta s = \left(k + \frac{1}{2}\right) \cdot \lambda$, so kommt es zu Auslöschung durch destruktive Interferenz.

Die Interferenz von Wellen spielt in der Wellenoptik (▶ S. 165) eine große Rolle. Aber auch Schallwellen können interferieren. Beim alten Plenarsaal des Deutschen Bundestags in Bonn kämpften die Akustiker lange Zeit gegen unerwünschte Inter-ferenzen. An einigen Stellen des Raumes löschten sich die von den Lautsprechern ausgehenden Schallwellen teilweise derart stark aus, dass der Redner kaum zu hören war.

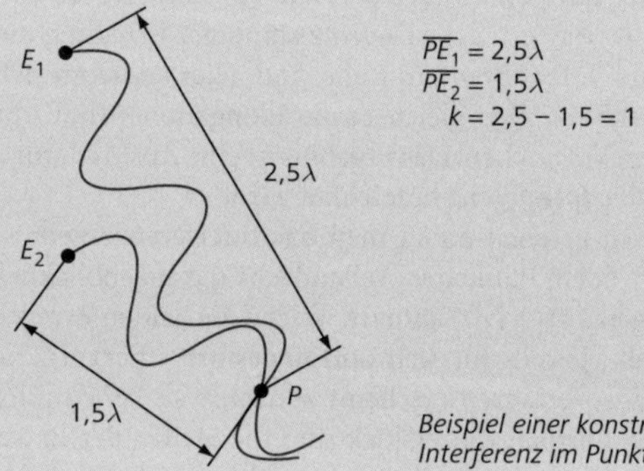

Beispiel einer konstruktiven Interferenz im Punkt P

Reflexion von Wellen, stehende Wellen

Prallen Wellen auf ein festes Hindernis, so werden sie reflektiert. Beim Schall vernimmt man einen Nachhall oder ein Echo. Aber auch Seilwellen werden am Ende des Wellenträgers reflektiert.
Da die rücklaufende Welle die gleiche Frequenz besitzt, entstehen Interferenzen. Auf einem beidseitig begrenzten Wellenträger wiederholen sich an beiden Enden fortwährend Reflexionen. Es kommt zur Überlagerung sehr vieler Wellenzüge, und das Interferenzergebnis ist in der Regel recht „unübersichtlich".
Hat jedoch der Wellenträger eine bestimmte Länge l – passend zur Wellenlänge λ, die ihrerseits von der Frequenz und der Ausbreitungsgeschwindigkeit abhängt – so kann sich durch konstruktive Interferenz eine ***stehende Welle*** ausbilden.

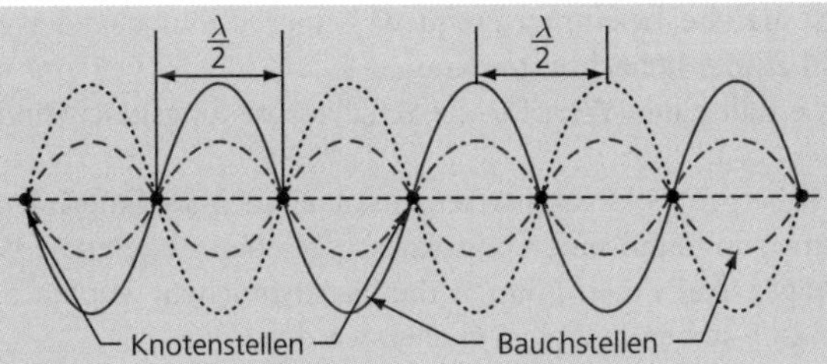

Fünf Momentbilder einer stehenden Welle, zu verschiedenen Zeiten aufgenommen und übereinandergelegt.

3

Es gibt dann auf dem Wellenträger in abwechselnder Folge Stellen, an denen die Teilchen *ständig* in Ruhe sind – man spricht von ***Knotenstellen*** – und Stellen mit besonders großer Auslenkung – man spricht von ***Bäuchen*** der Bewegung.

Bei stehenden Wellen haben zwei benachbarte Knoten (oder Bäuche) den Abstand $\frac{\lambda}{2}$, die halbe Wellenlänge der ursprünglich fortschreitenden Welle.

Stehende Wellen eröffnen eine einfache Methode zur Bestimmung von Wellenlängen, da Knoten (oder Bäuche) gut zu beobachten oder nachzuweisen sind.
Beim historisch berühmten Versuch nach Kundt werden stehende Schallwellen in einer Glasröhre erzeugt. Sehr leichtes Korkmehl in der Röhre wird an den Bauchstellen weggeblasen und sammelt sich an den Knotenstellen an.

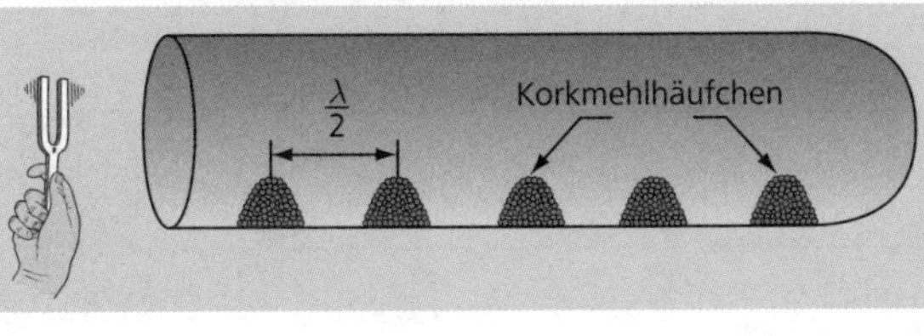

Misst man bei bekannter Frequenz f einer Stimmgabel den Abstand zweier benachbarter Knotenstellen, so ist λ bekannt und man erhält einen Wert für die Schallausbreitungsgeschwindigkeit $c = f \cdot \lambda$.
Die Saiten eines Musikinstruments, aber auch die Luftsäulen in Blasinstrumenten sind – physikalisch gesehen – begrenzte Wellenträger. Auf ihnen können durch Anstreichen, Zupfen bzw. Anblasen stehende Wellen erzeugt werden.

> Eine Saite der Länge l gerät in Resonanz, wenn sich auf ihr eine stehende Welle ausbildet, deren Wellenlänge die folgende Bedingung erfüllt: $n \cdot \frac{\lambda}{2} = l$ (n = 1, 2, 3, …), wenn also auf die Saitenlänge ganzzahlige Vielfache der halben Wellenlänge passen.

Im Gegensatz zu einem Pendel, das nur eine Eigenfrequenz hat, besitzen Saiten (und Luftsäulen in Blasinstrumenten) mehrere Eigenfrequenzen.

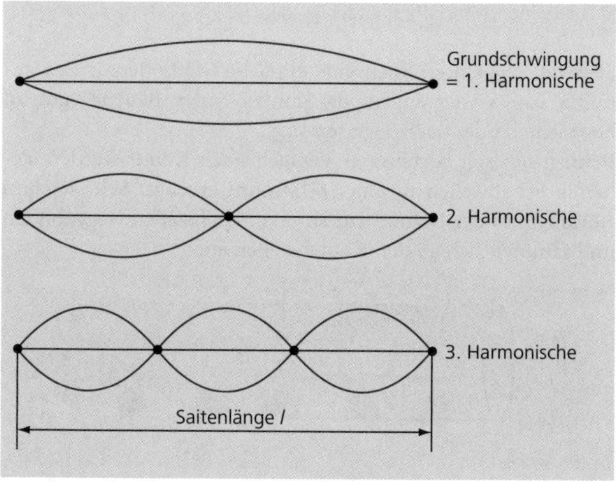

Die ***Eigenfrequenzen einer Saite*** der Länge l sind:

$f_n = n \cdot \frac{c}{2 \cdot l}$ ($n = 1, 2, 3, \ldots$).

Der tiefste Ton wird von der *Grundschwingung* $f_1 = \frac{c}{2 \cdot l}$ erzeugt (auch als 1. Harmonische bezeichnet). Bei der 1. Oberschwingung (= 2. Harmonische) ertönt die Saite eine Oktave höher usw. Beim Spiel einer Geige wird (normalerweise) die Grundschwingung erregt – der Spieler kann durch Verkürzen der Saite jeden Ton erzeugen; es klingen jedoch stets auch etwas die Oberschwingungen mit. Diese Oberschwingungen bestimmen den charakteristischen Klang eines Musikinstruments.

Brechung und Beugung von Wellen

Neben der Interferenzfähigkeit und der Reflexion sind Brechung und Beugung weitere Phänomene, die alle Arten von Wellen zeigen. Parallel begrenzte Wellenbündel breiten sich in einem homogen beschaffenen Medium normalerweise geradlinig aus. Durch ***Brechung*** oder ***Beugung*** (▶ Wellenoptik) ändern sie ihre Richtung.

Brechung

Bei Wasserwellen auf offener See sind die Wellenkämme parallel. Laufen sie schräg auf den Strand zu, erfahren sie einen Knick. Auch Licht, das schräg in einen Glaskörper eindringt, erfährt an der Grenzfläche einen Knick.

Ursache in beiden Fällen ist eine Änderung der Ausbreitungsgeschwindigkeit. Die Geschwindigkeit, mit der sich das Licht im Glas ausbreitet, ist geringer als diejenige in Luft. Bei schrägem Auftreffen werden deshalb die zuerst ankommenden Teile eines Wellenbündels etwas früher abgebremst, während die anderen Teile noch im „schnelleren Medium“ verlaufen; dies führt zu einem Knick.

Beugung

Hinter Kanten, Spalten, schmalen Öffnungen oder Hindernissen ändern Wellen ebenfalls ihre Richtung. Fällt z. B. paralleles Sonnenlicht durch eine kleine Öffnung in einen völlig dunklen Raum, so registriert man auch neben dem geradlinig verlaufenden, intensiven Parallellichtbündel etwas Licht (▶ Wellenlehre des Lichts).

Auch Schallwellen laufen um Hindernisse herum, wir hören deshalb auch hinter einem Haus den Motorlärm eines vorbeifahrenden Autos.

Elektrizitätslehre

4.1 Die Ursache elektrischer Erscheinungen: Ladungen

Reibt man eine Kunststofffolie mit einem Wolltuch, so zieht sie anschließend kleine Papierschnitzel oder Staubfussel an. Geht man über einen neu verlegten Teppichboden (besonders, wenn dieser Kunststofffasern enthält) oder trägt man neue Kleidungsstücke aus Chemiefasern, so bekommt man leicht einen elektrischen „Schlag", wenn man an die Türklinke greift. Viele Gegenstände unserer Umgebung sind – ob gewollt oder nicht – elektrisch geladen. Gerade auf den Oberflächen von elektrisch nichtleitenden Materialien, wie den modernen Kunststoffen, setzen sich ***elektrische Ladungen*** fest – die Ursache für derartige Erscheinungen. Fließende Ladungen bilden in den Leitungsdrähten den elektrischen Strom und sind die Ursache vieler Stromwirkungen, doch auch ruhende elektrische Ladungen zeigen in ihrer Umgebung Wirkungen – sie üben Kräfte auf weitere elektrische Ladungen aus.

Wir Menschen besitzen kein Sinnesorgan für ruhende (!) elektrische Ladungen. Ihre Anwesenheit erkennt man nur daran, dass sie auf andere Körper, die ebenfalls elektrische Ladungen tragen, Kräfte ausüben. Man sagt in der Physik: Sie sind von einem ***elektrischen Feld*** umgeben.

> Elektrische Ladungen sind die Ursache für ein elektrisches Feld, aber auch geeignete Testobjekte für den Nachweis eines elektrischen Felds.

Aus der Beobachtung, dass es geladene Körper gibt, die anziehende Kräfte aufeinander ausüben, aber auch Körper, die absto-

ßende Kräfte entwickeln, muss gefolgert werden, dass es zwei Arten der elektrischen Ladung gibt, die man (etwas unglücklich) als negative und positive Ladung bezeichnet. Beide Ladungsarten können die Ursache eines elektrischen Felds sein.
Wie die Physiker erst in diesem Jahrhundert erkannt haben – als sie den Aufbau der Atome untersuchen konnten – ist die elektrische Ladung eine Eigenschaft der Elementarteilchen. Die Protonen, die den hauptsächlichen Substanzanteil der Atome bilden, sind stets positiv geladen, die Elektronen in der Atomhülle negativ. (Daneben gibt es noch weitere Elementarteilchen, die in der Elektrizitätslehre keine Rolle spielen.)

Dass ein Atom nach außen hin von keinem elektrischen Feld umgeben ist, beruht auf drei Tatsachen:
1. Protonen und Elektronen besitzen die gleiche Ladungsmenge (Abkürzung: e^+ und e^-), jedes von seiner Ladungsart.
2. Jede Atomsorte (= Element) ist aus der gleichen Anzahl von Protonen und Elektronen zusammengesetzt.
3. Ist die gleiche Anzahl positiver und negativer Ladungsträger eng beisammen, so heben sich die Wirkungen ihrer Felder nach außen hin auf, man spricht von ***Neutralisation***.

MERKE

- Elektrische Ladungen existieren nicht frei. Elektrische Ladung ist eine Eigenschaft von Ladungsträgern wie Protonen, Elektronen, Ionen …, die zudem noch weitere Eigenschaften besitzen, wie z. B. Masse.
- Elektrisch neutrale Körper besitzen die gleiche Anzahl von verschiedenen Ladungsträgern mit ungleichnamigen Ladungen.
- Bei einem elektrisch geladenen Körper ist eine Ladungsträgerart in der Überzahl.
  (Wenn wir feststellen, dass ein Gegenstand elektrisch geladen ist, dann ist die Überzahl einer Ladungsträgerart weit größer als eine Milliarde! Auch die elektrischen Felder, die wir nachweisen, sind das Zusammenwirken vieler Milliarden von „Mikrofeldern“).

- In Metallen ist ein kleiner Prozentsatz der Elektronen frei beweglich. Sie transportieren als elektrischer Strom negative Ladungen.
  In Flüssigkeiten und in verdünnten Gasen können Ströme beider Ladungsarten im „Gegenverkehr" fließen. Bei Nichtleitern (= Isolatoren) gibt es (fast) keine frei beweglichen Ladungen, und deshalb auch keine Ströme. Doch können auf ihren Oberflächen überzählige Ladungsträger relativ lange festsitzen, bis sie (durch Schmutzeffekte) abgeflossen oder neutralisiert worden sind.
  Beim Gehen auf einem Teppichboden streifen wir mit unseren Füßen einen Teil der Ladungen ab, wir laden uns selbst dadurch auf. Doch erst wenn wir an einen Metallgegenstand fassen, merken wir etwas davon. Die Ladungen fließen zur Erde ab, durch unser Körperinneres fließt kurzzeitig ein (ungefährlich kleiner!) elektrischer Strom. Dieser „Stromstoß" reizt die Nerven unserer Sinneszellen; wir verspüren einen unangenehmen Schmerz.

4

Die Eigenschaften ruhender elektrischer Ladungen (Elektrostatik)

Die *Elektrostatik* ist dasjenige Teilgebiet der Elektrizitätslehre, das sich mit den Eigenschaften der ruhenden Elektrizität beschäftigt. Sie fußt auf Erkenntnissen, die schon vor mehr als 2000 Jahren gefunden wurden:

- In metallischen Körpern (leitenden Körpern) sitzen ruhende Ladungen ausschließlich auf deren Oberfläche (der Grund: gleichnamige Ladungen üben abstoßende Kräfte aufeinander aus).
- Geladene Körper aus leitendem Material lassen sich leicht neutralisieren, entweder durch Wegnahme überzähliger Ladungsträger oder durch Aufbringen von Ladungen der ungleichnamigen Sorte.
- Bringt man einen neutralen Körper aus Metall in ein elektrisches Feld, so erfahren seine Ladungen elektrische Kräfte. Die frei beweglichen Elektronen bewegen sich zur einen Seite des

Körpers; die zurückgebliebenen Atomrümpfe bilden posi-tive Ionen. Die Körperflächen erscheinen jetzt elektrisch geladen, die eine Seite negativ, die andere positiv. Bei dieser Ladungstrennung unter dem Einfluss eines elektrischen Felds spricht man von ***elektrischer Influenz,*** der Körper als Ganzes bleibt neutral.
Als Folge der elektrischen Influenz ist das Innere eines Metallkörpers feldfrei. Die Influenzladungen sind die Ursache eines weiteren elektrischen Felds. Da es dem ursprünglichen Feld entgegengerichtet ist, kompensieren sich die beiden Felder im Innern des Metallkörpers.

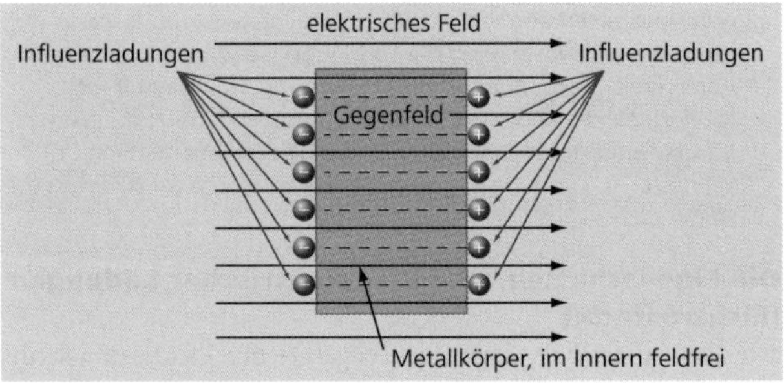

◆ Bringt man einen neutralen Nichtleiter in ein elektrisches Feld, so werden die Ladungsschwerpunkte seiner Atome etwas getrennt, der Atomkern wandert etwas aus dem Zentrum der Elektronenhülle. Die Atome erhalten eine positive und eine negative Seite. Sie werden zu einem elektrischen *Dipol.* (Es gibt auch Moleküle, die ständig einen Dipol bilden, sie werden in einem elektrischen Feld etwas gedreht und ausgerichtet.) Diese Ladungsverschiebung um Bruchteile eines Atomkerndurchmessers und Ausrichtung der Ladungsschwerpunkte wird als ***Polarisation*** bezeichnet. Sie ist die Ursache dafür, dass elektrisch neutrale Papierschnitzel und Staubfussel von Kunststofffolien angezogen werden.

Das elektrische Feld

Die „Struktur" eines elektrischen Felds – die Umgebung eines geladenen Körpers – lässt sich durch geeignete Hilfsmittel sichtbar machen (in der Schule meist durch Grießkörner, die in einer zähen Ölschicht schwimmen). Analog zum Vorgehen bei Magnetfeldern mit Eisenfeilspänen, kann aus den „Grießkörnerketten" auf die Kraftverhältnisse im elektrischen Feld geschlossen werden. (Die Grießkörner werden durch Polarisation zu kleinen Dipolen, deren Pole gegenseitig andocken.)
Wie bei Magnetfeldern veranschaulicht man auch im Fall von elektrischen Feldern die Kraftrichtungsverhältnisse durch das Zeichnen von Feldlinien. Hierfür gelten in der Elektrostatik einige Regeln:

- Feldlinien starten und enden stets an Ladungen (oft erst an Influenzladungen weit entfernter Körper).
- An geladenen Körpern entspringen und enden Feldlinien stets orthogonal zur Oberfläche.
- Den Feldlinien wird eine Richtung zugeordnet: Sie entspringen dem positiv geladenen Körper, dies wird durch das Einzeichnen eines Pfeils symbolisiert.

4

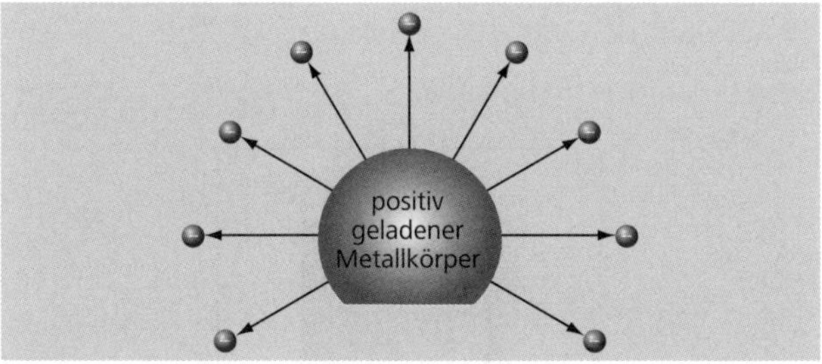

Diese Definition der Feldrichtung ist gleichwertig zu der Aussage: Die Richtung einer elektrischen Feldlinie ist in Übereinstimmung mit der Richtung der Kraft, die eine *positive* Probeladung im Feld (an der Stelle der gedachten Feldlinie) erfährt.

(Diese Zuordnung ist historisch bedingt, sie war ursprünglich willkürlich.)

Je nach Form der felderzeugenden Körper können Felder recht komplizierte Strukturen besitzen. In der Schule spielen nur die einfachsten Feldformen eine Rolle: das ***Radialfeld*** einer frei im Raum stehenden, elektrisch geladenen Kugel und das ***homogene Feld*** zwischen zwei geladenen, parallel angeordneten Metallplatten.

Die Feldlinien in der Umgebung einer geladenen Kugel entspringen ihrer Oberfläche, so als ob sie aus dem Zentrum kämen. Man stellt sich vor, dass auch einzelne Elektronen und freie Protonen von Radialfeldern umgeben sind.

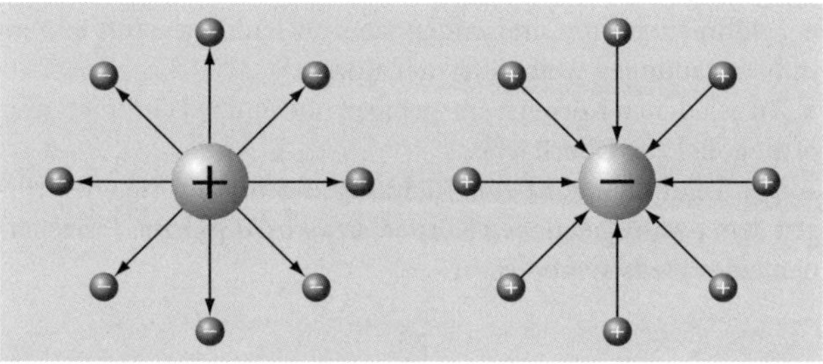

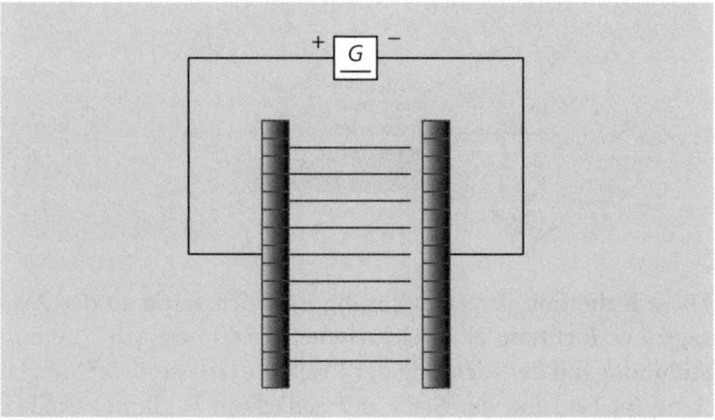

Das Feld zwischen zwei parallelen Metallplatten (deren Durchmesser wesentlich größer als der Plattenabstand ist) ist die einfachste Feldform. Die Feldlinien, und damit die Kraftrichtungen auf Ladungen im Feld, sind parallel. Zudem ist der Betrag der Kraft auf eine bestimmte Ladung an jeder Stelle im Feld gleich groß. Felder mit diesen Eigenschaften nennt man ***homogene Felder***. In Skizzen werden homogene Felder durch eine Anzahl (beliebig vieler) paralleler Feldlinien in gleichem Abstand dargestellt.
Um die „Stärke" verschiedener Felder vergleichen zu können, misst man die Kraft F auf eine ***Probeladung*** q im Feld. Da die Kraft sowohl proportional zur Stärke des Feldes als auch zur Ladungsmenge q anwächst, ist der Quotient $\frac{F}{q}$ unabhängig vom speziellen Wert von q und damit ein geeignetes Maß zur Charakterisierung der Stärke eines Feldes.

4

> Unter der ***elektrischen Feldstärke E*** versteht man: $E = \frac{F}{q}$;
> sie wird in $\frac{\text{N}}{\text{C}}$ (Newton je Coulomb) gemessen.

(Die Probe- oder Testladung zur Messung der Kraft darf mit ihrem Umgebungsfeld das eigentliche Feld nicht verändern. Sie muss daher relativ klein gewählt werden und wird deshalb mit dem Kleinbuchstaben q bezeichnet, statt der üblichen Abkürzung Q für elektrische Ladung.)
Bei homogenen Feldern ist die Feldstärke an jeder Stelle gleich. Bei radialen Feldern nimmt sie mit der Entfernung vom Kugelmittelpunkt quadratisch ab.
Eine Umformung der Gleichung erlaubt die Berechnung der Kraft auf eine elektrische Ladung Q in einem (beliebigen) Feld an einer Stelle der Feldstärke E.

> ***Elektrische Feldkraft:*** $F_{el} = Q \cdot E$.

Die elektrische Spannung

Im Mittelstufenunterricht wird die elektrische Spannung einer Quelle über das Arbeitsvermögen ihrer Ladungen definiert:

$U = \frac{W}{Q}$.

Diese Festlegung wird nun auf das Feld eines Plattenkondensators übertragen. In einem homogenen Feld erfährt eine (positive) Ladung Q eine konstante Kraft. In einem Gedankenversuch kann man sich vorstellen, dass die Feldkraft diese Ladung von der linken zur rechten Platte längs einer Feldlinie transportiert. Die Feldkraft verrichtet dann die Arbeit: $W = F \cdot d = Q \cdot E \cdot d$ (d = Abstand der Platten); um diesen Betrag vermehrt die Ladung ihre Energie. Sie selbst wird dadurch „arbeitsfähig" und man kann $U = \frac{W}{Q} = E \cdot d$ dem Produkt aus Feldstärke E und Abstand d zuordnen. Tatsächlich misst man zwischen den beiden geladenen Platten die Spannung $U = E \cdot d$. (Es lässt sich zeigen, dass diese Überlegungen für jede Art des Weges von Platte zu Platte und auch für 2 Feldpunkte im Innern des Feldes längs einer Feldlinie zum selben Ergebnis führen, also allgemeingültig sind.)

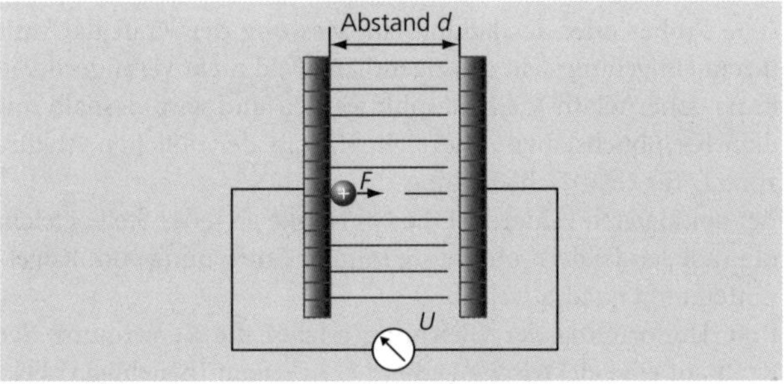

Die Umformung $E = \frac{U}{d}$ erlaubt eine praktische und sehr viel einfachere Bestimmung der Feldstärke eines homogenen Felds, erforderlich ist nur die Messung der Spannung U und des Abstands d

der beiden Platten. Feldstärken werden deshalb häufig in $\frac{\mathrm{V}}{\mathrm{m}}$ (Volt je Meter) angeben. Es ist $1\,\frac{\mathrm{N}}{\mathrm{C}} = 1\,\frac{\mathrm{V}}{\mathrm{m}}$.

BEISPIEL Misst man zwischen zwei parallelen Platten vom Abstand $d = 5{,}0\,\mathrm{cm}$ eine Spannung $U = 1000\,\mathrm{V}$, so hat die elektrische Feldstärke den Betrag:

$$E = \frac{U}{d} = \frac{10^3\,\mathrm{V}}{5 \cdot 10^{-2}\,\mathrm{m}} = 2 \cdot 10^4\,\frac{\mathrm{V}}{\mathrm{m}} = 20\,\frac{\mathrm{kN}}{\mathrm{C}}.$$

Eine Probeladung $q = 1\,\mu\mathrm{C}$ erfährt in diesem Feld die Kraft:

$$F = q \cdot E = 10^{-6}\,\mathrm{C} \cdot 2 \cdot 10^4\,\frac{\mathrm{N}}{\mathrm{C}} = 0{,}02\,\mathrm{N} = 20\,\mathrm{mN}.$$

Auch die Erde ist ständig von einem elektrischen Feld umgeben. Energiereiche Protonen und Elektronen, die von der Sonne stammen, ionisieren die Atome der äußersten Lufthülle zwischen 100 km und wenigen hundert Kilometern Höhe. Zwischen dieser leitenden Schicht, die als Ionosphäre bezeichnet wird, und der Erdoberfläche besteht ein elektrisches Feld mit Stärken von etwa $130\,\frac{\mathrm{V}}{\mathrm{m}}$.

Zwischen Gewitterwolken und der Erdoberfläche herrschen elektrische Feldstärken von bis zu $200\,\frac{\mathrm{kV}}{\mathrm{m}}$. Das sind Feldstärken, bei denen es zu einem Durchschlag durch die Luft kommen kann: einem Blitz.

Zum Glück für die Elektrotechniker ist die Luft normalerweise ein guter Isolator, sonst könnten wir keine Freileitungen mit blanken Drähten über das Land ziehen. Aus Sicherheitsgründen müssen die Hochspannungsleitungen mit Spannungen bis zu 380 000 V jedoch mindestens 25 m über dem Boden verlaufen. Bäume oder Teile von Häusern dürfen ihnen nicht zu nahe kommen. Eine Faustregel besagt: Die Durchschlagsfestigkeit von 1 mm Luft beträgt 3 000 V. Ob der ständige Aufenthalt in der Nähe oder gar unter einer Freileitung, wo Feldstärken bis zu $6\,000\,\frac{\mathrm{V}}{\mathrm{m}}$ herrschen, gesundheitliche Folgen hat, ist heftig umstritten. Ob Organe im menschlichen Körper auf elektrische Feldstärken direkt reagieren, ist bislang unbekannt.

Der Kondensator

Elektrische Felder haben eine große Bedeutung, denn sie sind Träger elektrischer Energie. Anordnungen, die für eine Speicherung von elektrischer Feldenergie besonders geeignet sind, nennt man ***Kondensatoren***, in ihnen wird Energie auf möglichst kleinem Raum „kondensiert". In Radio- und Fernsehgeräten gibt es Dutzende von Kondensatoren, um Energie aufzunehmen und nach Bedarf wieder abzugeben. Ihr Vorteil gegenüber anderen elektrischen Energiespeichern, wie beispielsweise dem Akkumulator, ist die kurze Zugriffszeit auf die Energie, die nur Bruchteilen von Sekunden betragen kann.

Kondensatoren werden in den verschiedensten Formen hergestellt. Im Prinzip bestehen sie alle aus zwei dünnen, gegeneinander isolierten Metallfolien, zwischen denen sich das elektrische Feld aufbaut.

Verbindet man einen Kondensator mit den Anschlüssen einer (Gleichspannungs-)Quelle der Spannung U, so fließen Ladungen auf die Platten des Kondensators, bis die Spannung zwischen den Platten ebenfalls den Wert U erreicht hat (was in unmessbar kurzer Zeit geschieht!). Trennt man anschließend den Kondensator von der Quelle, werden die Ladungen durch die elektrischen Feldkräfte zwischen ihnen auf den Plattenoberflächen gehalten. Der Kondensator speichert diese Ladungen und damit das elektrische Feld und die darin enthaltene Energie.

Das „Speichervermögen" für Ladungen wird durch die ***Kapazität*** eines Kondensators ausgedrückt: $C = \frac{Q}{U}$.

> Ein Kondensator besitzt die Kapazität 1 F (***Farad,*** benannt nach M. FARADAY), wenn er bei 1 V Spannung die Ladung 1 Coulomb speichern kann: $1\,\text{F} = \frac{1\,\text{C}}{1\,\text{V}}$.

BEACHTE Sowohl die Kapazität als auch die Einheit Coulomb für Ladungsmengen werden mit C abgekürzt.

Da eine Kapazität von 1 F relativ groß ist, werden in der Praxis meist kleinere Einheiten verwendet:
1 mF (Millifarad) = 10^{-3} F, 1 μF (Mikrofarad) = 10^{-6} F;
1 nF (Nanofarad) = 10^{-9} F, 1 pF (Picofarad) = 10^{-12} F.
In der Schule werden die Grundeigenschaften von Kondensatoren meist an sogenannten Plattenkondensatoren demonstriert, zwischen denen ein homogenes elektrisches Feld besteht. Das Schaltbild erinnert an einen Plattenkondensator.

Haben die beiden Platten eines Kondensators jeweils den Flächeninhalt A (bei ansonsten beliebiger Form, kreisförmig oder quadratisch) und den Abstand d, so beträgt die Kapazität dieser Anordnung $C = \varepsilon_0 \cdot \frac{A}{d}$ mit $\varepsilon_0 = 8{,}85 \cdot 10^{-12}\,\frac{\mathrm{F}}{\mathrm{m}}$, einer Naturkonstanten, die als ***elektrische Feldkonstante*** bezeichnet wird.

Füllt man den Feldraum zwischen den Platten mit einem isolierenden Material, das sich stark polarisieren lässt – man nennt es ***Dielektrikum*** –, so lässt sich die Kapazität bis zu 10 000-mal steigern, und das bei gleichbleibend äußeren Abmessungen des Kondensators! Alle käuflichen Kondensatoren besitzen deshalb ein Dielektrikum. Die kapazitätssteigernde Wirkung eines Dielektrikums – im Vergleich zum Vakuum – wird in der oben angeführten Gleichung durch einen benennungslosen Faktor ε_{rel} ausgedrückt, er wird als (***relative***) ***Dielektrizitätszahl*** bezeichnet:

$$C = \varepsilon_{rel} \cdot \varepsilon_0 \cdot \frac{A}{d}$$

Für Vakuum (und näherungsweise auch für Luft) als Zwischenmittel ist $\varepsilon_{rel} = 1$. Diese Gleichung erlaubt die Berechnung der Kapazität von Kondensatoren (nur mit homogenen Feldern im Innern!) aus den geometrischen Abmessungen.

BEISPIEL Ein Plattenkondensator besteht aus zwei quadratischen Metallplatten der Seitenlänge 20 cm, die an einer ebenso großen Glasplatte ($\varepsilon_{rel} = 3{,}0$) von $d = 4{,}0$ mm Dicke beidseitig anliegen. Wie groß ist die Kapazität dieser Anordnung?

Lösung: $C = \varepsilon_{rel} \cdot \varepsilon_0 \cdot \frac{A}{d} = 3{,}0 \cdot 8{,}85 \cdot 10^{-12}\,\frac{\text{F}}{\text{m}} \cdot \frac{(0{,}20\,\text{m})^2}{4{,}0 \cdot 10^{-3}\,\text{m}}$

$\approx 2{,}66 \cdot 10^{-10}\,\text{F} = 266\,\text{pF}$.

(In Radio- oder Fernsehgeräten haben Kondensatoren von 266 pF Kapazität die Größe einer kleinen Erbse!)

> Das ***elektrische Feld*** eines Kondensators der Kapazität *C*, der auf die Spannung *U* aufgeladen wird und damit die Ladung $Q = C \cdot U$ speichert, besitzt einen Energieinhalt von:
> $W = \frac{1}{2} Q \cdot U = \frac{1}{2} \cdot \frac{Q^2}{C} = \frac{1}{2} C \cdot U^2$.

BEISPIEL Ein Kondensator der Kapazität $C = 100\,\mu\text{F}$ wird an einer Spannungsquelle auf die Spannung $U = 250\,\text{V}$ aufgeladen und dann von ihr getrennt. In seinem Feld bleibt die Energie:

$$W = \frac{1}{2} \cdot C \cdot U^2 = \frac{1}{2} \cdot 10^{-4}\,\text{F} \cdot (250\,\text{V})^2 \approx 3{,}13\,\text{J}$$

gespeichert. Das ist – verglichen mit der in einer Taschenlampenbatterie gespeicherten Energie – verschwindend gering. Doch wäre ein versehentliches Berühren der Anschlussklemmen des geladenen Kondensators höchstwahrscheinlich tödlich, da diese 3,1 Joule Energie praktisch unmittelbar zur Verfügung stehen. Die Gefährlichkeit beruht darauf, dass diese Energie in Bruchteilen von Sekunden in Form eines Stromstoßes durch den menschlichen Körper fließen würde.

Parallelgeschaltete Kondensatoren wirken – von der Quelle her gesehen – wie ein Kondensator der Kapazität:

$$C_E = C_1 + C_2 + C_3 + \ldots + C_n.$$

C_E wird auch als Ersatzkapazität bezeichnet und ist in diesem Fall gleich der Summe der Kapazitäten der einzelnen Kondensatoren.

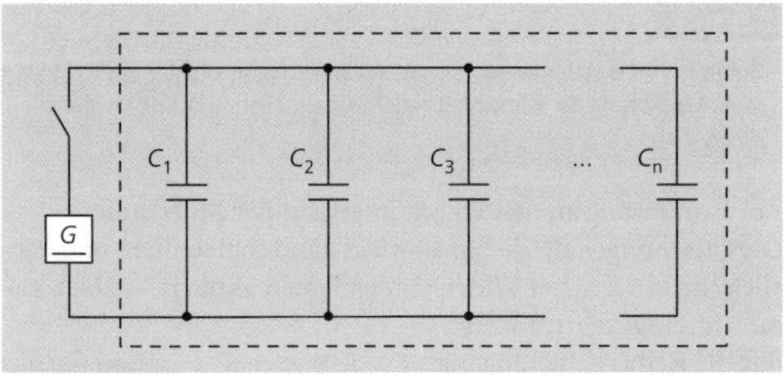

MERKE

Die Ersatzkapazität parallelgeschalteter Kondensatoren ist stets größer als die Kapazität des Kondensators mit der größten Kapazität.

Bei in Reihe geschalteten Kondensatoren errechnet sich die Ersatzkapazität aus der Gleichung:

$$\frac{1}{C_E} = \frac{1}{C_1} + \frac{1}{C_2} + \frac{1}{C_3} \cdots \frac{1}{C_n}.$$

Für den Fall zweier Kondensatoren lässt sich die Gleichung leicht nach C_E auflösen (und merken): $C_E = \frac{C_1 \cdot C_2}{C_1 + C_2}$, „Produkt durch Summe“!

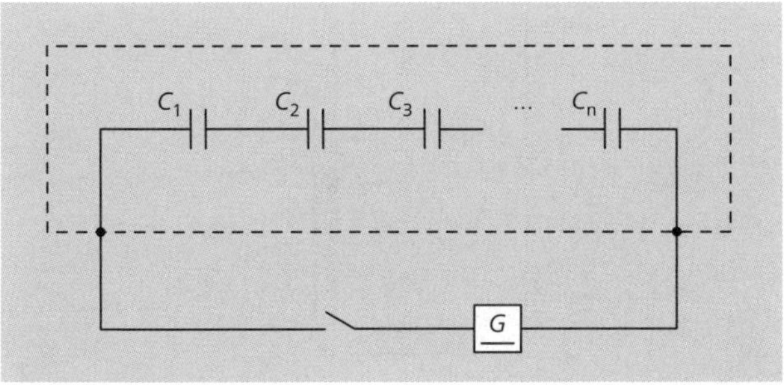

MERKE

Bei in Reihe geschalteten Kondensatoren ist die Ersatzkapazität stets kleiner als die Kapazität des Kondensators mit der kleinsten Kapazität.

Zur Erinnerung an den Physikunterricht der Mittelstufe:
Die Gleichungen für die Ersatzwiderstände bei Reihen- und Parallelschaltungen von Widerständen lauten ähnlich – jedoch gerade in umgekehrter Weise!
Für die Reihenschaltung gilt: $R_E = R_1 + R_2 + R_3 + \ldots$ und für die Parallelschaltung: $\frac{1}{R_E} = \frac{1}{R_1} + \frac{1}{R_2} + \frac{1}{R_3} \ldots$

4.2 Magnetische und elektrische Felder

Das Magnetfeld von Strömen

1820 machte der dänische Physikprofessor Hans Christian Oersted eine überraschende Entdeckung: Ein stromdurchflossener Draht ist von einem ***Magnetfeld*** umgeben, auch wenn das Material unmagnetisch ist. Dies war das Geburtsjahr des Elektromagnetismus – eine Verwandtschaft zwischen elektrischen und magnetischen Erscheinungen war entdeckt.

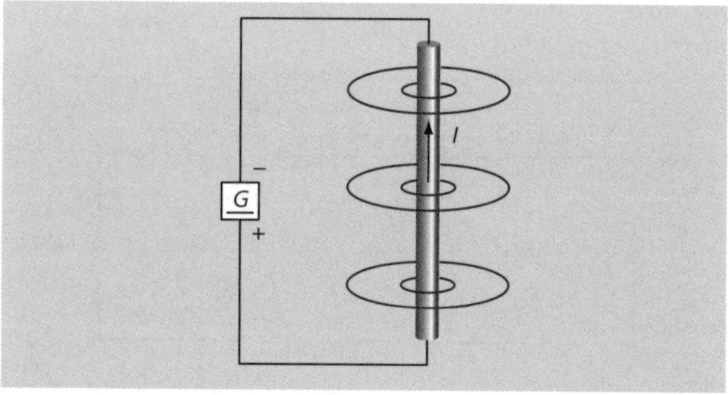

Die genaue Untersuchung des Magnetfelds überraschte: Die magnetischen Feldlinien entspringen nicht der Oberfläche des Drahts wie bei den Polen eines Dauermagneten, sondern umgeben einen gestreckten Draht in konzentrischen Ringen, die Feldlinien liegen in Ebenen senkrecht zum Draht. Auch die Feldform überraschte: Die Feldlinien haben keinen Anfang und kein Ende, man bezeichnet solche Felder als ***Wirbelfelder.***

Es hat sich als zweckmäßig herausgestellt, auch den Feldlinien in Wirbelfeldern eine Richtung zuzuordnen und Pfeile in Feldlinienbilder einzuzeichnen – in Übereinstimmung mit der Definition bei den Magnetfeldern von Dauermagneten. Es gibt für Wirbelfelder eine einfache Merkregel:

> „Rechte-Faust-Regel": Ballt man die Finger der rechten Hand zu einer Faust und hält man den Daumen in die (konventionelle) Stromrichtung, dann weisen die gekrümmten Finger in die Richtung der magnetischen Feldlinien.

ACHTUNG Für die Elektronen-Stromrichtung muss man die linke Hand nehmen!

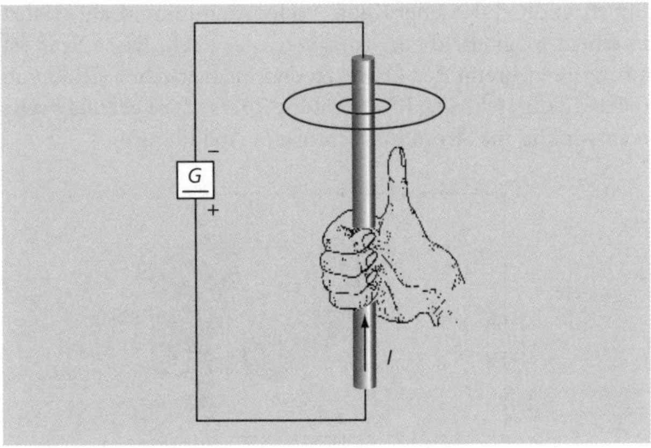

Wickelt man einen längeren Draht zu einer Spule, so überlagern und verstärken sich die magnetischen Felder der einzelnen Drahtabschnitte im Innern der Spule. Ist die Spule wesentlich länger als ihr Durchmesser, so verlaufen die magnetischen Feldlinien im Innern parallel, das Magnetfeld ist homogen.

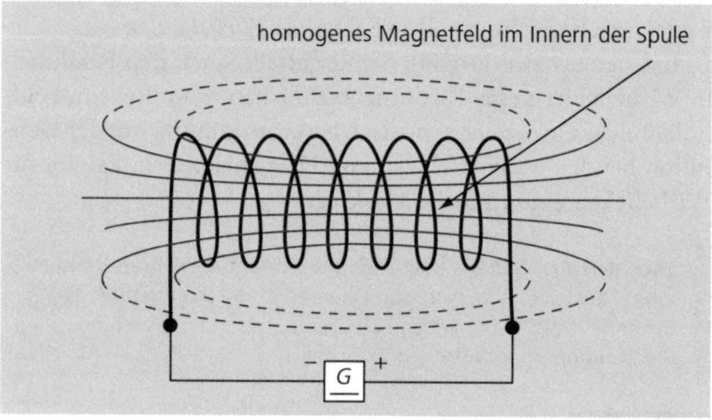

Die magnetische Kraft auf Ströme

Ein stromdurchflossener Kupfer- oder Aluminiumdraht erfährt in einem Magnetfeld eine (magnetische) Kraft. Diese Kraft ist am größten, wenn der Draht zu den magnetischen Feldlinien rechtwinklig steht. Die Kraftrichtung ihrerseits ist ebenfalls stets rechtwinklig zur Stromflussrichtung (s. Abbildung).

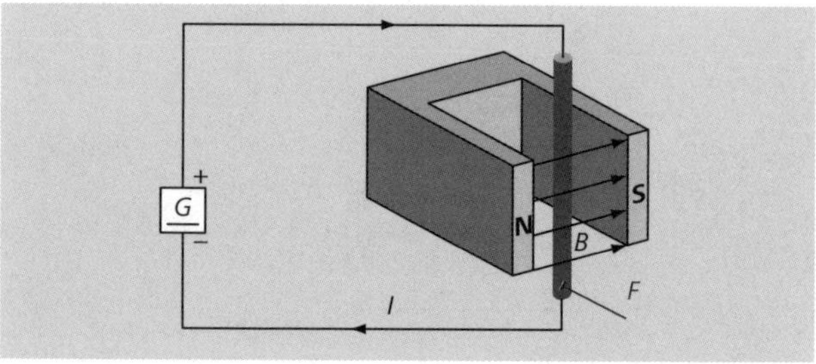

Die folgende Abbildung zeigt für die Ermittlung der Kraftrichtung eine Merkregel („Drei-Finger-Regel der rechten Hand". Für die Elektronen-Stromrichtung die linke Hand nehmen!).

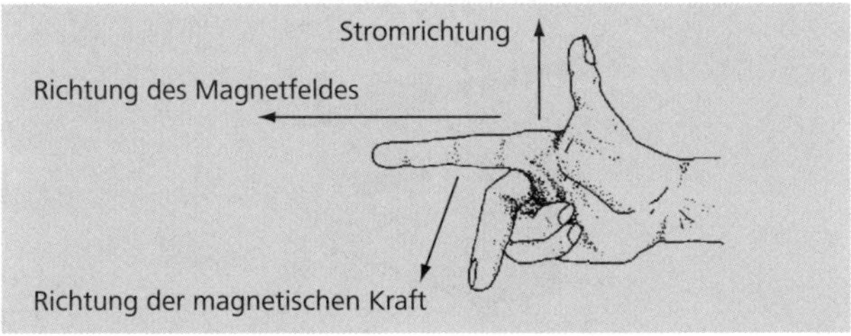

Ein Maß für die Stärke eines Magnetfeldes ist die ***magnetische Flussdichte*** *B*. Wenn in der Anordnung der Abbildung (S. 106) auf ein Leiterstück der Länge $s = 1\,\text{m}$, das sich vollständig im Magnetfeld befindet, bei der Stromstärke $I = 1\,\text{A}$ die Kraft $F = 1\,\text{N}$ wirkt, dann hat das Magnetfeld die magnetische Flussdichte $B = 1$ Tesla.

> Für die *magnetische Flussdichte* (weitere Bezeichnung: „magnetische Induktion") gilt die folgende Definition:
> $B = \frac{F}{I \cdot s}$; die Einheit ist $\frac{1\,\text{N}}{1\,\text{A} \cdot 1\,\text{m}} = 1\,\frac{\text{N}}{\text{A} \cdot \text{m}} = 1\,\text{T}$ ***(Tesla)***.

BEISPIEL Zur Bestimmung der magnetischen Flussdichte zwischen den Polen eines Hufeisenmagneten wird ein kleines Aluminiumröhrchen in das Feld gebracht (s. Abb. S. 108). Es hängt an einer empfindlichen Waage. Wird durch das Aluröhrchen ein Strom in geeigneter Richtung geschickt, registriert die Waage – zusätzlich zur Gewichtskraft – eine magnetische Kraft. Beträgt z. B. bei der Stromstärke $I = 2{,}0\,\text{A}$ diese Kraft $F = 5\,\text{mN}$ und befinden sich $s = 3{,}0\,\text{cm}$ des Stäbchens im (homogenen) Teil des Magnetfelds, so beträgt die magnetische Flussdichte:

$$B = \frac{F}{I \cdot s} = \frac{5 \cdot 10^{-3}\,\text{N}}{2\,\text{A} \cdot 3 \cdot 10^{-2}\,\text{m}} = 8{,}3 \cdot 10^{-2}\,\frac{\text{N}}{\text{A} \cdot \text{m}} = 83\,\text{mT (Millitesla)}.$$

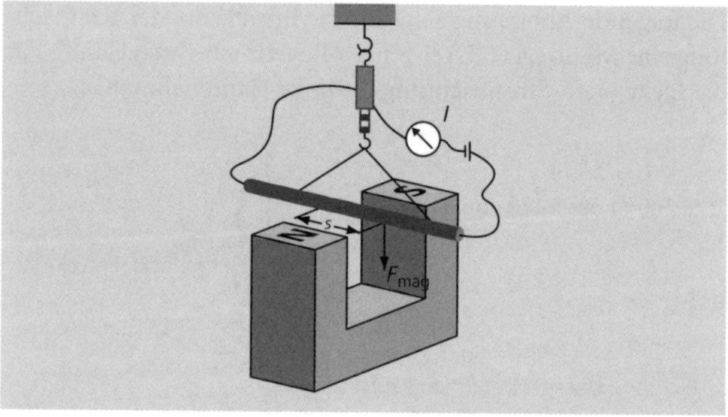

Für Spulen, deren Länge mindestens 50-mal größer ist als ihr Durchmesser (sie haben dann im Innern ein homogenes Magnetfeld), kann man die magnetische Flussdichte B aus der Windungszahl n, der Spulenlänge l und der Stromstärke I berechnen:

$$B = \mu_0 \cdot \frac{n}{l} \cdot I.$$

In dieser Gleichung ist $\mu_0 = 4\pi \cdot 10^{-7} \frac{\mathrm{T \cdot m}}{\mathrm{A}} \approx 1{,}26 \cdot 10^{-6} \frac{\mathrm{T \cdot m}}{\mathrm{A}}$

die ***magnetische Feldkonstante.***

Die magnetische Flussdichte steigert sich drastisch, wenn man den Innenraum mit Eisen ausfüllt. Die Elementarmagnete im Eisen richten sich parallel aus und vergrößern mit ihren Magnetfeldern die Flussdichte.

> Die feldverstärkende Wirkung einer eventuellen Füllung des Spuleninnenraums berücksichtigt man in der Gleichung durch einen bennungslosen Faktor μ_{rel}, er wird als
>
> *relative Permeabilitätszahl* bezeichnet: $B = \mu_{rel} \cdot \mu_0 \cdot \frac{n}{l} \cdot I.$

BEISPIEL Eine langgestreckte Spule ist mit $n = 1\,000$ Windungen auf der Länge $l = 50$ cm bewickelt. Sie wird von einem Strom der Stärke $I = 3{,}0$ A durchflossen.

Die magnetische Flussdichte in ihrem Innern beträgt dann:

$$B = \mu_{rel} \cdot \mu_0 \cdot \frac{n}{l} \cdot I = 1 \cdot 1{,}26 \cdot 10^{-6}\,\frac{\mathrm{T \cdot m}}{\mathrm{A}} \cdot \frac{10^3}{0{,}5\,\mathrm{m}} \cdot 3\,\mathrm{A} \approx 0{,}0076\,\mathrm{T}$$

$= 7{,}6\,\mathrm{mT}$ (für Luft ist $\mu_{rel} = 1$.)

Zum Vergleich: Das magnetische Erdfeld beträgt in Mitteleuropa ca. 0,05 mT. Füllt man den Innenraum der Spule vollständig mit Eisen ($\mu_{rel} \approx 1000$) aus, so würde sich die magnetische Flussdichte (theoretisch) vertausendfachen. In der Praxis zeigt sich jedoch, dass eine Flussdichte von 7,6 T nicht erreicht wird. Schon bei etwa 0,76 T sind alle Elementarmagnete des Eisens ausgerichtet, das Eisen ist „magnetisch gesättigt". Eine Erhöhung der Stromstärke über den Sättigungswert der Eisensorte hinaus steigert die magnetische Flussdichte nicht weiter. Die angegebene Gleichung (mit $\mu_{rel} \neq 1$) ist nur für Flussdichten unterhalb der Sättigung anwendbar.

4

> Kennt man die magnetische Flussdichte B, so kann man die Kraft berechnen, die ein stromdurchflossener Leiter in einem Magnetfeld erfährt: $F_{mag} = B \cdot I \cdot s$.

BEACHTE

- Diese Betragsgleichung liefert nur dann den richtigen Betrag der Kraft, wenn der Leiter rechtwinklig zu den B-Feldlinien verläuft.
- Auch über die Richtung der Kraft macht diese Gleichung keine Aussage; diese muss aus der „Drei-Finger-Regel" abgeleitet werden. (Wer über Kenntnisse der Vektorrechnung verfügt, kann aus der Vektorgleichung $\vec{F}_{mag} = I \cdot (\vec{s} \times \vec{B})$ die Kraft für jeden Fall einer Leiterorientierung berechnen.)
- Das Leiterstück der Länge s muss sich vollständig im (homogenen) Magnetfeld befinden. Bei Spulen sind dies oftmals nur Teilstücke der Windungen, deren Längen dann addiert werden müssen. s wird deshalb als „wirksame Leiterlänge" bezeichnet.

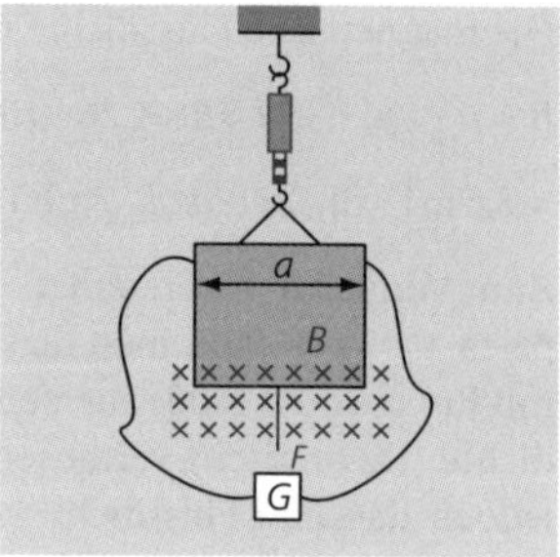

BEISPIEL Befindet sich die untere Kante eines rechteckigen „Leiterrähmchens“ der Länge $a = 3{,}0\,\text{cm}$, das mit $n = 100$ Windungen Draht umwickelt ist (s. Abb., das Magnetfeld weist in die Zeichenebene hinein, dies wird durch die Kreuze symbolisiert, die wirksame Leiterlänge ist 100 · a), in einem Magnetfeld der Stärke $B = 0{,}5\,\text{T}$ und fließt ein Strom der Stärke $I = 2{,}0\,\text{A}$ durch die Drahtwindungen, so erfährt das Rähmchen (zusätzlich zur Gewichtskraft) eine magnetische Kraft:
$F = B \cdot I \cdot n \cdot a = 0{,}5\,\text{T} \cdot 2{,}0\,\text{A} \cdot 100 \cdot 0{,}03\,\text{m} = 3\,\text{N}.$

4.3 Bewegungen geladener, freier Teilchen in Feldern

Bewegungen in elektrischen Feldern

In den Bildröhren (***Braun'sche Röhren***) von Röhrenfernsehern und Röhrenmonitoren prallen freie Elektronen mit großer Bewegungsenergie auf die Leuchtschicht des Bildschirms. Dort werden sie abgebremst, die dabei frei werdende Energie regt die getroffenen Atome zur Aussendung von Licht an.
Eine einfache und sehr effektive Methode zur Erzeugung freier Elektronen ist der ***glühelektrische Effekt,*** der – nach seinem Entdecker Thomas A. Edison – auch als ***Edisoneffekt*** bezeichnet wird. Aus der Oberfläche von Metallen werden Elektronen durch die Wärmebewegung der Atome „herausgeschüttelt“, wenn das Metall rotglühend ist, d. h. eine Temperatur von mehr als 600 °C besitzt. In Glühlampen, wie sie früher verwendet wurden, emittiert der ca. 2 200 °C heiße Glühdraht Elektronen. Da dieser durch die Emission der negativen Elektronen positiv geladen

wird, wirken auf die freien Elektronen jedoch rücktreibende Kräfte ein. Die mit Geschwindigkeiten von einigen Kilometern pro Sekunde ausgeschleuderten Elektronen werden deshalb rasch bis zum Stillstand abgebremst, sie kehren dann ihre Richtung um und prallen auf die Drahtwendel zurück. Es entsteht so ein fortwährender Kreislauf und der glühende Draht ist von einer nur wenige Millimeter weit reichenden Wolke freier Elektronen umgeben.

In einer Braun'schen Röhre sind die Glühkathode und eine weitere Elektrode, die als Anode bezeichnet wird, mit einer (Hoch-)Spannungsquelle verbunden. Das elektrische Feld zwischen diesen Elektroden beschleunigt die freien Elektronen, denn in einem elektrischen Feld (▶ S. 97) der Stärke E erfahren Elektronen eine Kraft parallel zur Richtung der elektrischen Feldlinien: $F_{el} = Q \cdot E$ mit $Q = e$, der Ladung eines Elektrons (▶ Elementarladung).

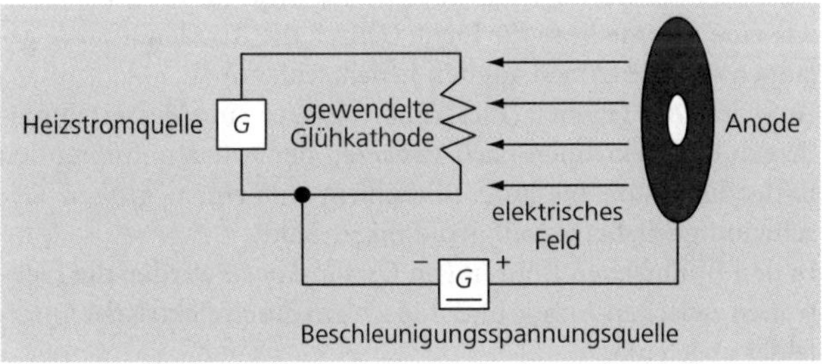

Haben die Elektronen bei der Ankunft an der Anode die beschleunigende Spannung U_b durchlaufen, so haben sie die im Feld aufgenommene Energie $e \cdot U_b$ zur Erhöhung ihrer kinetischen Energie $\frac{1}{2}\, m \cdot v^2$ verwendet. Aus $e \cdot U_b = \frac{1}{2}\, m \cdot v^2$ folgt für die Geschwindigkeit der Elektronen: $v = \sqrt{2 \cdot \frac{e}{m} \cdot U_b}$.

BEISPIEL Beträgt die Beschleunigungsspannung in einer Braun'schen Röhre $U_b = 10\,000$ V, so haben die Elektronen $\left(\text{\textbf{\textit{spezifische Ladung des Elektrons}}}\ \frac{e}{m} = 1{,}76 \cdot 10^{11}\,\frac{\text{C}}{\text{kg}}\right)$ beim Passieren der Anodenöffnung die Geschwindigkeit:

$$v = \sqrt{2 \cdot \frac{e}{m} \cdot U_b} = \sqrt{2 \cdot 1{,}76 \cdot 10^{11}\,\frac{\text{C}}{\text{kg}} \cdot 10^4\,\text{V}}$$

$$v \approx 5{,}93 \cdot 10^7\,\frac{\text{m}}{\text{s}} \approx 59\,000\,\frac{\text{km}}{\text{s}}.$$

(Bei dieser Rechnung ist die anfängliche Geschwindigkeit der Elektronen beim Austritt aus der Kathode nicht berücksichtigt; sie kann in der Praxis meist vernachlässigt werden.)
Durch eine weitere zylinderförmige Elektrode (Wehnelt-Zylinder) zwischen Kathode und Anode, die mit dem negativen Pol einer separaten Spannungsquelle verbunden ist, kann erreicht werden, dass alle Elektronen auf die Anodenöffnung hin gelenkt werden; das Feld im Wehnelt-Zylinder wirkt für die Elektronen wie eine Sammellinse für Licht. (Durch die Anodenöffnung gelangen die Elektronen auf den Leuchtschirm.)
Aufgrund der Trägheit (Elektronen besitzen eine Masse!) durchfliegen die Elektronen nach Passieren der Anodenöffnung den luftleeren Raum bis zum Bildschirm mit einem großen Geschwindigkeitsbetrag auf geradliniger Bahn.
In den Braun'schen Röhren von ***Oszilloskopen*** werden die Elektronen zwischen Anode und Bildschirm durch elektrische Querfelder abgelenkt.

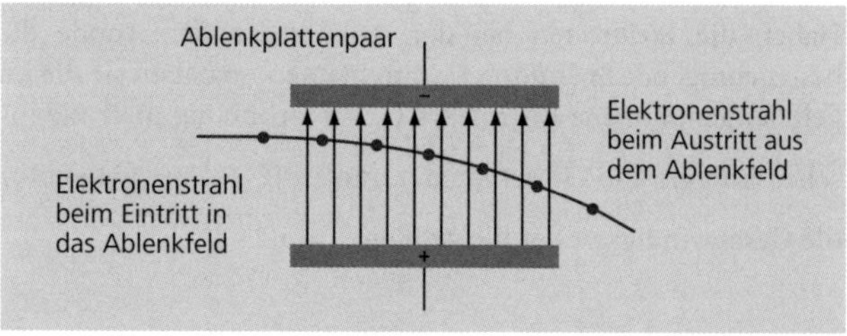

Werden Elektronen rechtwinklig zur Feldlinienrichtung eines homogenen elektrischen Felds „eingeschossen", so werden sie aufgrund der an jeder Stelle gleichgerichteten und konstanten elektrischen Feldkraft auf eine Parabelbahn gezwungen – in völlig analoger Weise zum waagrechten Wurf (▶ S. 21) in der Mechanik. Die Elektronen verlassen das Ablenkfeld schräg zur Einschussrichtung und fliegen von da ab geradlinig zum Schirm. Wie eine Rechnung zeigt, ist die Ablenkung auf dem Schirm proportional zur Spannung an den Ablenkplatten. Oszilloskope werden deshalb als Spannungsmesser eingesetzt. Ihr Vorteil ist, dass Elektronen, im Vergleich zu den Zeigern anderer Spannungsmessgeräte, fast trägheitslos reagieren. So können mit Oszilloskopen auch Wechselspannungen großer Frequenz registriert und gemessen werden.

Die Braun'schen Röhren der Oszilloskope enthalten zur Ablenkung der Elektronen zwei gekreuzte Paare von Ablenkplatten, An das Vertikal-Ablenkplattenpaar wird – nach Verstärkung – die zu untersuchende Wechselspannung angelegt. Diese Spannung allein würde den Leuchtpunkt in rascher Folge auf- und abwärts lenken, man würde eine gerade Leuchtspur sehen. Wird der Leuchtpunkt gleichzeitig – möglichst zeitlinear – nach rechts geführt, kann man die Kurvenform der Wechselspannung erkennen. Dazu wird an das Horizontal-Ablenkplattenpaar eine im Oszilloskop erzeugte „Sägezahn-Ablenkspannung" angelegt. Mit dieser Spannung, die proportional zur Zeit anwächst, wird der Leuchtpunkt auf dem Bildschirm mit konstanter Geschwindigkeit nach rechts geführt. Wird der rechte Bildrand erreicht, springt die Sägezahnspannung wieder auf null zurück, der Schreibvorgang beginnt erneut am linken Bildrand. Da sich dieser Vorgang mit großer Frequenz periodisch wiederholt, entsteht in unserem Auge der Eindruck eines stehenden Bildes. Dazu müssen die Frequenzen der Wechsel- und der Sägezahnspannung in einem ganzrationalen Verhältnis stehen. Moderne Oszilloskope haben eine Elektronik, die diese Bedingung automatisch einregelt, sie synchronisieren selbsttätig.

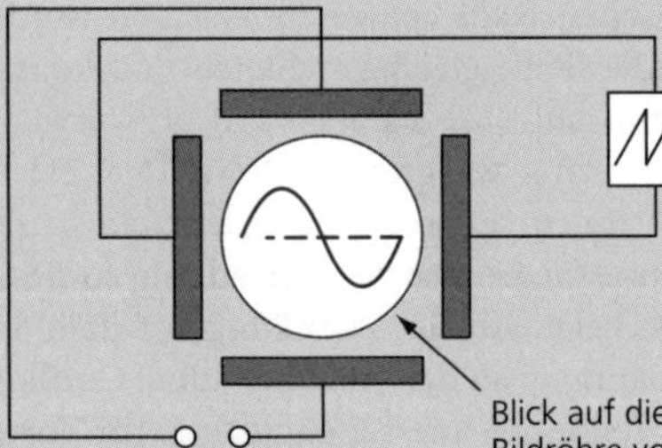

Bewegung in magnetischen Feldern

Auch in einem Magnetfeld erfahren bewegte, freie Ladungsträger i. A. eine Kraft.

> Bewegt sich ein Elektron der Ladung e rechtwinklig zu den Feldlinien eines Magnetfelds mit der Geschwindigkeit v, so erfährt es die *Lorentz-Kraft*: $F_L = B \cdot e \cdot v$.
> Für ein Ion der Ladung Q gilt entsprechend:
> $F_L = B \cdot Q \cdot v$.

Bei Bewegungen parallel zur Richtung magnetischer Feldlinien wirkt keine Kraft.

In Fernsehbildröhren und den Röhrenmonitoren der Computer werden die Elektronen durch die ***Lorentz-Kräfte*** von zwei sich kreuzenden magnetischen Querfeldern, sowohl in x- als auch in y-Richtung, abgelenkt (in der Abbildung auf S. 115 oben ist nur ein Spulenpaar für die horizontale Ablenkung gezeichnet).

Der ***Hall-Effekt*** (benannt nach dem amerikanischen Physiker E. H. Hall) eröffnet eine einfache und bequeme Messung magnetischer Feldstärken. Käufliche Magnetfeldmessgeräte sind mit einer ***Hall-Sonde*** bestückt.

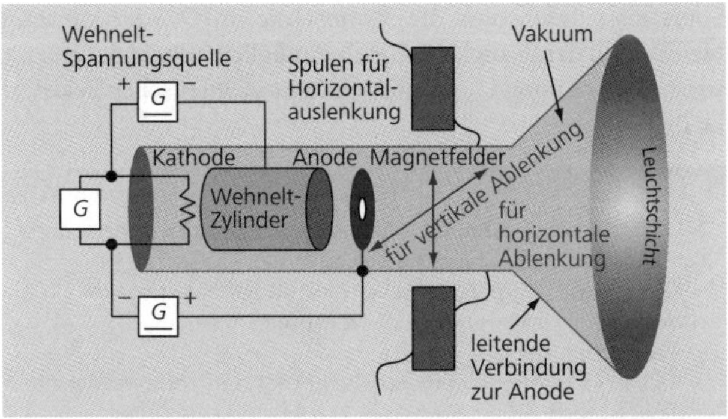

Bringt man einen stromdurchflossenen Leiter (in der Abbildung als Quader gezeichnet) in ein Magnetfeld, so erfahren die Elektronen eine Lorentz-Kraft $F_L = B \cdot e \cdot v$ quer zu ihrer Bewegungsrichtung. Dies hat zur Folge, dass sich auf der Ober- und Unterfläche des Quaders (Flächen-)Ladungen anhäufen. Diese sind die Ursache eines elektrischen Feldes $F_{el} = e \cdot E = e \cdot \frac{U_H}{b}$ (U_H = Hall-Spannung), dessen Kraft der Lorentz-Kraft entgegenwirkt. In unmessbar kurzer Zeit stellt sich zwischen diesen beiden Kräften ein Kräftegleichgewicht ein: $B \cdot e \cdot v = e \cdot \frac{U_H}{b}$.

Daraus folgt für die Hall-Spannung $U_H = B \cdot v \cdot b$.

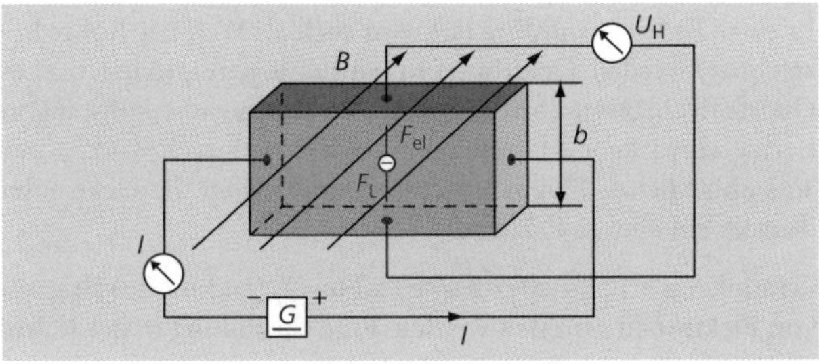

Sorgt man dafür, dass die Stromstärke im Quader konstant bleibt – und damit auch die Geschwindigkeit v der Elektronen –, so ist die Spannung U_H proportional zur magnetischen Feldstärke B.

MERKE

- LORENTZ-Kräfte erfahren nur *bewegte* Ladungsträger in einem Magnetfeld (Ausnahme: sie bewegen sich parallel zur Feldlinienrichtung). Elektrische Feldkräfte erfahren sowohl *bewegte* als auch *ruhende* Ladungsträger in einem elektrischen Feld.
- Da LORENTZ-Kräfte (= magnetische Kräfte) stets rechtwinklig zur Bewegungsrichtung einwirken, können sie keine Arbeit verrichten. Der Betrag der Geschwindigkeit geladenener Teilchen (und damit die Bewegungsenergie) kann daher durch konstante Magnetfelder *nicht* geändert werden.
- Mit elektrischen Feldern kann sowohl die Bewegungsrichtung verändert als auch der Betrag der Geschwindigkeit erhöht (und verringert) werden.

Die Messung von Ladung und Masse bei Ionen

In der Grundlagenforschung der Physik spielen die Beschleunigung und Ablenkung von geladenen Teilchen in Feldern eine große Rolle; in geeigneten Anordnungen lassen sich die Masse und die elektrische Ladung der Elementarteilchen (Elektronen, Positronen, Protonen, Ionen …) experimentell heute höchst genau bestimmen.

In einer ***Fadenstrahlröhre*** (sie wird auch als Wehnelt-Röhre bezeichnet) werden Elektronen in ein homogenes, magnetisches Querfeld eingeschossen (▶ Abb. S. 117). Die mit konstantem Betrag einwirkende Lorentz-Kraft wirkt stets rechtwinklig zur augenblicklichen Flugbahnrichtung und zwingt die Elektronen deshalb auf eine Kreisbahn.

Damit kann z. B. die spezifische Ladung $\frac{e}{m}$ (Ladung e; Masse m) von Elektronen ermittelt werden. Eine Gasfüllung in der Röhre macht die Bahnkurve sichtbar, es bereitet keine Probleme, den Bahnradius r der Kreisbahn zu messen.

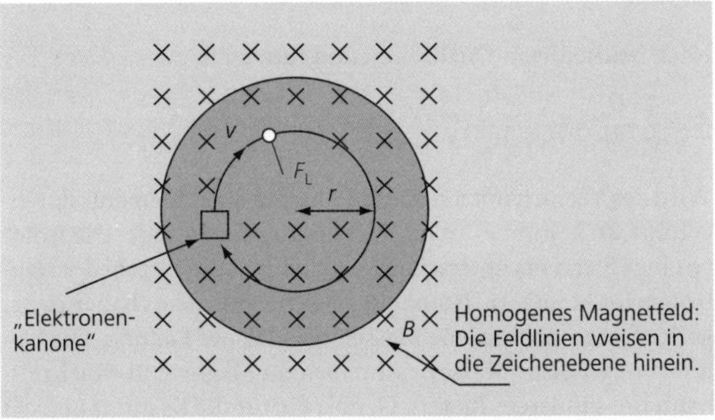

4

Aus der Tatsache, dass die Lorentz-Kraft $F_L = B \cdot e \cdot v$ in jedem Bahnpunkt identisch mit der für eine Kreisbahn erforderlichen Zentripetalkraft (▶ S. 27) $F_Z = \mathrm{m} \cdot \frac{v^2}{r}$ ist, folgt durch Gleichsetzen $F_L = F_Z$ die Beziehung $B \cdot e \cdot v = m \cdot \frac{v^2}{r}$ und daraus für die spezifische Ladung: $\frac{e}{m} = \frac{v}{r \cdot B}$. (Für die Messung der magnetischen Flussdichte B gibt es praktische Messgeräte (▶ Hall-Sonde, S. 114), die Geschwindigkeit v wird wie bei der Braun'schen Röhre (▶ S. 112 ff.) aus der Beschleunigungsspannung U_b berechnet.)

BEISPIEL Bestimmung von $\frac{e}{m}$ eines Elektrons:
In einer Wehnelt-Röhre werden Elektronen mit $U_b = 296\,\mathrm{V}$ beschleunigt. Bei der magnetischen Feldstärke $B = 1{,}0\,\mathrm{mT}$ beschreiben sie eine Kreisbahn mit dem Radius $r = 5{,}8\,\mathrm{cm}$.
Rechnung: Für Elektronen, die in einem elektrischen Feld beschleunigt werden, ist $v = \sqrt{2 \cdot \frac{e}{m} \cdot U_b}$. Dies eingesetzt in:

$$\frac{e}{m} = \frac{v}{r \cdot B}$$

ergibt: $\frac{e}{m} = \frac{\sqrt{2 \cdot \frac{e}{m} \cdot U_b}}{r \cdot B}$ oder $\frac{e}{m} \cdot r \cdot B = \sqrt{2 \cdot \frac{e}{m} \cdot U_b}$.

Nach beidseitigem Quadrieren und Kürzen folgt:

$$\frac{e}{m} = \frac{2 \cdot U_B}{(r \cdot B)^2} = \frac{2 \cdot 296\,\mathrm{V}}{(5{,}8 \cdot 10^{-2}\,\mathrm{m} \cdot 1 \cdot 10^{-3}\,\mathrm{T})^2} = 1{,}76 \cdot 10^{11}\,\frac{\mathrm{C}}{\mathrm{kg}}.$$

Wird der Versuch mit ionisierten Atomen eines Elements durchgeführt, so kommt es zu einer Trennung der Isotope. Die Isotope eines Elements unterscheiden sich durch die Anzahl der Neutronen im Atomkern, Isotope des gleichen Elements haben daher geringfügig verschiedene Massen bei gleicher Ladung. Die Isotope mit größerer Masse beschreiben im Magnetfeld eine Kreisbahn mit größerem Radius. Geräte, die für die Bestimmung der Isotopenmasse speziell konstruiert wurden, werden als ***Massenspektrometer*** bezeichnet. Sie spielen in der Kernphysik eine große Rolle.
Für die Messung elektrischer Ladungen erhielt der Amerikaner Millikan 1923 den Nobelpreis. Er brachte kleine, geladene Öltröpfchen in ein vertikal gerichtetes elektrisches Feld. Durch die Gewichtskraft, die diese Tröpfchen erfahren, sinken sie in Luft abwärts. Bei einem bestimmten Betrag der elektrischen Feldstärke konnte Millikan die Tröpfchen zum Schweben bringen. Aus dem Kräftegleichgewicht $F_{el} = F_G$ in diesem Zustand folgt: $Q \cdot E = m \cdot g$.
Millikan gelang es, die Masse der mikroskopisch kleinen Öltröpfchen zu bestimmen und damit ihre Ladung zu berechnen. Dabei machte er eine sensationelle Entdeckung: Die Ladungen Q der Tröpfchen waren sehr unterschiedlich, jedoch stets ein ganzzahliges Vielfaches einer kleinsten Ladungsmenge. Er folgerte daraus, dass die elektrische Ladung nicht beliebig klein werden kann, es gibt eine kleinste Menge, heute als ***Elementarladung*** e bezeichnet. Millikan erhielt aus seinen Versuchen um 1910 $e = 1{,}60 \cdot 10^{-19}\,\mathrm{C}$, einen Wert, der nur um ca. 1 % von dem

heutigen Bestwert $e = 1{,}602\,177\,3 \cdot 10^{-19}$ C abwich! Elektronen, Positronen und Protonen tragen stets *eine* Elementarladung.
Eine Verknüpfung der Ergebnisse aus dem Versuch von Millikan mit dem der Fadenstrahlröhre ergibt für die Masse des Elektrons den unvorstellbar kleinen Wert $m = 9{,}11 \cdot 10^{-31}$ kg. Nachdem A. Einstein in seiner Relativitätstheorie zeigte, dass die Masse kein unveränderlicher „Besitzstand" eines Körpers ist, sondern eine Eigenschaft bezeichnet, nämlich die Trägheit gegenüber Beschleunigungen, wird $m_0 = 9{,}11 \cdot 10^{-31}$ kg als ***Ruhemasse des Elektrons*** bezeichnet.

Nach Einsteins Formel $m(v) = \frac{m_0}{\sqrt{1 - \left(\frac{v}{c}\right)^2}}$ (▶ S. 217) wächst die Masse mit der Geschwindigkeit v an ($c = 3 \cdot 10^8 \frac{\text{m}}{\text{s}}$ ist die Lichtgeschwindigkeit). Für Elektronen, die in einer Braun'schen Röhre mit 10 000 V beschleunigt werden, liefert die Rechnung:
$v = \sqrt{2 \cdot \frac{e}{m_0} \cdot U_b} = 59\,308 \,\frac{\text{km}}{\text{s}}$,
gemessen wird: $v = 58\,455 \,\frac{\text{km}}{\text{s}}$.

Die relativistische Massenzunahme macht sich bei dieser Geschwindigkeit mit ca. 1,5 % kaum bemerkbar. Fernsehtechniker können deshalb, ohne große Fehler zu begehen, „nichtrelativistisch" rechnen.
Im DESY (Deutsches Elektronen-Synchroton Hamburg), einer der großen Beschleunigeranlagen, werden energiereiche Elektronen auf Elementarteilchen geschossen und die Trümmerteilchen untersucht. Dazu werden die Elektronen mit 7 GV ($= 7 \cdot 10^9$ V) auf nahezu Lichtgeschwindigkeit beschleunigt. Da ihre träge Masse dann rund 13 660-mal größer als die Ruhemasse ist, ist der Impuls $m \cdot v$ der Elektronen sehr groß – sie sind „wuchtige Geschosse". Die Physiker bei DESY müssen mit den Formeln der Relativitätstheorie rechnen. Einsteins Formel trägt der Tatsache Rechnung, dass die Geschwindigkeit eines trägen Körpers die Lichtgeschwindigkeit nicht übersteigen kann (für $v > c$ ist der

Radikand unter dem Wurzelzeichen negativ). Für Geschwindigkeiten $v \to c$ strebt die Masse gegen unendlich und man bräuchte zum Beschleunigen auf den Wert $v = c$ unendlich viel Energie! Auch wenn die Physiker bei DESY eines Tages noch größere Beschleunigungsspannungen verwirklichen können, „ihre" Elektronen erreichen nie die Lichtgeschwindigkeit – wenn auch nur ein paar Promille fehlen!

4.4 Elektromagnetische Induktion

Das Induktionsgesetz

Wie wir bereits wissen, erfährt ein stromdurchflossener Leiter (▶ S. 109) in einem Magnetfeld eine Kraft. Dieser Vorgang ist „umkehrbar": Bewegt man einen Leiter durch ein Magnetfeld, so kann man an seinen Enden i. A. eine Spannung nachweisen.

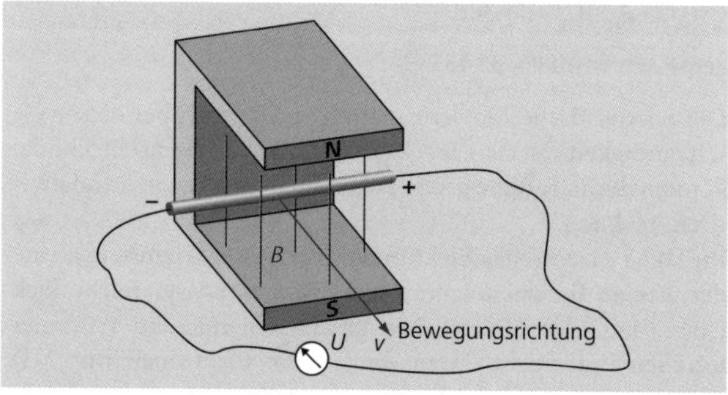

Dieses bewegte Leiterstück kann wie eine Batterie in einen Stromkreis eingesetzt werden, es fließt in der Schaltung ein elektrischer Strom durch das Lämpchen (s. Abb. S. 121). Nach diesem Prinzip – man spricht von ***elektromagnetischer Induktion*** – arbeiten alle elektrischen Generatoren in den Kraftwerken, sie wandeln mechanische Energie in elektrische Energie um.

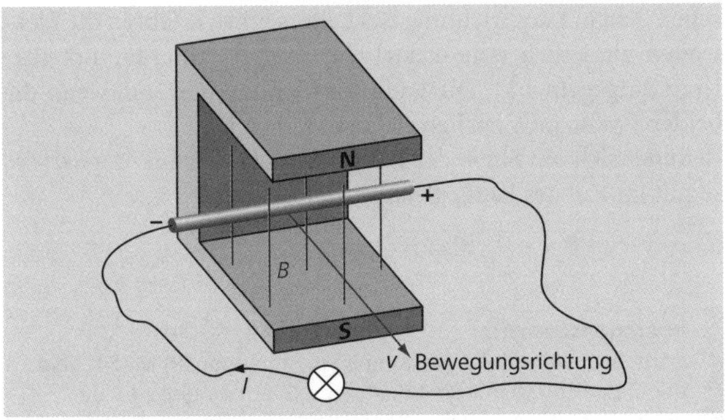

4

Wie es zu dieser Spannung kommt, kann mithilfe der Lorentz-Kraft (▶ S. 114) erklärt werden:

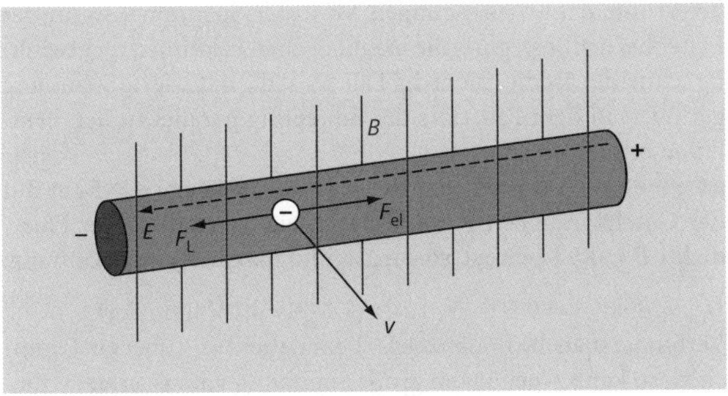

Mit dem Leiter werden auch die in ihm enthaltenen beweglichen (Leitungs-)Elektronen bewegt und die Lorentz-Kraft F_L, die stets rechtwinklig zur Bewegungsrichtung wirkt – in diesem Fall in Längsrichtung des Leiters –, treibt die Elektronen auf ein Ende des Leiters zu. An diesem entsteht eine Überzahl negativer Ladungsträger, am anderen Ende überwiegen die positiven Ladungen. Da diese Trennung der Ladungen zu einem elektri-

schen Feld in Längsrichtung des Leiters führt, erfahren die Elektronen zusätzlich eine elektrische Kraft F_{el}, die der Lorentz-Kraft entgegenwirkt. Die Ladungstrennung hört auf, wenn die beiden Kräfte im Gleichgewicht sind: $F_L = F_{el}$.
Befindet sich ein Stück der Länge d des Leiters im Magnetfeld, so gilt im Fall des Kräftegleichgewichts:

$$B \cdot e \cdot v = e \cdot E = e \cdot \frac{U}{d}, \text{ also } B \cdot v = \frac{U}{d}.$$

> **Induktionsgesetz:**
> Wird ein Leiter der Länge *d* in einem (homogenen) Magnetfeld der Flussdichte *B* mit der konstanten Geschwindigkeit *v* bewegt, so beträgt die Induktionsspannung an seinen Enden:
> $U_{ind} = B \cdot d \cdot v$.

BEACHTE Diese Form des Induktionsgesetzes $U_{ind} = B \cdot d \cdot v$ liefert nur dann den richtigen Wert der Spannung, wenn der Leiter bei der Bewegung die magnetischen Feldlinien rechtwinklig schneidet. Ist dies nicht der Fall, so ist die induzierte Spannung geringer; in dem Fall, dass die Bewegung parallel zu den Feldlinien erfolgt, sogar 0.

BEISPIEL Wird ein Leiter der wirksamen Länge $d = 5\,\text{cm}$ mit der Geschwindigkeit $v = 4\,\frac{\text{m}}{\text{s}}$ durch ein Magnetfeld der Flussdichte $B = 0{,}5\,\text{T}$ bewegt, so wird in ihm maximal eine Spannung:

$U_{ind} = B \cdot d \cdot v = 0{,}5\,\text{T} \cdot 5 \cdot 10^{-2}\,\text{m} \cdot 4\,\frac{\text{m}}{\text{s}} = 0{,}1\,\text{V}$ induziert.
Verbindet man die Enden dieses Leiterstücks z. B. über ein Lämpchen, so kann – genügend große Spannung vorausgesetzt – dieses zum Leuchten gebracht werden.
Bekommt man diese Energie geschenkt, denn der Leiter – einmal angestoßen – könnte sich ja ohne fortwährende Krafteinwirkung durch das Magnetfeld weiterbewegen?
Wie jeder Radfahrer weiß, muss man kräftiger in die Pedale treten, wenn man den Dynamo ankurbelt.
Der Lampenstrom fließt auch im Leiterstück der Länge *d*, Stromkreise sind stets geschlossen. Jeder stromdurchflossene Leiter

(▶ S. 109) erfährt im Magnetfeld eine Kraft F_{mag}, und diese ist – wie man mit der Drei-Finger-Regel (▶ S. 107) nachprüfen kann – der Geschwindigkeitsrichtung v entgegen gerichtet.

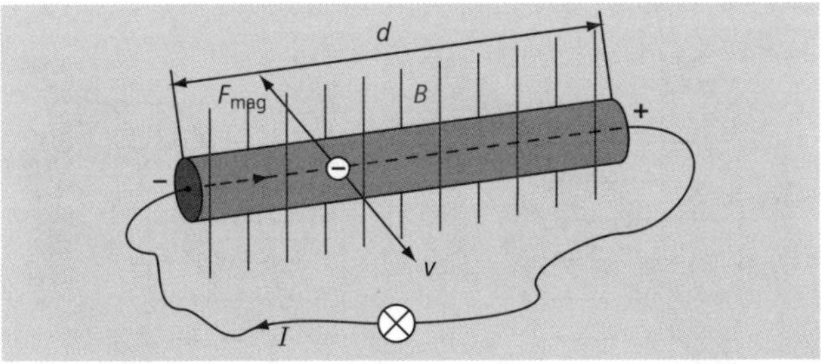

Soll also der Induktionsvorgang aufrechterhalten werden, muss eine von außen einwirkende Kraft ständig dieser magnetischen Kraft entgegenwirken und damit mechanische Arbeit verrichten, genauso viel wie das Lämpchen in Licht und Wärme umsetzt. Bräuchte man weniger mechanische Energie, würde dies dem Energieerhaltungssatz der Physik widersprechen und man könnte ein Perpetuum mobile konstruieren. Ein Radfahrer, der seinen Dynamo mit einem Elektromotor verbindet und damit sein Rad antreiben will, wird deshalb eine Enttäuschung erleben! Dass der Energieerhaltungssatz auch bei Induktionsvorgängen seine Gültigkeit behält, wird durch die ***Lenz'sche Regel*** ausgedrückt:

> **Lenz'sche Regel:**
> Wenn bei einem Induktionsvorgang ein Strom fließt, dann ist seine Richtung stets so, dass die magnetische Kraft dieses Stroms der Induktionsursache entgegenwirkt.

Im Fahrraddynamo, aber auch in den Generatoren der Kraftwerke, werden Spulen in einem Magnetfeld in Rotation versetzt. Bei der Drehbewegung sind Leiterteile fortwährend in Bewegung, ohne das Magnetfeld zu verlassen. Es wird ständig eine Spannung induziert. Dieses Prinzip soll – sehr vereinfacht – an der Drehung einer rechteckigen Spule mit *einer* Windung erläutert werden.

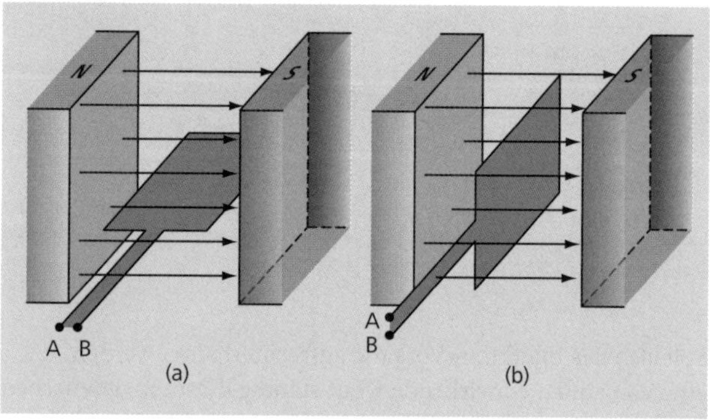

Bei dieser Anordnung erfahren die Elektronen in den beiden längeren Kanten des Rechtecks Lorentz-Kräfte, was zu einer Spannung an den Spulenanschlüssen A und B führt. In der Stellung (a) der Abbildung ist die Spannung maximal, in der Stellung (b) ist sie für einen kurzen Augenblick null, da die Bewegung parallel zu den magnetischen Feldlinien erfolgt. Bei einer weiteren Drehung um 90° erreicht die Spannung wieder einen Höchstwert, jedoch hat sich die Polarität an A und B vertauscht. Bei einer kontinuierlichen Drehung der Spule erhält man an A und B eine sinusförmige Wechselspannung.

▶ **ANMERKUNG** In den heutigen Großgeneratoren, aber auch beim Fahrraddynamo, dreht sich meist nicht eine Spule in einem Magnetfeld, sondern das Magnetfeld dreht sich um eine feststehende Spulenanordnung. Dies hat den Vorteil, dass man zum Abgreifen der Spannung an den Spulenanschlüssen keine Schleifkontakte benötigt, Bauteile, die großer Abnutzung unterliegen würden. Für den Induktionsvorgang spielt dies keine Rolle, es kommt nur auf die Relativbewegung zwischen Magnetfeld und Leiter an.

Bei der Berechnung der Induktionsspannung von rotierenden Spulen wird meist eine andere Form des Induktionsgesetzes benutzt, die sich als allgemeingültig herausgestellt hat.
Wenn die Feldlinien des Magnetfelds B die Fläche A des Rechtecks der Spule in der Abb. auf S. 124 senkrecht durchsetzen, so bezeichnet man das Produkt der beiden Größen als ***magnetischen Fluss***: $\Phi = B \cdot A$.
Stellt man sich bildhaft vor, dass magnetische Feldlinien das Flächenstück A „durchfließen“, so ist der magnetische Fluss in Stellung (a) gleich 0, da keine Feldlinien durch A hindurchtreten. Bei einer Rotation der Leiterschleife ändert sich also fortwährend der magnetische Fluss zwischen dem Maximalwert $B \cdot A$ und 0.

Die „Flussänderungsgeschwindigkeit“ $\frac{\Delta\Phi}{\Delta t}$ ist gleich der induzierten Spannung: $U_{\text{ind}} = \frac{\Delta\Phi}{\Delta t} = \frac{\Delta(B \cdot A)}{\Delta t}$.

▶ **ANMERKUNG** Statt der Delta-Schreibweise verwendet man auch die Schreibweise $\frac{d\Phi}{dt} =$, die Ableitung des magnetischen Flusses nach der Zeit t.

BEISPIEL Ein einfaches Beispiel (ohne Drehbewegung) soll die Rechnung mit der Flussänderungsgeschwindigkeit verdeutlichen: Auf zwei parallelen Metallschienen im Abstand $d = 0{,}80\,\text{m}$ werde ein Metallstab mit der konstanten Geschwindigkeit $v = 5{,}0\,\frac{\text{m}}{\text{s}}$ abgerollt. Die ganze Anordnung befinde sich in einem Magnetfeld $B = 0{,}40\,\text{T}$.
Ist der Metallstab zu Beginn in der gezeichneten Position (a), so befindet er sich 1 Sekunde später 5 m rechts davon (b). Der magnetische Fluss der Fläche zwischen Spannungsmesser, Schienen und Stab hat sich dann in einer Sekunde um $0{,}40\,\text{T} \cdot 0{,}80\,\text{m} \cdot 5{,}0\,\text{m} = 1{,}60\,\text{T} \cdot \text{m}^2$ erhöht; die Flussänderungsgeschwindigkeit beträgt

demnach 1,60 $\frac{\mathrm{T \cdot m^2}}{\mathrm{s}}$, die zwischen den Schienen induzierte Spannung ist 1,60 V. Eine Rechnung nach der Gleichung $U_{\mathrm{ind}} = B \cdot d \cdot v$ liefert den gleichen Spannungswert.

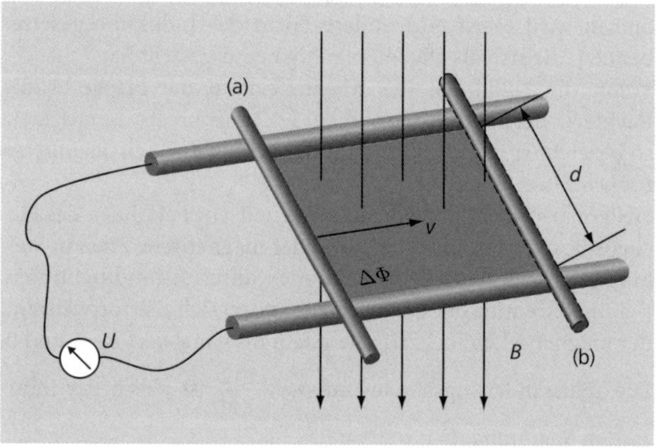

▶ **ANMERKUNG** In der Regel besitzen Induktionsspulen n Windungen, die Spannung an ihren Enden erhöht sich dadurch um den Faktor n. Auch wird gelegentlich der Formel des Induktionsgesetzes ein Minuszeichen vorangestellt, was die Aussage des Lenz'schen Gesetzes (▶ S. 123) berücksichtigt. (Interessiert nur der Betrag der Spannung, spielt es keine Rolle.)

> Das allgemeingültige Induktionsgesetz lautet in der „Fluss-Schreibweise": $U_{\mathrm{ind}} = -n \cdot \frac{\Delta\Phi}{\Delta t}$.

Der Vorteil von dieser Form des Induktionsgesetzes erweist sich zum einen bei komplizierten Leiteranordnungen (es fällt meist leichter, die Flussänderungsgeschwindigkeit zu berechnen, als sich Gedanken über die Lorentz-Kräfte zu machen) und zum anderen bei einer grundsätzlich anderen Art der Induktion, die

gelegentlich auch als 2. Art der Induktion bezeichnet wird.
Eine Spannung an den Enden einer Leiterschleife (oder einer Spule) wird nicht nur dann induziert, wenn sich Leiter und Magnetfeld relativ zueinander bewegen, sondern auch, wenn sich die Stärke des Magnetfelds *zeitlich* ändert. Auch in diesem Fall kann man sich bildhaft vorstellen, dass sich die Anzahl der Feldlinien ändert, die durch die Fläche der Leiterschleife hindurchtreten. Wächst oder vermindert sich die Flussdichte B eines Magnetfelds in einer bestimmten Zeitspanne Δt, so ist auch die Flussänderungsgeschwindigkeit $\neq 0$; und tatsächlich liefert das allgemeine Induktionsgesetz auch in diesem Fall den richtigen Wert der induzierten Spannung. Dies ist insofern erstaunlich, als es sich bei dieser Art der Induktion um einen physikalisch völlig anderen Vorgang handelt. Man kann z. B. die Entstehung der Induktionsspannung in diesem Fall nicht mit Lorentz-Kräften (▶ S. 109) auf die Elektronen erklären. Auch die 2. Art der Induktion soll an einem einfachen Rechenbeispiel verdeutlicht werden:

BEISPIEL Ändert sich in einer Spule mit $n = 100$ Windungen und dem Flächeninhalt der von den Windungen umfassten Fläche $A = 100\,\text{cm}^2$ die magnetische Flussdichte innerhalb $\Delta t = 0{,}50\,\text{s}$ gleichmäßig von $B_1 = 0{,}15\,\text{T}$ auf den Wert $B_2 = 0{,}40\,\text{T}$, so ist der Betrag der Flussänderungsgeschwindigkeit:

$$\frac{\Delta\Phi}{\Delta t} = n \cdot \frac{\Delta(B \cdot A)}{\Delta t} = 100 \cdot \frac{(0{,}40\,\text{T} - 0{,}15\,\text{T}) \cdot 10^{-2}\,\text{m}^2}{0{,}5\,\text{s}} = 0{,}5\,\frac{\text{T} \cdot \text{m}^2}{\text{s}}$$

und die induzierte Spannung hat denselben Zahlenwert: $U_{\text{ind}} = 0{,}5\,\text{V}$.

Die Selbstinduktion

In der folgenden Schaltskizze sind zwei Leiterkreise gezeichnet, die nach dem Schließen des Schalters über die gleiche Spannungsquelle geschlossen werden.
Im linken Stromkreis wird die Stromstärke am Lämpchen (1) durch einen regulierbaren Widerstand eingestellt, im rechten

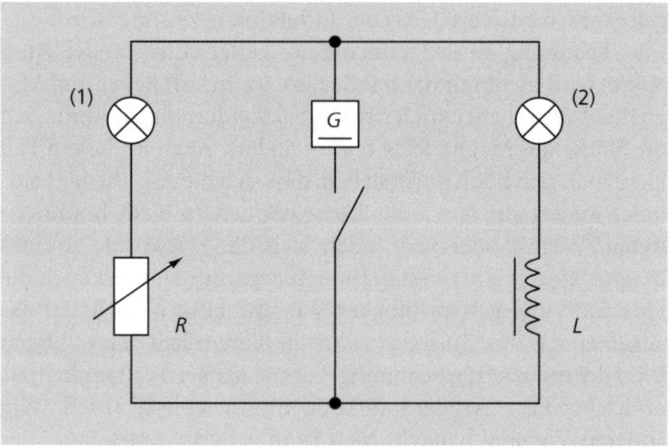

Stromkreis ist mit dem baugleichen Lämpchen (2) eine Spule (mit Eisenkern) in Reihe geschaltet. Der regulierbare Widerstand ist so eingestellt, dass sein Widerstandswert die gleiche Größe hat wie der Widerstand der vielen Drahtwindungen der Spule.

Nach dem Grundgesetz des elektrischen Stromkreises $I = \frac{U}{R}$ wird deshalb in beiden Stromkreisen die gleiche Stromstärke fließen und die Lämpchen werden gleich hell leuchten.
Dies ist auch tatsächlich der Fall, doch erreicht nach dem Schließen des Schalters das Lämpchen (2) seine maximale Helligkeit eventuell erst nach einer Sekunde Verzögerung. Dass die Stromstärke im rechten Stromkreis nicht sofort – wie im linken Stromkreis – ihren Höchstwert $I = \frac{U}{R}$ annimmt, wird der ***Selbstinduktion*** der Spule zugeschrieben.
Sofort nach dem Schließen des Schalters ***ändert*** sich in beiden Stromkreisen die Stromstärke (zuvor ist sie 0!), jedes Leiterstück umgibt sich mit einem anwachsenden Magnetfeld.
Im Innern der Spule ändert sich jedoch (wegen der Eisenfüllung) sehr drastisch der magnetische Fluss und dies hat – wie bei jeder

Induktion der 2. Art – die Erzeugung einer Spannung zur Folge. Dabei ist die in den Windungen der Spule selbst induzierte Spannung stets so gepolt (▶ Lenz'sche Regel), dass sie ihrer Ursache, in diesem Fall dem Stromanstieg, entgegenwirkt.
In den ersten Sekundenbruchteilen nach dem Schließen des Schalters wirkt demnach die Spule wie eine (veränderliche!) Spannungsquelle, deren Pluspol mit dem Pluspol der Batterie verbunden ist, der Stromanstieg im rechten Leiterkreis wird verzögert. Da sich dennoch bei diesem Vorgang die Stromänderungsgeschwindigkeit mit der Zeit stetig verringert, geht die induzierte Spannung allmählich gegen null und nach einiger Zeit (abhängig sehr wesentlich von der ▶ Induktivität L der Spule) ist nur noch eine Quelle im Stromkreis und es fließt die konstante Stromstärke $I = \frac{U}{R}$.

Mit der Gleichung zur Berechnung des Magnetfelds (▶ S. 108) einer langgestreckten Spule $B = \mu_{rel} \cdot \mu_0 \cdot \frac{n}{l} \cdot I$ ergibt sich für die ***Selbstinduktionsspannung***:

$$U_{ind} = -n \cdot \frac{\Delta \Phi}{\Delta t} = -n \cdot \frac{\Delta (B \cdot A)}{\Delta t}$$
$$= -n \cdot \frac{\Delta\left(\mu_{rel} \cdot \mu_0 \cdot \frac{n}{l} \cdot I \cdot A\right)}{\Delta t} = -\mu_{rel} \cdot \mu_0 \cdot \frac{n^2}{l} \cdot A \cdot \frac{\Delta I}{\Delta t}.$$

Die Selbstinduktionsspannung ist proportional zur Stromänderungsgeschwindigkeit $\frac{\Delta I}{\Delta t}$, die davor stehenden Faktoren:

$\mu_{rel} \cdot \mu_0 \cdot \frac{n^2}{l} \cdot A$

sind im Wesentlichen Größen der Spule und werden als deren ***Induktivität*** L bezeichnet.
Die Induktivität $L = \mu_{rel} \cdot \mu_0 \cdot \frac{n^2}{l} \cdot A$ ist eine Kenngröße von Spulen (vergleichbar der Kapazität von Kondensatoren, ▶ S. 101). Sie wird deshalb gelegentlich auf den Spulenkörper aufgedruckt und in ***Henry*** (abgekürzt: H) gemessen.

Mit der Abkürzung L für die Induktivität lässt sich die Gleichung für die Selbstinduktionsspannung in einer Spule vereinfacht notieren:

$U_{ind} = -L \cdot \frac{\Delta I}{\Delta t}$.

Eine Spule besitzt die Induktivität $L = 1\,\mathrm{H}$, wenn bei einer Änderungsgeschwindigkeit der Stromstärke $\frac{\Delta I}{\Delta t} = 1\,\frac{\mathrm{A}}{\mathrm{s}}$ die Selbstinduktionsspannung 1 V beträgt.

Die Induktivät L einer Spule bestimmt auch den Energieinhalt des ***magnetischen Felds*** der Spule.

Fließt durch eine Spule der Induktivität L ein Strom der Stärke I, so ist im Magnetfeld der Spule die Energie $W_{mag} = \frac{1}{2} L \cdot I^2$ gespeichert.

Bei Geräten mit Spulen (insbesondere, wenn diese mit Eisen gefüllt sind und damit eine große Induktivität L besitzen), wie z. B. bei Elektromotoren, kann die Energie in den Magnetfeldern beachtlich groß sein. Schaltet man diese Geräte durch Unterbrechen des Stromkreises aus, ändert sich abrupt die Stromstärke, was einen Selbstinduktionsvorgang zur Folge hat. Da beim Öffnen eines Schalters die Stromstärke (theoretisch) in unendlich kurzer Zeit auf 0 abfällt, ist die Stromänderungsgeschwindigkeit außerordentlich groß und die induzierte Spannung erreicht kurzzeitig einen großen Wert – weit größer als die Spannung der eigentlichen Quelle im Stromkreis. Mit einer Induktivität im Stromkreis entstehen deshalb an einem Schalter *beim Öffnen* Funkenüberschläge, welche die Schaltkontakte stark beanspruchen bzw. verbrennen können. Während des Funkenüberschlags wird die gesamte Energie des magnetischen Felds frei, ein Teil wird im Funken in Licht, Wärme und Schall umgesetzt, ein anderer Teil wird als elektromagnetische Welle in den Raum abgestrahlt.

Zur Erzeugung kurzzeitig großer Spannungsspitzen wird dies technisch genutzt:
Der Strom durch die Zündspule in einem Auto wurde früher im „Unterbrecher" des Zündverteilers periodisch unterbrochen. Die bei diesem Vorgang induzierte Hochspannung (ca. 20–30 kV) führte in der Zündkerze zu einem (erwünschten) Funkenüberschlag. Die mechanischen Unterbrecher hatten jedoch keine große Lebensdauer, sie werden deshalb heute durch Transistorschalter ersetzt. Die bei der Unterbrechung des Zündstromkreises abgestrahlte elektromagnetische Welle würde sich im Autoradio als ein prasselndes Geräusch präsentieren, wenn sie nicht durch einen Entstörkondensator parallel zur Zündspule unterdrückt werden könnte. (Der Kondensator speichert für kurze Zeit die frei werdende Energie in seinem elektrischen Feld. Ist die Selbstinduktionsspannung abgeklungen, entlädt er sich über die Zündspule.)
Auch bei den elektrisch überwachten Weidezäunen unterbricht ein Schalter in regelmäßigen Abständen einen Stromkreis, der aus einem Akkumulator und einer Spule großer Induktivität besteht. Bei jeder Unterbrechung entsteht an den Enden der Spule eine Selbstinduktionsspannung, die kurzzeitig 100 000 Volt erreichen kann. Ein Anschluss der Spule wird geerdet, der andere mit den isolierten Drähten des Weidezauns verbunden. Berührt ein Tier oder man selbst den Draht, fließt bei dieser hohen Spannung ein kurzer Stromstoß durch den Körper, auch wenn man Schuhe trägt!
Da in diesem kurzen Impuls wenig Energie transportiert wird, ist das Berühren eines Weidezauns nicht gesundheitsschädlich oder gar tödlich.

4.5 Wechselstrom

Der Transformator

Neben Generatoren ist der ***Transformator*** ein wichtiges Gerät, das Induktionsvorgänge nutzt. Transformatoren spielen heute beim Transport elektrischer Energie in Form von Strömen über große Entfernungen eine wichtige Rolle, sie arbeiten ausschließlich mit ***Wechselspannung.***

Ein Transformator besteht – im Prinzip – aus zwei Spulen, die keine elektrische Verbindung miteinander besitzen und deren Magnetfelder über einen geschlossenen Eisenkern durch beide Spuleninnenräume geführt werden. Die Spulen sind magnetisch gekoppelt.

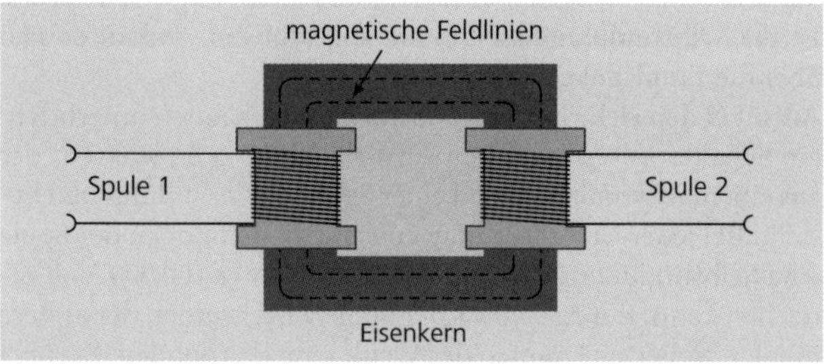

Wird eine Spule der Windungszahl n_1 – wir bezeichnen sie als Primärspule – an eine Wechselspannungsquelle der Spannung U_1 angeschlossen, so fließt in ihren Windungen ein Wechselstrom – ein Strom, dessen Stärke sich fortlaufend ändert. Auch das Magnetfeld und damit der magnetische Fluss ändert sich deshalb ständig. Für die in ihren Windungen induzierte Selbstinduktionsspannung gilt: $U_{\text{ind}} = -n_1 \cdot \frac{\Delta\Phi}{\Delta t}$.

Wie Experimente zeigen, ist die Stromstärke in diesem Primärstromkreis sehr klein, sodass in guter Näherung $U_1 \approx U_{\text{ind}}$ gesetzt werden kann.

ANMERKUNG Unter der Spannung U bei Wechselspannungen verstehen wir ihren Effektivwert (▶ S. 138).

Unter der Annahme, dass der gleiche magnetische Fluss auch den Innenraum der Sekundärspule mit n_2 Windungen durchsetzt – man spricht dann von einem idealen Transformator – wird in der Sekundärspule die Spannung:

$$U_{ind} = -n_2 \cdot \frac{\Delta\Phi}{\Delta t} = U_2$$

induziert.
Ein Gleichsetzen der Flussänderungsgeschwindigkeiten $\frac{\Delta\Phi}{\Delta t}$ liefert die ***Transformatorgleichung***: $\frac{U_2}{U_1} = \frac{n_2}{n_1}$.

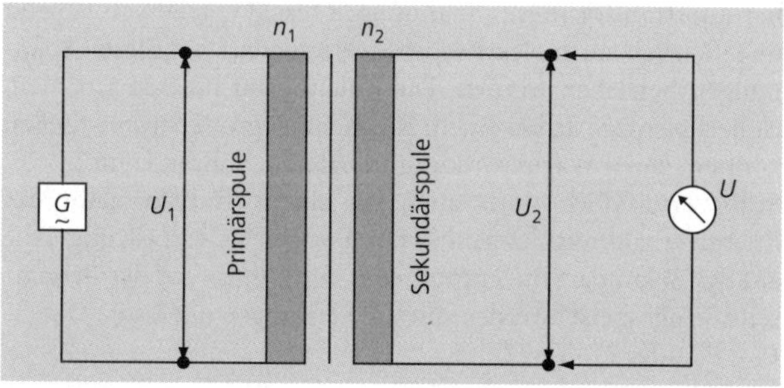

4

Bei einem idealen und sekundärseitig unbelasteten Transformator verhalten sich die Spannungen an den Spulenanschlüssen wie das Verhältnis der den Spulen zugehörigen Windungszahlen.

Mit Transformatoren lassen sich Spannungen „herabtransformieren", d. h., es ist $U_2 < U_1$, aber auch „hochtransformieren" mit $U_2 > U_1$; eine Möglichkeit, die es nur mit Transformatoren und bei Wechselspannung gibt. In weiterer Hinsicht sind Transformatoren ideale Geräte: Sie passen sich der „Belastung" an, d. h., wenn ihnen auf der Sekundärseite mehr Leistung $P_2 = U_2 \cdot I_2$ abgefordert wird, kann man die Stromstärke I_2 (durch Verringern

des Widerstands der angeschlossenen Geräte) erhöhen, ohne dass sich dabei die Spannung U_2 nennenswert ändert.
In den käuflichen Stecker-Netzteilen befindet sich ein Transformator, der die Netzspannung auf 4,5 V, 6 V oder 9 V heruntertransformiert. Dafür hat die Sekundärspule mehrere „Anzapfungen“ mit unterschiedlicher Windungszahl. Da die meisten Geräte Gleichstrom benötigen, werden die Sekundärspannungen durch einen nachgeschalteten Gleichrichter in Gleichspannung verwandelt.
Auch die heute sehr beliebten Halogenleuchten werden mit einer ungefährlichen Niederspannung betrieben. Dazu befindet sich im Fuß der Lampe eingebaut, oder in einem separaten Betriebsgerät, ein Transformator, der die Spannung auf (meist) 12 V heruntertransformiert. (Spannungen bis 20 V gelten als absolut ungefährlich, auch elektrisches Spielzeug darf mit diesen Spannungen betrieben werden. Die Zuleitungen müssen trotzdem isoliert werden, da bei einem Kurzschluss große Ströme fließen können, deren Wärmewirkung zu Bränden führen kann.)
Selbstverständlich muss auch bei einem Transformator der Energieerhaltungssatz gelten: Die Energie (oder Leistung), die auf der Sekundärseite entnommen wird, muss auf der Primärseite „eingespeist“ werden; für die Leistungen gilt also:
$P_2 = P_1$, oder $U_2 \cdot I_2 = U_1 \cdot I_1$.

Die Stromstärken in den Spulen verhalten sich umgekehrt wie die zugehörigen Spannungen an den Spulenanschlüssen.

Mit Transformatoren lassen sich auch Stromstärken transformieren.

BEISPIEL Beim Elektroschweißen werden große Stromstärken benötigt, z. B. $I = 160$ A, bei ungefährlich kleinen Spannungen. Sind die Stromkreise im Haushalt mit einer Sicherung von 16 A abgesichert, so kann die Steckdose einen Strom der Stärke 160 A nicht liefern. Einem Schweißtransformator mit dem Windungszahlenverhältnis $\frac{n_2}{n_1} = \frac{1}{10}$ liefert jedoch bei der Primärstromstärke $I_1 = 16$ A auf der Sekundärseite die Stromstärke $I_2 = 160$ A, gleichzeitig transformiert sich die Spannung von $U_1 = 230$ V auf eine ungefährliche Spannung herunter.

Erst die Möglichkeit des Herauftransformierens von Wechselspannungen eröffnete die Möglichkeit einer kostengünstigen Übertragung elektrischer Energie auf den Überlandleitungen. (Dies ist der Hauptgrund, warum wir heute an unseren Steckdosen Wechselspannung geliefert bekommen.)
Die Überlandleitungen haben, trotz ihrer relativen großen Querschnittsfläche, aufgrund der Drahtlänge einen beachtlichen Widerstand R. Bei den großen Stromstärken, die in diesen Leitungen fließen, ist der Verlust an elektrischer Leistung $P_V = R \cdot I^2$ – durch Wärme an die Umgebung abgegeben – ein volkswirtschaftlicher Schaden, zumal er mit dem Quadrat der Stromstärke anwächst. Transformiert man jedoch die Spannung, möglichst nahe am Generator, von beispielsweise 16 000 V auf 160 000 V hoch, so kann man die gleiche Nutzleistung $P_N = U \cdot I$ mit einer 10-mal kleineren Stromstärke übertragen, der Leistungs*verlust* auf den Drähten verringert sich auf ein Hundertstel!
Am Ort des Verbrauchers wird die Hochspannung in mehreren Stufen wieder auf die bei uns üblichen 230 V heruntertransformiert. Da der Wirkungsgrad großer Transformatoren bis zu 96 % beträgt, ist das mehrfache Transformieren immer noch günstiger als der Energietransport bei niedriger Spannung. Bei Gleichströmen gibt es diese Möglichkeit nicht.

BEISPIEL Eine 230 V/100 W-Glühlampe soll über eine 100 km lange Doppelleitung betrieben werden. Bei den im Haushalt üblichen Zuleitungen von 1,5 mm² Querschnittsfläche hat der Kupferdraht einen Gesamtwiderstand:

$$R = \rho \cdot \frac{l}{A} = 0{,}017\,\frac{\Omega \cdot \text{mm}^2}{\text{m}} \cdot \frac{2 \cdot 10^5\,\text{m}}{1{,}5\,\text{mm}^2} = 2267\,\Omega.$$

4

Aus den Kenndaten der Lampe kann ihre Nennstromstärke berechnet werden: $I = \frac{P}{U} = \frac{100\,\text{W}}{230\,\text{V}} = 0{,}43\,\text{A}$. Da diese Stromstärke auch in den Zuleitungen fließt, beträgt der Spannungsabfall längs der Leitungen $U_a = R \cdot I = 2\,267\,\Omega \cdot 0{,}43\,\text{A} \approx 975\,\text{V}$.
Im Fall von Gleichspannung müsste der Generator am Anfang der Leitung eine Spannung von 975 V + 230 V = 1205 V erzeugen, damit die Lampe am anderen Ende richtig leuchtet! Aber auch der Energieverlust wäre enorm. Der Generator müsste eine Leistung $P = U \cdot I = 1\,205\,\text{V} \cdot 0{,}43\,\text{A} = 518\,\text{W}$ einspeisen. Davon würde die Lampe 100 W in Nutzleistung umsetzen, 418 W gingen „verloren", etwa 81 % der Generatorleistung!
Transformiert man die Spannung des Generators auf 230 000 V hoch und am Ort des Verbrauchers wieder auf 230 V herunter, so kann man auf den Hochspannungsleitungen eine Nutzleistung von 100 W bei einem Strom der Stärke:

$$I = \frac{P}{U} = \frac{100\,\text{W}}{2{,}30 \cdot 10^5\,\text{V}} = 4{,}35 \cdot 10^{-4}\,\text{A}$$

transportieren. Gleiche Leitungen vorrausgesetzt, wird sich der Verlust in diesem Fall auf $P = R \cdot I^2 = 2{,}27 \cdot 10^3\,\Omega \cdot (4{,}35 \cdot 10^{-4}\,\text{A})^2 \approx 4{,}3 \cdot 10^{-4}\,\text{W}$ oder rund 0,0004 % reduzieren.

Größen in Wechselstromkreisen

An den Steckdosen steht heute (fast) überall auf der Welt *Wechselspannung* zur Verfügung. Bei uns in Europa wechselt die Polarität an den beiden Kontakten 100-mal in der Sekunde ihr Vorzeichen, man sagt: die Frequenz beträgt $f = 50\,\text{Hz}$ (Hertz). In den Zuleitungen zu den angeschlossenen Geräten fließt ein *Wechselstrom* der gleichen Frequenz, d. h., die Elektronen schwingen 50-mal in der Sekunde hin und her. Obwohl sie dadurch praktisch ihren Ort nicht verlassen, bewegen sich die elektrischen und magnetischen Felder – und damit die elektrische Energie – gezielt in eine Richtung: vom „Erzeuger" (Generator) zum „Verbraucher". Man spricht deshalb auch in Wechselstromkreisen von einem elektrischen Strom; geeignete Geräte messen eine Stromstärke.

Wechselströme und -spannungen bieten viele Vorteile:

◆ Sie lassen sich transformieren (▶ S. 135) und erlauben einen kostengünstigen Energietransport.

◆ Elektromotoren für Wechselspannungen sind einfacher (also billiger) herzustellen; Schleifkontakte können entfallen.

◆ Auch die Erzeugung von Wechselspannung in den Generatoren ist aus demselben Grund einfacher: Dreht sich ein homogenes Magnetfeld (▶ S. 106) gleichmäßig, d. h. mit konstanter Winkelgeschwindigkeit $\omega = 2\pi \cdot f$ (▶ S. 27) um eine feststehende Spule (in den Großgeneratoren drehen sich *Elektro*magnete um Spulenanordnungen), so wird in deren Windungen eine Wechselspannung mit sinusförmigem Zeitverlauf induziert:

$U(t) = U_S \cdot \sin(\omega \cdot t)$.

U_S wird als ***Scheitelwert*** der Spannung, $\omega = 2\pi \cdot f$ als ***Kreisfrequenz*** bezeichnet. Der Scheitelwert beträgt bei der Spannung an der Steckdose ≈ 325 V, die Kreisfrequenz beträgt:

$$\omega = 2\pi \cdot 50 \cdot \tfrac{1}{s} \approx 314\,\tfrac{1}{s} = 314\,\text{Hz}.$$

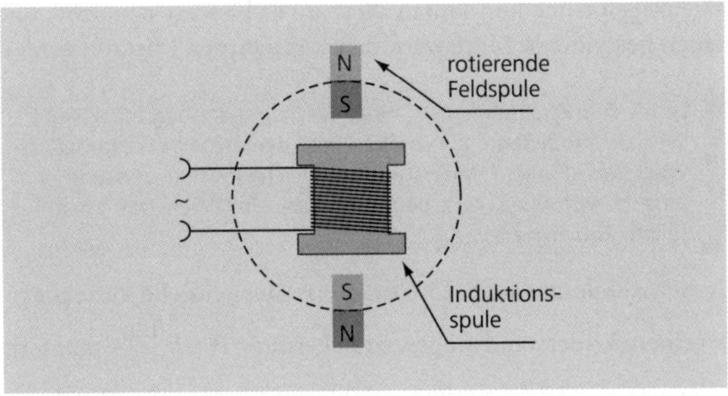

Effektivwerte von Wechselspannungen und Wechselströmen

Mit einem Oszilloskop (▶ S. 115) lässt sich der zeitliche Verlauf des Momentanwerts $U(t)$ einer Wechselspannung verfolgen. Die Spannung der Steckdose zeichnet eine exakte Sinuslinie. Man spricht deshalb auch von einer Sinusspannung.

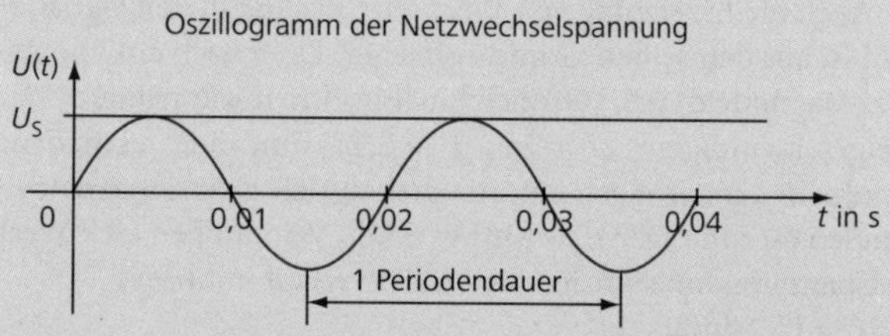

zeitlicher Verlauf des Momentanwertes U(t) der Spannung

Bei Messgeräten für Wechselspannung (und -strom) wird die Spannung im Messgerät in Gleichspannung verwandelt; die Geräte zeigen einen konstanten Wert an. Es handelt sich dabei um einen besonderen Mittelwert, den sogenannten Effektivwert.

> Unter dem *Effektivwert* U_{eff} einer Wechselspannung (oder einer Wechselstromstärke I_{eff}) versteht man denjenigen konstanten Wert, der in einem Widerstand die gleiche mittlere Leistung umsetzt wie eine Gleichspannung (bzw. ein Gleichstrom) vom selben Zahlenwert.

In der Abbildung auf S. 139 (unten) ist der zeitliche Verlauf der an einem Widerstand umgesetzten Leistung $P(t) = \frac{U^2(t)}{R}$ skizziert.

Wie man sich leicht geometrisch klarmacht, liegt der Mittelwert „auf halber Höhe“. (Der Flächeninhalt der farbigen Flächen kennzeichnet jeweils die Energie in einer Viertelperiode der Spannung.) Eine Gleichspannung, die die Hälfte der von der

Scheitelspannung U_s umgesetzten Leistung umsetzt, würde die gleiche Leistung hervorbringen.

Es ist also $\frac{U_{eff}^2}{R} = \frac{U_S^2}{2 \cdot R}$ oder $U_{eff} = \frac{U_S}{\sqrt{2}} = U_S \cdot \frac{\sqrt{2}}{2} \approx 71\,\% \cdot U_S$.

Bei einer sinusförmigen Wechselspannung betragen die Effektivwerte von Spannung und Stromstärke ca. 71 % der Scheitelwerte (unabhängig von der Frequenz).

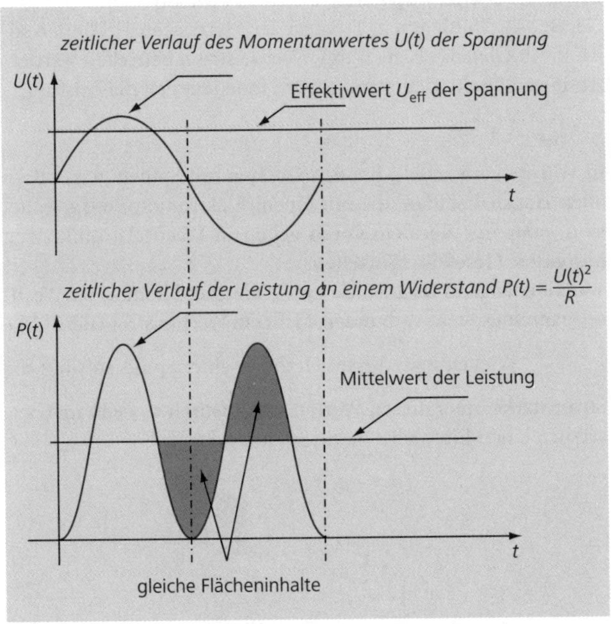

Der Effektivwert – den die gebräuchlichen Messinstrumente auch anzeigen – wird üblicherweise bei Spannungsangaben benutzt, die Effektivspannung unseres Stromnetzes beträgt an der Steckdose $U_{eff} = 230$ V.

Zur Veranschaulichung: Würde uns morgen das Elektrizitätswerk eine *Gleich*spannung von $U = 230\,V$ liefern, so würden die gewohnten Heizgeräte und Glühlampen in gleicher Weise arbeiten, denn sie würden ja die gleiche Leistung umsetzen, und bei ihnen spielte es keine Rolle, ob ein Gleich- oder ein Wechselstrom fließt. (Andere Geräte mit „Induktivitäten" wie Motoren oder Transformatoren würden dagegen „durchbrennen".)

Induktive und kapazitive Widerstände

Geräte wie Glühlampen, Tauchsieder, Heizkissen … können sowohl mit Gleich- als auch mit Wechselstrom betrieben werden. An ihrem Drahtwiderstand R wird in jedem Fall die Leistung:

$$P = I^2_{\text{eff}} \cdot R = \frac{U^2_{\text{eff}}}{R}$$

in Wärme verwandelt. Bei den Geräten mit Spulen, wie z. B. in allen Haushaltshilfen, die mit einem Elektromotor ausgestattet sind, oder mit Kondensatoren gelten in Wechselstromkreisen besondere Gesetztmäßigkeiten.
Wird ein längeres Drahtstück vom Widerstand R mit einer Wechselspannungsquelle verbunden, fließt ein Wechselstrom der Stärke $I_{\text{eff}} = \frac{U_{\text{eff}}}{R}$. Wickelt man diesen Draht zu einer Spule, so sinkt die Stromstärke unter diesen Wert, noch drastischer, wenn man zusätzlich einen Eisenkern in die Spule steckt.

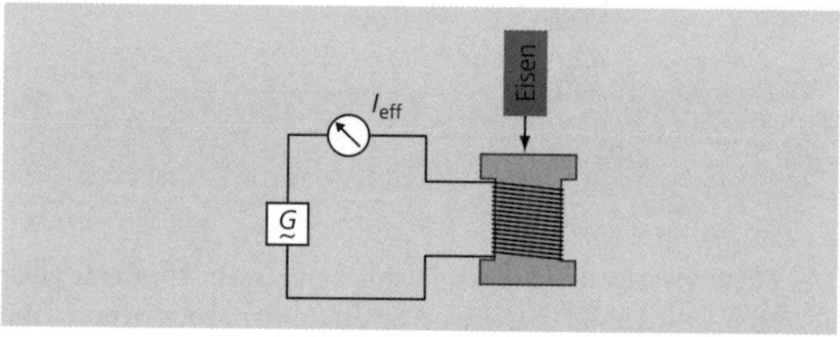

Spulen mit Eisenkern besitzen eine große Induktivität L (▶ S. 129 f.). Die fortwährend induzierte Selbstinduktionsspannung (▶ S. 129) der Spule im Wechselstromkreis, deren Polarität derjenigen der Quelle in jedem Augenblick entgegengerichtet ist, wirkt wie ein (zusätzlicher) Widerstand bezüglich der Stromstärke. Dieser Wechselstromwiderstand, er wird als ***induktiver Widerstand*** X_L bezeichnet, hängt von der Frequenz und der Induktivität der Spule ab: $X_L = \omega \cdot L$.

BEISPIEL Besitzt eine (eisengefüllte) Spule die Induktivität $L = 2{,}0\,\text{H}$, so beträgt ihr induktiver Widerstand bei einer Frequenz des Stroms $f = 50\,\text{Hz} = \frac{50}{\text{s}}$:

$$X_L = \omega \cdot L = 2\pi \cdot f \cdot L = 2\pi \cdot \frac{50}{\text{s}} \cdot 2\,\text{H} \approx 628\,\Omega$$

Wird die Spule an eine Spannungsquelle von $U_{\text{eff}} = 230\,\text{V}$ angeschlossen, so fließt ein Wechselstrom von höchstens:

$$I_{\text{eff}} = \frac{U_{\text{eff}}}{X_L} = \frac{230\,\text{V}}{628\,\Omega} \approx 0{,}366\,\text{A} = 366\,\text{mA}.$$

Da die Spule aufgrund ihres Drahtwiderstands einen weiteren Widerstand besitzt (um Verwechslungen zu vermeiden, wird dieser „normale" Widerstand oft als ohmscher Widerstand R bezeichnet), ist die tatsächliche Stromstärke noch geringer. Beträgt z. B. der ohmsche Widerstand $R = 200\,\Omega$, so berechnet sich der Gesamtwiderstand der Spule, von Elektrofachleuten als ***Impedanz*** Z bezeichnet, zu:

$$Z = \sqrt{X_L^2 + R^2} = \sqrt{(628\,\Omega)^2 + (200\,\Omega)^2} \approx 659\,\Omega.$$

Die tatsächlich fließende Stromstärke beträgt dann nur:

$$I_{\text{eff}} = \frac{U_{\text{eff}}}{Z} = \frac{230\,\text{V}}{659\,\Omega} \approx 349\,\text{mA}.$$

(In Wechselstromkreisen gilt für die Addition von Spannungen, Stromstärken und Widerständen eine andere Rechenvorschrift: Es darf nicht algebraisch, wie z. B. $R = R_1 + R_2$, addiert werden, die Summe muss geometrisch gebildet werden: $R = \sqrt{R^2{}_1 + R^2{}_2}$.)
Lautsprecher, die an einen Endverstärker angeschlossen werden, haben den besten Wirkungsgrad, wenn ihre Impedanz mit der

des Verstärkers übereinstimmt. Aus diesem Grund werden die Impedanzen der Verstärker und der Lautsprecher (zumindest in besseren Prospekten) angegeben, üblich sind 4 Ω, 8 Ω oder 16 Ω. Ist die Impedanz eines Lautsprechers unbekannt, ist es jedoch nicht einfach, diese zu ermitteln. Misst man mit einem Ohmmeter den Widerstand des Lautsprechers, so zeigt das Instrument nur den ohmschen Widerstand der Lautsprecherspule an, so als ob ein Lautsprecher mit Gleichstrom betrieben würde. Sprach- und Musiksignale sind aber Wechselströme und diese werden im Wesentlichen durch den induktiven Widerstand der Lautsprecherspule bestimmt.
Wer korrekt die Impedanz eines Lautsprechers messen möchte, benötigt einen Sinusgenerator, der eine „saubere Sinusschwingung" von 1000 Hz erzeugt. Nur wenn die Spannung aus diesem Generator an den Lautsprecher angelegt wird, kann durch Messen von Spannung und Stromstärke die Impendanz bestimmt werden: $Z = \frac{U_{\text{eff}}}{I_{\text{eff}}}$.
Die heute in vielen Beleuchtungsanlagen eingesetzten Leuchtstofflampen dürfen nur über einen Vorwiderstand an das Netz angeschlossen werden. Als sogenannte Gasentladungslampen besitzen sie einen „negativen Innenwiderstand", d. h., ihr Widerstand sinkt mit zunehmender Stromstärke. Nach dem Zündvorgang steigt die Stromstärke an, dies hätte einen abnehmenden Widerstand zur Folge, was wiederum die Stromstärke anwachsen ließe usf. Nach kurzer Zeit würde die Stromstärke auf unzulässig große Werte ansteigen und die Röhre würde sich selbst zerstören, wenn nicht der Strom durch einen Vorwiderstand begrenzt würde. Dafür könnte ein normaler, ohmscher Widerstand verwendet werden. Doch würde dieser unhandlich groß ausfallen, denn an ihm würde eine beachtlich große elektrische Leistung in Wärme umgesetzt werden, was zudem sehr unerwünscht wäre.
Die Stromstärke wird deshalb bei Leuchtstofflampen durch eine Spule (mit Eisenkern) begrenzt, von den Elektrikern als „Drossel" bezeichnet. Sorgt man dafür, dass im Wesentlichen der in-

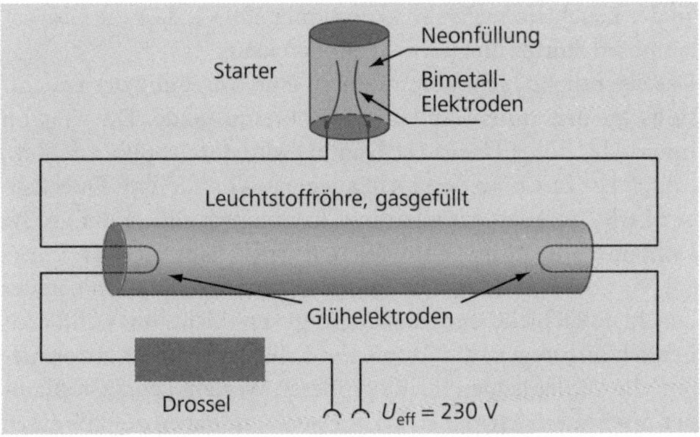

duktive Widerstand der Spule die Stromstärke auf den für die Lampe zulässigen Wert drosselt, erwärmt sich dieser Vorwiderstand im Betrieb kaum. Lediglich durch den sehr kleinen ohmschen Widerstand bedingt, wird etwas elektrische Leistung in Wärme umgesetzt.
Die Drossel in den Lampen hat noch eine weitere Funktion. In dem als Zünder bezeichneten Teil befindet sich ein temperaturempfindlicher Bimetallschalter, der in eine kleine Glimmlampe integriert ist. In kaltem Zustand ist der Schalter geöffnet. Wird die Lampe eingeschaltet, so zündet zunächst die Glimmlampe des Zünders. Es fließt ein Strom durch die Drossel. Dieser heizt die Elektroden in der Leuchtstoffröhre auf und setzt erste Elektronen frei (▸ glühelektrischer Effekt). Die (schwache) Wärmeentwicklung in der Glimmlampe des Zünders lässt den Schalter schließen, dabei erlischt die Glimmentladung. Nach einer kurzen Abkühlpause öffnet der Schalter wieder, er unterbricht den Stromkreis und es entsteht in der Drossel eine Induktionsspannung von kurzzeitig mehr als 1000 V. Diese Hochspannung zündet die eigentliche Gasentladung in der Leuchtstoffröhre, die sich dann (durch Stoßionisation der Gasatome mit schnellen Elektronen) selbst erhält. Im Betriebszustand ist der Spannungsabfall

an der Leuchtstoffröhre so klein (unter 100 V), dass die Glimmlampe im Starter nicht erneut zünden kann.
Das eigentliche Licht kommt durch eine Anregung des Leuchtstoffs an den Innenwänden der Röhre zustande. Das Gas im Innern der Röhre (meist Hg-Dampf) wird durch Stöße mit Elektronen zur Emission von Licht angeregt. Von diesem „Quecksilber-Licht“ würden wir allerdings kaum etwas sehen; der größte Lichtanteil liegt im ultravioletten Spektralbereich (▶ S. 156; S. 177). Dieses UV-Licht ist jedoch in der Lage, die Atome in der Leuchtstoffschicht zur Aussendung von Licht im sichtbaren Bereich anzuregen; die Atome der Leuchtschicht „transformieren“ die Wellenlängen hin zu größeren Werten. Leuchtstofflampen erwärmen sich im Betrieb nur wenig, sie haben deshalb einen viel größeren Wirkungsgrad als Glühlampen. Die Wolframdrähte in den konventionellen Glühlampen emittieren bei ca. 2 000 °C vorzugsweise Infrarotstrahlung, nur etwa 6 % der zugeführten Energie wird in Form von sichtbarem Licht abgestrahlt. Glühlampen sind eigentlich Heizkörper, die nur nebenbei etwas Licht erzeugen! Aus Energiespargründen sind Glühlampen inzwischen in vielen Ländern verboten.
Auch Kondensatoren wirken in einem Wechselstromkreis wie ein Widerstand. Durch den ständigen Polaritätswechsel werden die Platten eines Kondensators fortwährend ge- und entladen; in den Zuleitungen fließt deshalb ein Wechselstrom. Der Wechselstromwiderstand, er wird als ***kapazitiver Widerstand*** X_C bezeichnet, ist ebenfalls von der Wechselfrequenz abhängig:

$$X_C = \frac{1}{\omega \cdot C}.$$

BEISPIEL Ein Kondensator der Kapazität $C = 100\,\mu F$ besitzt bei der Frequenz $f = 50$ Hz einen kapazitiven Widerstand:

$$X_C = \frac{1}{\omega \cdot C} = \frac{1}{2\pi \cdot f \cdot C} = \frac{1}{2\pi \cdot \frac{50}{s} \cdot 10^{-4}\,F} \approx 31{,}8\,\Omega.$$

Auch kapazitive Widerstände werden gelegentlich als Vorwiderstände eingesetzt.

Da der induktive Widerstand einer Spule mit der Frequenz der Wechselspannung ansteigt, der kapazitive Widerstand eines Kondensators dagegen sinkt, kann man mit einer Reihenschaltung der beiden Bauteile „Frequenzfilter" realisieren. In einer Lautsprecherbox werden durch solche Frequenzfilter aus dem Gemisch der vielen Frequenzen einer Musik jedem Lautsprecher seine optimalen Frequenzanteile zugeführt, dem Basslautsprecher die tiefen Frequenzen, dem Hochtöner die hohen Frequenzen.
In jedem Radio- und Fernsehgerät findet man Dutzende solcher *Siebketten*, wie die Reihenschaltung von Kondensatoren, Spulen und Widerständen von den Technikern bezeichnet wird. So kann z. B. mit einer abstimmbaren Siebkette im Empfangsteil aus dem von der Antenne eingefangenen „Wellensalat" die Frequenz des erwünschten Senders „ausgesiebt" werden.

Eine weitere Besonderheit tritt in Wechselstromkreisen auf, die einen Kondensator und/oder eine Spule enthalten. Strom und Spannung sind in der Regel nicht mehr „in Phase", d. h., sie erreichen zu verschiedenen Zeitpunkten ihr Maximum. Dieser „Phasenwinkelunterschied" erschwert das Rechnen in Wechselstromkreisen und ist der Grund dafür, dass andere Rechenregeln gelten.
Auch können Phänomene auftreten, die in Gleichstromkreisen unmöglich sind. Beträgt z. B. die Phasenwinkeldifferenz zwischen Strom und Spannung 90°, so fließt ein Strom, der keine Energie transportiert und deshalb auch keine Arbeit verrichten kann.
Dieser Fall ist z. B. beim „Klingeltrafo" im Haushalt sehr erwünscht. Dieser Transformator soll ständig betriebsbereit sein, er ist deshalb immer ans Netz angeschlossen. Solange niemand einen Klingelknopf betätigt, fließt in seiner Primärspule ein sogenannter Blindstrom. Er hinkt um 90° in seiner Phasenlage der Spannung hinterher und führt dem Transformator keine Energie zu; die Bereitschaft kostet also kein Geld! Erst wenn eine Klingel läutet, verringert sich die Phasenwinkeldifferenz etwas und man muss für den Energiebedarf der Klingel bezahlen.

Für Experten: In allen Radio- und Fernsehgeräten, aber auch in Telefonanlagen und dergleichen, sind eine Vielzahl von Kombinationen aus Spulen und Kondensatoren eingebaut, sogenannte Frequenzfilter. Ihre Aufgabe ist es, aus einem Frequenzgemisch erwünschte Frequenzen „herauszufiltern“ oder – das Gegenteil – unerwünschte Frequenzen zu unterdrücken.

Besitzt eine Spule der Induktivität L einen ohmschen Widerstand R und ein Kondensator die Kapazität C, so ist der Wechselstromwiderstand (= Impedanz) einer Reihenschaltung dieser Bauteile: $Z = \sqrt{R^2 + (X_C - X_L)^2}$. Wie man sofort sieht, wird Z minimal für $X_C = X_L$, d.h., wenn $\frac{1}{\omega \cdot C} = \omega \cdot L$ ist. Mit $\omega = 2\pi \cdot f$ lässt sich daraus diejenige Frequenz f_0 bestimmen, deren Stromstärke den kleinsten Widerstand erfährt: $f_0 = \frac{1}{2\pi\sqrt{L \cdot C}}$.

Die Ströme zu dieser Resonanzfrequenz f_0 werden bei dieser *Siebkette* dann nur durch den ohmschen Widerstand R der Spule begrenzt.

Das gegenteilige Verhalten erhält man durch eine Parallelschaltung dieser Komponenten. Die Impedanz dieser LRC-Kombination ist ebenfalls frequenzabhängig und im allgemeinen Fall recht kompliziert zu errechnen. Wenn der ohmsche Widerstand der Spule sehr viel kleiner als ihr induktiver Widerstand ist, nimmt die Impedanz für den Fall $X_C = X_L$ ein Maximum an:

$$Z_{max} = \frac{X_C \cdot X_L}{R}.$$

Auch hier lässt sich eine Resonanzfrequenz bestimmen (die in diesem Fall zusätzlich etwas von R abhängt), deren Strom einen maximalen Widerstand erfährt. Bei einem Frequenzgemisch wird diese Resonanzfrequenz unterdrückt, die Techniker sprechen deshalb von einem ***Sperrkreis.***

Elektromagnetische Schwingungen und Wellen

5

5.1 Wie Wellen entstehen

Jeder hat sicher schon einmal dem faszinierenden Spiel der Wellen auf dem Meer zugeschaut, wenn kräftiger Wind die Wasseroberfläche in Bewegung versetzt hat. Unwillkürlich folgt das Auge der Schaumkrone eines Wellenbergs und man hat den Eindruck, als ob die Wassermassen auf einen zulaufen. Doch dies ist eine Täuschung, denn die Wasserteilchen verlassen ihren Ort kaum! Dies kann besser beobachtet werden, wenn der Wind abgeflaut ist und die Wellenberge niedriger sind. Ein im Wasser schwimmendes Holzstück kann stundenlang mit den Wellen bewegt werden, ohne dass es dem Ufer näher kommt.

Dies ist eines der Charakteristika jeder Welle: Die Teilchen eines Wellenträgers – so wird der Physiker die Wasseroberfläche bezeichnen – schwingen an ihrem Ort, ohne ihn dabei zu verlassen. Tatsächlich bewegt sich jedoch etwas Anderes weiter: die **Energie**, die in der Wellenbewegung steckt.

MERKE

Jeder Wellenvorgang transportiert Energie!
Dieser Transportmechanismus spielt für unser Dasein eine fundamentale Rolle. Ohne das Sonnenlicht – Energietransport durch eine elektromagnetische Welle – wäre die Entstehung von Leben auf der Erde nicht möglich gewesen.

Elektromagnetische Wellen – und dazu zählt auch das Licht – wurden relativ spät als Wellenvorgang erkannt. Sie zeigen insofern eine Besonderheit: Sie benötigen zu ihrer Ausbreitung keinen materiellen Wellenträger (▶ S. 80). Elektromagnetische

Wellen, wozu auch die Radiowellen zählen, breiten sich auch im Vakuum aus. Bei elektromagnetischen Wellen haben sich elektrische und magnetische Felder von den elektrischen Ladungen abgelöst und unterstützen sich gegenseitig, sie transportieren mit der Lichtgeschwindigkeit von 300 000 $\frac{\text{km}}{\text{s}}$ Energie durch das Weltall.

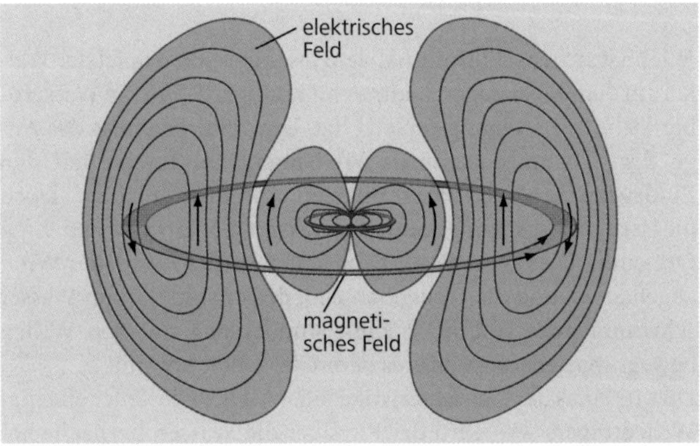

Der genaue Mechanismus dieser Ausbreitung ist außerordentlich kompliziert: Es handelt sich um eine Wellenausbreitung von (unsichtbaren!) Feldern im 3-dimensionalen Raum, die nur andeutungsweise auf 2-dimensionalem Papier veranschaulicht werden kann. Die elektromagnetischen Wellen sind ein Phänomen der Natur, dem wir auch viele angenehme Dinge verdanken, wie Radiohören, Fernsehen, kabelloses Telefonieren und Surfen im Internet. Für die Existenz dieser Wellen gibt es jedoch – streng genommen – keine physikalische Erklärung.
Radiosender strahlen die elektromagnetischen Wellen von Antennen ab. Diese sind – im einfachsten Fall – isoliert aufgehängte Drähte oder Metallstäbe, die mit einem Schwingungserreger (Oszillator) (▶ S. 151) verbunden sind.

An einer einfachen Stabantenne, nach ihrem Erfinder als **Hertz'scher Dipol** bezeichnet, sollen die Grundprinzipien erläutert werden.

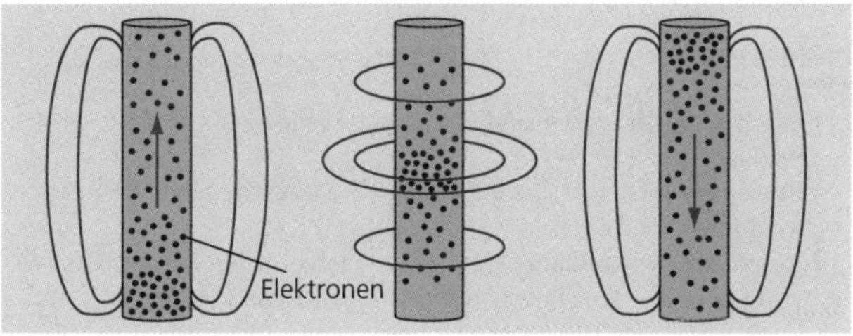

Versetzt ein geeigneter Oszillator die Elektronen in fortwährende Hin- und Herbewegung längs der Stabantenne, so gibt es Momente, in denen

◆ die Ladungsträgerkonzentration an den Enden des Stabes unterschiedlich groß ist: dies hat ein elektrisches Feld zur Folge (Dipole, Bild links und rechts);

◆ die Konzentrationsunterschiede ausgeglichen werden: Dabei entsteht ein Strom und dies hat ein magnetisches Feld zur Folge (Bild in der Mitte).

Erfolgen diese Ladungswechsel an den Enden in sehr rascher Folge – die Elektronen erfahren dann ständig eine große Beschleunigung – so lösen sich die elektrischen und magnetischen Felder von den Ladungen ab, sie bilden geschlossene „Feldlinienpakete" (▸ Wirbelfelder) und wandern in den Raum ab.

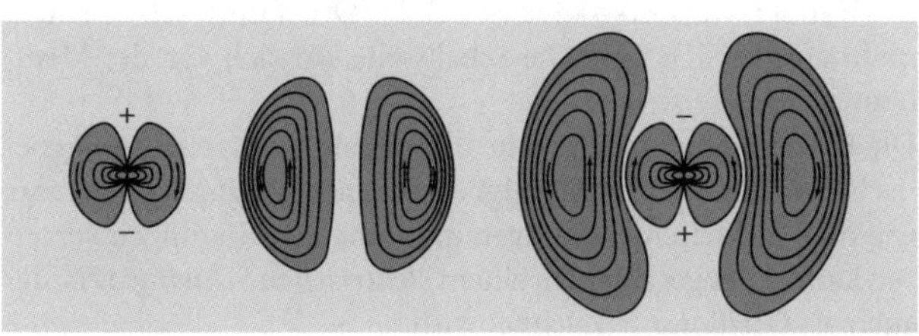

Auch den elektromagnetischen Wellen kann man eine Wellenlänge λ zuordnen, z. B. als dem Abstand benachbarter Stellen, an denen die elektrische (oder die magnetische) Feldstärke einen maximalen Betrag hat.

MERKE

- Elektrische Ladungen sind die Ursache eines elektrischen Feldes.
- *Bewegte* elektrische Ladungen sind die Ursache eines magnetischen Feldes.
- *Beschleunigte* Ladungen sind die Ursache für die Abstrahlung von Energie in Form einer elektromagnetischen Welle.

5.2 Schwingungserreger für elektrische Ladungen

Zur Ablösung einer elektromagnetischen Welle von der Antenne müssen die Ladungen rasch schwingen, der Oszillator muss sie mit einer großen Frequenz anregen.
Dies kann mit der Erzeugung einer Schallwelle verglichen werden: Drückt man mit dem Finger in langsamer Folge auf die Membran eines Tamburins, so wird die Membran immer mal wieder eingedellt und schiebt auf der einen Seite die Luftteilchen vor sich her. Die Luft hat jedoch genügend Zeit die kurzzeitigen Druckunterschiede auszugleichen, sie strömt um das Tamburin herum, es entsteht kein Ton. Gibt man der Membran Gelegenheit rasch zu schwingen, so können sich die Druckunterschiede nicht mehr ausgleichen und eine Schallwelle löst sich von der Membran ab.
Die Übertragung von Sprache und Musik durch elektromagnetische Wellen wurde erst möglich, als man Möglichkeiten fand, wie man elektrische Ladungen in rasche Schwingungen versetzen kann. Dies geschieht in einem ***elektrischen Schwingkreis,*** der auch als ***Oszillator*** bezeichnet wird.

Verbindet man einen geladenen Kondensator (in seinem elektrischen Feld ist dann Energie gespeichert, ▶ S. 102) mit einer Spule (▶ S. 127 f.), so entlädt sich der Kondensator. Dabei entsteht in den Drahtwindungen der Spule ein Strom, und ein Magnetfeld baut sich auf. Selbstinduktionsvorgänge (▶ S. 127) in der Spule verzögern den Anstieg der Stromstärke. In dem Augenblick, in dem der Kondensator vollständig entladen ist, ist die Stromstärke in der Spule maximal und die Energie befindet sich vollständig im magnetischen Feld der Spule. Da der entladene Kondensator keine Ladungen mehr nachliefern kann, muss die Stromstärke wieder abnehmen. Dies hat ebenfalls einen Induktionsvorgang zur Folge, die elektrischen Ladungen werden weitergetrieben, die Spannung an den Enden der Spule lädt jetzt den Kondensator mit umgekehrter Polarität auf.

Diese Vorgänge können sich prinzipiell beliebig oft wiederholen. Dabei tauschen die beiden Energiespeicher Kondensator und Spule die Energie ihrer Felder fortwährend aus und die Ladungen schwingen durch die Drähte der Spule zwischen den Platten des Kondensators.

Besitzt der Kondensator die Kapazität C (▶ S. 100), die Spule die Induktivität L (▶ S. 129 f.), so wird die Frequenz f dieser Schwingbewegung durch die ***Thomson'sche Schwingungsformel:***

$$f = \frac{1}{2\pi \cdot \sqrt{L \cdot C}}$$

beschrieben oder (besser zu merken) mit der Kreisfrequenz ω (▶ S. 72; 137):

> Thomson'sche Schwingungsformel: $L \cdot C \cdot \omega^2 = 1$.

BEISPIEL Besteht ein Schwingkreis aus einer Spule der Induktivität $L = 100\,\mathrm{H}$ und einem Kondensator der Kapazität $C = 100\,\mathrm{nF}$, so beträgt seine Eigenfrequenz:

$$f = \frac{1}{2\pi \cdot \sqrt{L \cdot C}} = \frac{1}{2\pi \cdot \sqrt{100\,\mathrm{H} \cdot 10^{-7}\,\mathrm{F}}} \approx \frac{50{,}3}{\mathrm{s}} = 50{,}3\,\mathrm{Hz}.$$

5

Nach wenigen Perioden werden jedoch die Schwingungen in diesem Schwingkreis abgeklungen sein. Durch den ohmschen Widerstand der Spule bedingt, wird ständig ein Teil der Energie in Wärme umgesetzt, Energie, die dem Austausch der Feldenergien verloren geht.

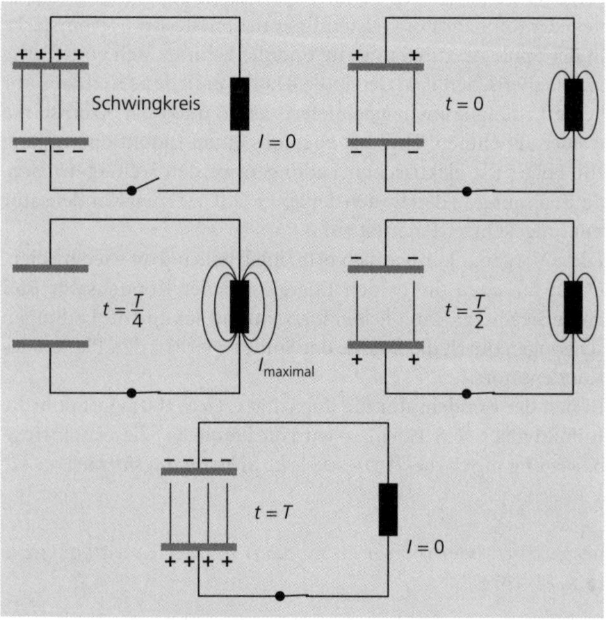

Sollen in diesem Schwingkreis ***ungedämpfte Schwingungen*** ablaufen, muss dieser unvermeidliche Energieverlust ausgeglichen werden. Dazu muss dem Schwingkreis im richtigen Moment eine genau abgemessene Energieportion zugeführt werden (vergleichbar den kurzen Stößen, die ein Vater seinem schaukelnden Kind geben muss, damit die Schaukelbewegung nicht abklingt).

Bei den großen Frequenzen der Oszillatoren in den Radiosendern und Handys (im MHz (10^6 Hz)- bzw. GHz (10^9 Hz)-Bereich) werden hierfür schnelle Schalter benötigt. Erst mit der Erfindung der Radioröhre (Triode) konnte dieses Problem gelöst werden. Heute übernehmen in der Regel Transistoren diese Aufgabe, die zugleich eine starke Miniaturisierung einleiteten.
Nähert man der Schwingkreisspule eine weitere Spule, so bilden die beiden Spulen einen Transformator (▶ S. 132). Auch in dieser Sekundärspule werden dann die Ladungen zu Schwingungen angeregt und sie kann mit einer Antenne verbunden werden. Beträgt die Eigenfrequenz des Schwingkreises *f*, so werden auch die Ladungen in der Antenne zu Schwingungen dieser Frequenz gezwungen und die Wellenlänge der abgestrahlten elektromagnetischen Welle beträgt: $\lambda = \frac{c}{f}$, mit $c = 3 \cdot 10^8 \frac{\text{m}}{\text{s}}$,
einer Geschwindigkeit, mit der sich auch Licht (im Vakuum) ausbreitet.

5

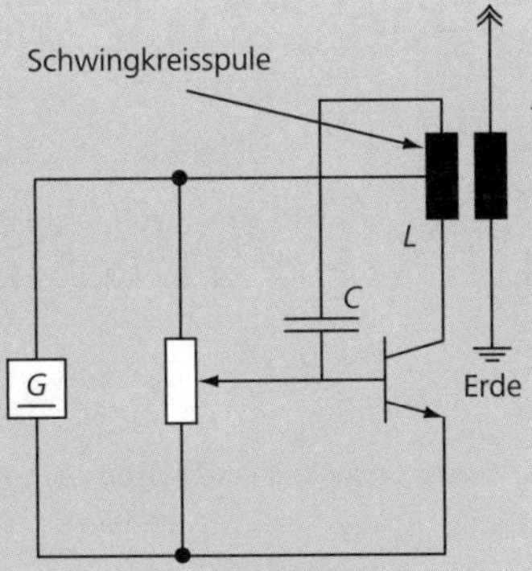

Einfacher Sender mit einem Transistor in sogenannter Dreipunktschaltung

BEISPIEL Bei einer Oszillatorfrequenz $f = 6\,\text{MHz}$ ist die Wellenlänge: $\lambda = \frac{c}{f} = \frac{3 \cdot 10^8\,\frac{\text{m}}{\text{s}}}{6 \cdot 10^6\,\frac{1}{\text{s}}} = 50\,\text{m}$. (Bei einem Radiosender würde man dies als „Kurzwelle" bezeichnen).

Zur Übertragung von Sprache und Musik muss diese Information den Wellen aufmoduliert werden, wie dies in der Fachsprache heißt. Zur ***Modulation*** sind inzwischen verschiedene Möglichkeiten erfunden worden: Die einfachste Methode ist, die Amplitude (▶ S. 71) der (hochfrequenten) Welle im Rhythmus der (niederfrequenten) Musik zu verändern.

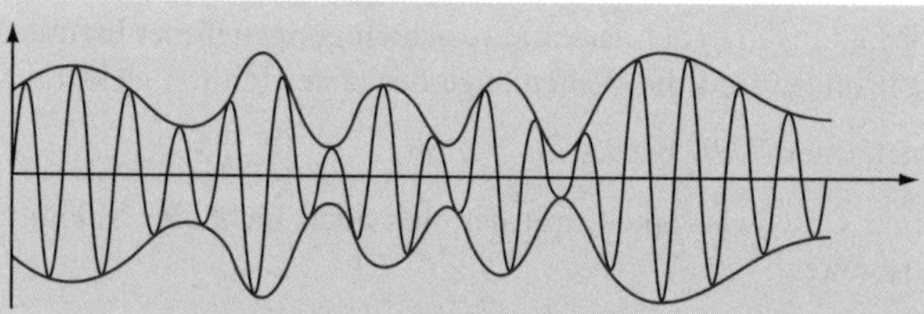

Amplitudenmodulation

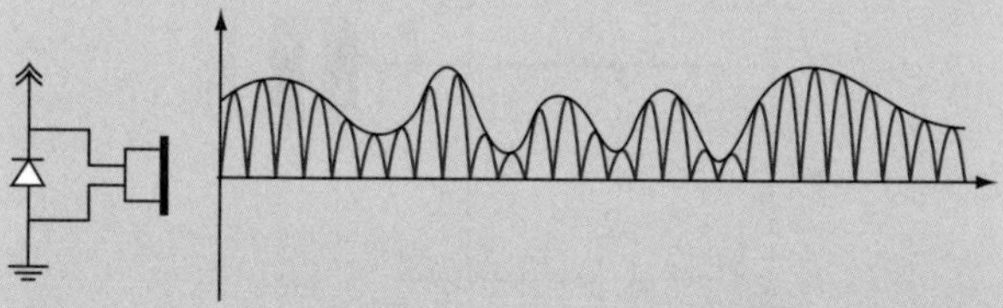

Demodulation mit Diode, Spannung am Lautsprecher

In einem Empfänger wird diese Information, die in den unterschiedlich großen Amplituden enthalten ist, durch ***Demodulation*** wieder entnommen. Nach dem Verfahren dieser Amplitudenmodulation (AM) arbeiten unsere Mittelwellensender.

Bei UKW-Sendern und der Fernsehbildübertragung wird eine Frequenzmodulation (FM) angewandt. Sie ist weniger störanfällig und ermöglicht deshalb einen besseren Empfang.

▶ **ANMERKUNG** Sende-, aber auch Empfangsantennen, haben einen größeren Wirkungsgrad, wenn sie in Resonanz (▶ S. 80) geraten. Dazu muss ihre Länge auf die Wellenlänge abgestimmt sein, meist ein ganzzahliges Vielfaches von λ __ 2 . Bei sehr kleinen Wellenlängen lässt sich diese Bedingung recht gut erfüllen (Dipolstäbe der Fernseh-Empfangsantennen).

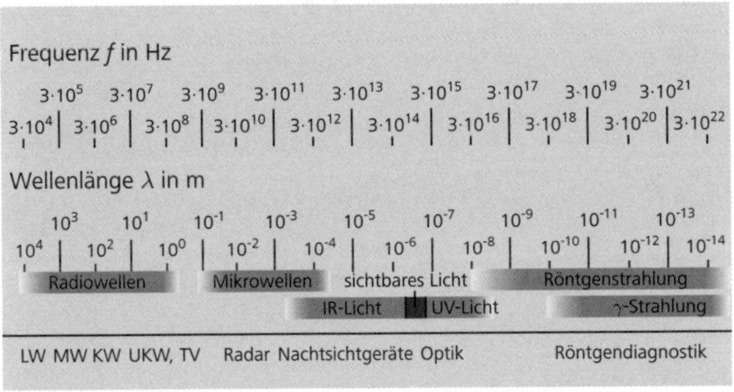

Je größer die Frequenz ist, desto kürzer ist die Wellenlänge und desto mehr nähert sich die Ausbreitung von Radiowellen den Erscheinungen, wie wir sie von der Ausbreitung des Lichts her kennen. Während Radiowellen mit Wellenlängen von einigen hundert Kilometern Länge der gekrümmten Erdoberfläche nachfolgen und deshalb Empfänger auch in großer Entfernung erreichen, breiten sich Wellen mit Wellenlängen im dm- oder cm-Bereich nahezu geradlinig aus. Ultrakurzwellensender haben deshalb eine viel kleinere Reichweite.

Eine Besonderheit erfahren Wellen mit Wellenlängen im Meterbereich (Kurzwellen): Sie werden an einer Schicht geladener Teilchen (Ionosphäre) reflektiert, in einer Höhe von einigen

100 km. Durch diesen „Spiegel“ gelingt es Funkamateuren, Funkverbindungen mit der ganzen Welt (ohne Satelliten) herzustellen.
Wir kennen heute elektromagnetische Wellen in einem großen Bereich von Wellenlängen, von den Langwellen bis zu den kürzesten Wellen der γ-Strahlung aus radioaktiven Atomkernen.
Für den Wellenbereich $10^{-3}\,\text{m} < \lambda < 10^{4}\,\text{m}$ kann man Schwingkreise aus Spulen und Kondensatoren als Oszillatoren verwenden, für noch kleinere Wellenlängen können die Elektronen in den Atomhüllen der Atome selbst die Aufgabe eines Oszillators übernehmen. Auf diese Weise entsteht Licht (sichtbar für unser Auge im Bereich: $400\,\text{nm} < \lambda < 800\,\text{nm}$).

Wellentheorie des Lichts 6

6.1 Historische Vorstellungen von der Natur des Lichts

Erscheinungen des Lichts interessieren die Menschen schon seit der Frühzeit ihrer Geschichte und Naturforscher versuchten immer wieder, die „Natur des Lichts“ zu ergründen.
So erklärte zum Beispiel der Grieche Hipparch (um 150 v. Chr.) den Sehvorgang auf die folgende Weise: Vom Auge ausgehende „Sehstrahlen“ sollten die Umgebung abtasten.
Gegenstände, die von den Sehstrahlen getroffen werden, sollten ein Echo in das Auge zurück schicken und uns damit ein Bild der Umgebung verschaffen.
Auch wenn uns heute diese Vorstellungen des Sehvorgangs kurios anmuten, so soll nicht unerwähnt bleiben, dass die modernen Radargeräte und das Rasterelektronenmikroskop genau nach diesem Prinzip vorgehen.
Beim Radar tastet ein fein gebündelter Strahl elektromagnetischer Wellen die Umgebung ab, beim Rasterelektronenmikroskop wird ein Strahl aus Elektronen zeilenweise über ein kleines Objekt geführt. In geeigneten Verarbeitungsgeräten wird aus den Echos der Wellen bzw. aus den reflektierten Elektronen ein Bild „zusammengepuzzelt“.
Auch Isaac Newton, den Begründer der Mechanik, bewegte die Frage nach der Natur des Lichts. In seinem 1704 erschienenen Buch „Optics“ stellte er die Hypothese auf, dass ein Lichtstrahl, der von einer Lichtquelle ausgesandt wird, aus unwägbar kleinen Lichtteilchen bestehe, vergleichbar der Garbe von Geschossen aus einem Maschinengewehr. Die Lichtteilchen sollten sich in ihrer Größe bzw. ihrer Masse unterscheiden. Die leichtesten Teil-

chen sollten das Violett erzeugen, die schwereren Teilchen die Farbfolge des Regenbogens bis zum dunklen Rot.
Newton versuchte, alle ihm bekannten Lichterscheinungen mit den Gesetzen der Mechanik zu erklären. Die geradlinige Ausbreitung eines Lichtstrahls folgerte er aus der Trägheitseigenschaft der Masse (▶ S. 9: Trägheitsprinzip, 1. Newton'sches Gesetz) seiner Lichtteilchen, denn jeder kräftefreie Körper bewegt sich geradlinig. Die Reflexion des Lichts an einem Spiegel sollte wie das Zurückprallen einer Billardkugel bei einem schrägen Stoß an die Bande erfolgen. Bei derartigen Stößen folgt aus dem Impulserhaltungssatz (▶ S. 42) das Winkelgesetz: „Reflexionswinkel = Einfallswinkel", eine der großen Entdeckungen von Newton.
Größere Mühe bereitete ihm die Erklärung der Brechung des Lichts (▶ S. 164). Die Lichtteilchen sollten – nach seiner Ansicht – in unmittelbarer Nähe einer Glasfläche eine anziehende Kraft erfahren. Das Glas mit seiner größeren Dichte, im Vergleich zur umgebenden Luft, sollte eine Gravitationskraft auf die Lichtteilchen ausüben.

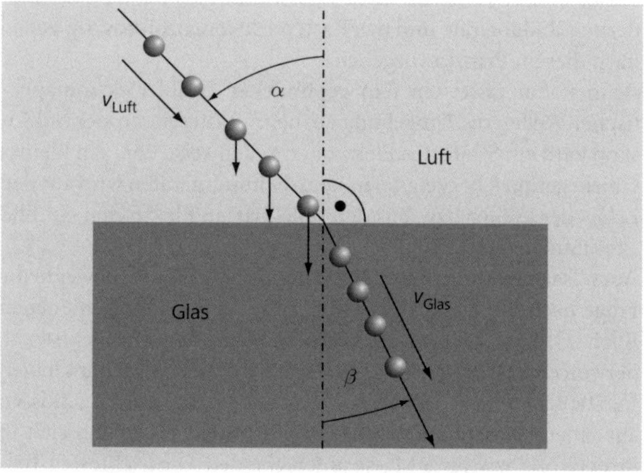

Die Teilchen eines schräg auf eine Glasfläche zulaufenden Lichtstrahls sollten durch diese Kraft beschleunigt werden und – kurz vor der Glasfläche, für die direkte Beobachtung nicht sichtbar – eine Richtungsänderung erfahren. Damit konnte Newton das ***Brechungsgesetz:*** $\frac{\sin \alpha}{\sin \beta} = n$ ableiten und auch die richtige „Knickweise" erklären. Beim Übergang des Lichts von Luft nach Glas ist der Brechungswinkel β kleiner als der Einfallswinkel α. Allerdings setzte seine Theorie voraus, dass sich das Licht im Glas schneller ausbreitet als in der umgebenden Luft.

Da beide Geschwindigkeiten zu seiner Zeit „unmessbar groß" erschienen, konnte Newtons Theorie erst 150 Jahre später widerlegt werden. Messungen der Lichtgeschwindigkeit des Franzosen Leon Foucault um 1850 zeigten eindeutig, dass sich das Licht in Wasser langsamer bewegt als in Luft. Die Geschwindigkeit in Wasser ist um den Faktor der Brechzahl n kleiner als in Luft.

Hat ein Glas die mittlere Brechzahl $n = 1{,}4$, so beträgt die Ausbreitungsgeschwindigkeit in Glas:

6

$$c_{\text{Glas}} = \frac{300\,000\,\frac{\text{km}}{\text{s}}}{1{,}4} \approx 214\,000\,\frac{\text{km}}{\text{s}}.$$

Für die verschiedenen Farbanteile des natürlichen Lichts unterscheiden sich die Brechzahlen geringfügig, für rotes Licht ist n etwas kleiner als für den blauen Anteil. Dies ist Grund dafür, dass ein schmales Sonnenlichtbündel beim Durchgang durch ein Prisma in seine Farbanteile aufgefächert wird, ein Vorgang, der als ***Dispersion*** bezeichnet wird.

Die Frage nach der „Natur des Lichts" lässt sich auch heute, 400 Jahre nach Newton, nicht durch einen einzigen Satz beantworten. In den vergangenen Jahrhunderten sind Lichterscheinungen entdeckt worden, die sich zum Teil mit einer Wellenvorstellung des Lichts erklären lassen, andere jedoch, die dieser Vorstellung genau zu widersprechen scheinen.

Man hat in der Physik die Erfahrung machen müssen, dass wir die *wahre* Natur des Lichts wohl nie ergründen können. Wie auch bei anderen Erscheinungen der Natur, beispielsweise den elekt-

rischen Vorgängen, legen wir der Erklärung von Phänomenen gewisse Vorstellungen zugrunde, die wir heute als *Modelle* bezeichnen.
In der Geschichte der Physik mussten schon mehrfach Modelle verworfen oder abgeändert werden, weil eine Erscheinung entdeckt oder ein Experiment durchgeführt wurde, das dem momentan gängigen Modell widersprach. Berühmte Beispiele sind in der Entwicklung von Atommodellen und den Modellen vom Licht zu sehen.
Viele Erscheinungen des Lichts (z. B. Brechung und Beugung) lassen sich mit einer Wellentheorie des Lichts verstehen, andere, wie beispielsweise der Fotoeffekt (▸ S. 180), führten zu Beginn des letzten Jahrhunderts zu einer Photonentheorie des Lichts (▸ S. 180 ff.), eine Theorie, die heute in der Quantenphysik eine fundamentale Rolle spielt.

6.2 Die ersten Wellenvorstellungen für Licht

Schickt man ein Lichtbündel durch einen Spalt – dieser historische Versuch wird heute in der Schule meist mit Laserlicht vorgeführt – so sieht man zunächst auf einem Schirm einen rechteckförmigen oder kreisrunden Lichtfleck, der eventuell von beiden Seiten durch den Schatten der Spaltblende eingegrenzt ist. Wird die Öffnungsbreite des Spaltes verringert, so erwartet man, dass diese Flecke schmaler und eventuell auch lichtschwächer werden. Tatsächlich zeigt dies auch das Experiment, doch werden plötzlich, ab einer gewissen Spaltbreite, die Flecke wieder breiter. Ihre Ränder sind „verschmiert" und bei genauer Betrachtung entdeckt man bei Laserlicht, dass der rote Fleck von schwarzen Linien durchzogen ist und bei natürlichem, farblosem Licht sieht man Streifen in den Farben des Regenbogens, die sich mehrfach wiederholen.
Diese Farberscheinungen entstehen durch Beugung und Interferenz des Lichts, ein typisches „Wellenphänomen".

Durch Auslöschung gewisser Wellenanteile des auffallenden Sonnenlichts entstehen die irisierenden Farben bei Perlmutt oder bei Fischschuppen; auch sieht man gelegentlich diese Farbspiele beim nächtlichen Blick auf eine Straßenlampe durch das Gewebe eines Regenschirms hindurch.
Christian Huygens, ein Holländer aus Den Haag, veröffentlichte 1678 ein Buch zur ***Wellentheorie*** des Lichts, deren Grundlagen er – vermutlich – an Wasserwellen erworben hatte.
Wellen mit parallelen Wellenkämmen, die auf die enge Durchfahrt eines Hafenbeckens zulaufen, setzen sich auch im Hafenbecken geradlinig weiter fort, doch dringen sie auch seitwärts in den „Schattenraum" ein. (In der Schule werden diese Erscheinungen in einer sogenannten Wellenwanne demonstriert.)

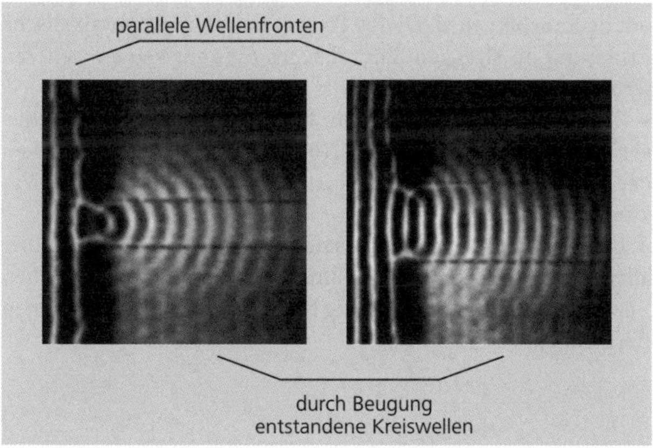

Diese als ***Beugung*** bezeichnete Wellenerscheinung ist um so deutlicher zu beobachten, je enger die Öffnung ist. Ist diese etwa so groß wie die Wellenlänge, so breiten sich hinter der Öffnung Kreiswellen aus.
Gerade die letztgenannte Erscheinung und die Beobachtung, dass Wellen übereinander hinweg laufen können, ohne sich zu

stören, veranlassten Huygens zur Formulierung von drei Grundsätzen, die wir heute im ***Huygens'schen Prinzip*** zusammenfassen:
1. Jeder Punkt, der von einer Welle erreicht wird, bildet den Ausgangspunkt einer kreisförmigen Welle (im Raum einer Kugelwelle), von Huygens als ***Elementarwelle*** bezeichnet.
2. Die neue Wellenfront ergibt sich geometrisch als Einhüllende der Elementarwellen.
3. Die Ausbreitungsrichtung ist an jeder Stelle orthogonal zur Wellenfront.

▶ ANMERKUNGEN

◆ Das Huygens'sche Prinzip liefert Konstruktionshilfen zum Zeichnen der Ausbreitung einer Welle, wie sie gebeugt, reflektiert oder gebrochen wird. Dieses Prinzip liefert keine physikalische Erklärung im strengen Sinn, d.h., es fußt auf keinen weiteren Grundgesetzen der Physik.

◆ Die Brechung wird nach dem Prinzip von Huygens in richtiger Weise wiedergegeben (▶ S. 164), wenn die Geschwindigkeit des Lichts in Glas, Wasser … kleiner ist als in Luft oder im Vakuum.

◆ Unter einer „Wellenfront" versteht man die Zusammenfassung aller Punkte, die zu einem bestimmten Zeitpunkt den gleichen Phasenwinkel ihrer Auslenkung besitzen, also z. B. gerade einen Berg bilden.

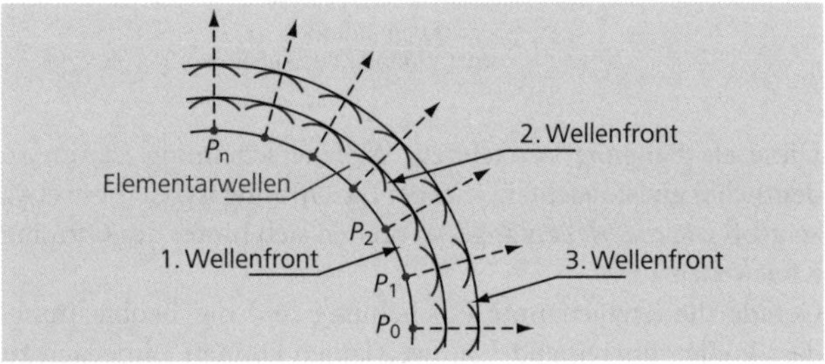

Am Beispiel einer willkürlich geformten Wellenfront P_0P_n soll das Huygens'sche Prinzip mit seinen Konstruktionsschritten erläutert werden (s. Abb. S. 162):

1. Markiere auf der Linie P_0P_n einige (beliebig viele) Zentren $P_1, P_2 \ldots$
2. Beschreibe um die Zentren P_i Kreisbogenstücke mit beliebigem, aber gleichem Radius.
3. Zeichne die Einhüllende an alle Kreisbogenstücke. Symbolisiert der gewählte Radius im 2. Schritt *eine* Wellenlänge, so stellt die Einhüllende die neue Wellenfront nach Ablauf *einer* Periodendauer dar. Die Schritte 1 bis 3 können beliebig oft wiederholt werden.
4. Zeichnet man Orthogonalen zu den Wellenfronten ein, so geben diese die Ausbreitungsrichtung wieder.

Konstruktion der Reflexion nach Huygens:
Eine nach diesem Prinzip konstruierte fortschreitende Welle mit parallelen Wellenfronten laufe schräg auf eine reflektierende Wand zu.

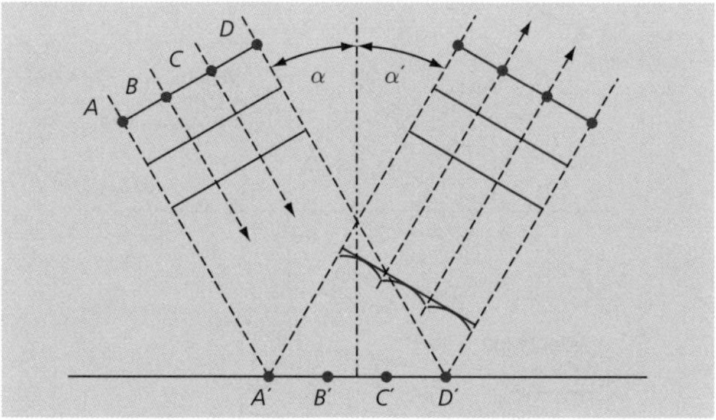

Die Ausbreitungsrichtung der einfallenden Welle schließe mit dem Lot auf die Wand den Einfallswinkel α ein. Hat der Punkt

A die spiegelnde Wand in *A*′ erreicht, so bildet sich um *A*′ eine Elementarwelle. Die übrigen Punkte *B*, *C*, *D* erreichen nacheinander die Wand und erzeugen dann jeweils um ihr Zentrum *B*′, *C*′, *D*′ Kreiswellen. Auf diese Weise entstehen viele Kreiswellen, die sich in alle Richtungen ausbreiten, aber nur in einer Richtung zu einer neuen Front überlagern. (In der Abbildung ist der Moment gezeichnet, wo *D* die Wand im Punkt *D*′ erreicht. Der Radius der Elementarwelle um *D*′ beträgt noch null.) Wie man sich leicht überzeugt, schließt die Richtung der reflektierten Wellenfront mit dem Lot den Winkel $\alpha' = \alpha$ ein, d. h., das Reflexionsgesetz wird korrekt wiedergegeben.

In ähnlicher Weise lässt sich auch das Brechungsgesetz darstellen. Bei der Konstruktionsfolge nach Huygens ist lediglich zu beachten, dass die Radien der Elementarwellen im brechenden Medium kleiner gewählt werden als diejenigen in Luft (entsprechend der kleineren Ausbreitungsgeschwindigkeit).

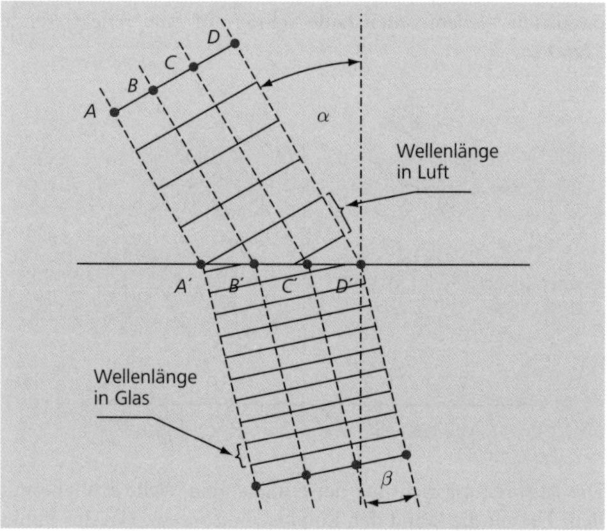

6.3 Interferenzerscheinungen bei Licht

Schickt man Licht durch zwei eng benachbarte, schmale, rechteckförmige Öffnungen in einer Blende *(= **Doppelspalt**)*, so beobachtet man auf dem Schirm in einigen Metern Entfernung ein hell-dunkles Streifenmuster (mit eventuell schwach erscheinenden Farbsäumen).
In diesem erstmals 1802 durchgeführten Versuch gelang dem Engländer Thomas Young die Messung einer Wellenlänge des Lichts. Das Experiment galt daher als Beweis einer Wellennatur des Lichts – zu einer Zeit, als noch viele Physiker eher der Newton'schen Korpuskulartheorie zugetan waren.

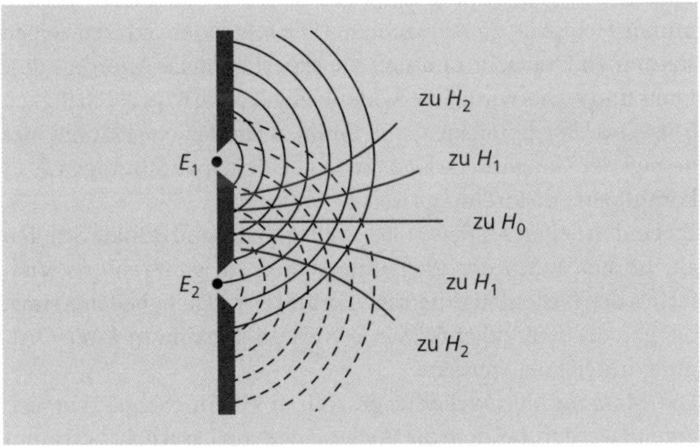

Die zwei schmalen Öffnungen eines Doppelspaltes bilden, wenn Licht auf sie fällt, Zentren kreisförmiger Elementarwellen nach Huygens.
Der Young'sche Versuch ist das optische Gegenstück zum „2-Tupfer-Versuch" in der Wellenwanne, der im Kapitel „Das Überlagerungsprinzip bei Wellen" (▶ S. 83) geschildert ist.
Im Wellenfeld hinter dem Doppelspalt gibt es Gebiete, in denen sich durch konstruktive Interferenz die Amplituden der Licht-

wellen verstärken, diese machen sich als helle Streifen auf dem Schirm bemerkbar. In Gebieten, wo die Lichtwellen in „Gegenphase" aufeinandertreffen, löscht sich „Licht durch Licht" aus. Auf dem Schirm herrscht Dunkelheit.

Die im Kapitel „Mechanische Schwingungen und Wellen" (▶ S. 85) angeführte Gleichung für den Gangunterschied bei konstruktiver Interferenz: $\Delta s = k \cdot \lambda$, mit $k = 0, 1, 2, 3, \ldots$ ermöglicht eine experimentelle Bestimmung der Wellenlänge mit einfachen Mitteln.

Für Punkte auf der Symmetrieachse zwischen den beiden Spaltöffnungen interferieren die beiden Wellenzüge stets konstruktiv, da die Wegstrecken gleich lang sind. Auf einem Schirm, der das Wellenfeld rechtwinklig dazu schneidet, ist an diesen Stellen immer Helligkeit zu beobachten. (Die folgenden Skizzen zeigen stets einen Querschnitt durch die experimentelle Anordnung.)

Links und rechts wird diese Mittenhelligkeit, sie wird als Helligkeit 0-ter Ordnung bezeichnet, von dunklen Streifen eingesäumt, hier beträgt der Gangunterschied zu den beiden Spaltöffnungen $\frac{\lambda}{2}$, es kommt zur Auslöschung.

Zu beiden Seiten schließen sich weitere helle und dunkle Streifen an. Immer, wenn der Gangunterschied ein ganzzahliges Vielfaches der Wellenlänge beträgt, kommt es zu Helligkeitsmaxima, die gemäß dem zugehörigen *k*-Wert als Maximum *k*-ter Ordnung bezeichnet werden.

Die Messung der Wellenlänge soll an einem (Schul-)Versuch gezeigt werden, bei dem die Wellenlänge von Laserlicht bestimmt wird. Dabei fällt (rotes) Laserlicht auf einen Doppelspalt, dessen Spaltmitten einen Abstand $g = 0{,}10\,\text{mm}$ aufweisen. Auf einem $e = 4{,}00\,\text{m}$ entfernten Schirm misst man zwischen dem Helligkeitsmaximum 0-ter Ordnung H_0 und demjenigen der 4. Ordnung H_4 einen Abstand $a = 10{,}2\,\text{cm}$.

Für das 4. Maximum mit $k = 4$ beträgt der Gangunterschied $\Delta s = k \cdot \lambda = 4 \cdot \lambda$.

In der Abbildung ist der Gangunterschied durch Einzeichnen eines Kreisbogens mit dem Radius $\overline{H_4E_1}$ um H_4 veranschaulicht.

Dabei ist zu berücksichtigen, dass in der Zeichnung der Schirmabstand im Vergleich zum Spaltmittenabstand viel zu klein gezeichnet ist, in Versuchen ist immer $e \gg g$.

BEACHTE Die eingezeichneten Richtungen von E_1 und E_2 zum Schirmpunkt H_4 verlaufen praktisch parallel, da der Schirm sich im Verhältnis zum Spaltmittenabstand „kilometerweit" rechts außerhalb des Papiers befindet.

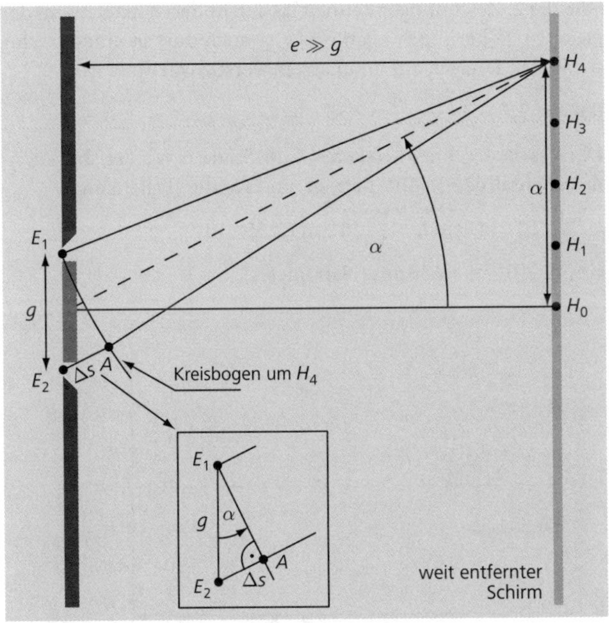

Würde man im Maßstab des Doppelspalts die Skizze anfertigen, so wäre der Schirm hunderte von Metern rechts außerhalb des Papiers und das eingezeichnete Kreisbogenstück würde als Gerade erscheinen. Das heißt, man kann das eingezeichnete Dreieck E_2AE_1 – ohne einen großen Fehler zu begehen – als rechtwinkliges, geradlinig begrenztes Dreieck betrachten und die Winkelsätze im rechtwinkligen Dreieck anwenden.

Es gilt: $\sin \alpha = \frac{\Delta s}{g} = 4 \cdot \frac{\lambda}{g} = 4 \cdot \frac{\lambda}{10^{-4}\,\mathrm{m}}$

oder: $\lambda = \frac{1}{4} \cdot 10^{-4}\,\mathrm{m} \cdot \sin \alpha$.

Um die Wellenlänge zu bestimmen, braucht man nur den Winkels α!
Wie die 2. Zeichnung erkennen lässt, tritt der Winkel α – in der gleichen Näherung (wegen $e \gg g$) – auch dort in einem rechtwinkligen Dreieck auf. In unserem Versuchsbeispiel ist:

$\tan \alpha = \frac{a}{e} = \frac{1{,}02 \cdot 10^{-1}\,\mathrm{m}}{4{,}00\,\mathrm{m}} = 2{,}55 \cdot 10^{-2}$.

Der Taschenrechner liefert $\alpha = 1{,}461°$, einen Winkel, dessen Sinus ebenfalls $2{,}55 \cdot 10^{-2}$ beträgt, und für die Wellenlänge:

$\lambda = \frac{1}{4} \cdot 10^{-4}\,\mathrm{m} \cdot \sin \alpha = \frac{1}{4} \cdot 10^{-4}\,\mathrm{m} \cdot 2{,}55 \cdot 10^{-2}$

$= 6{,}38 \cdot 10^{-7}\,\mathrm{m} = 638\,\mathrm{nm}$ (Nanometer).

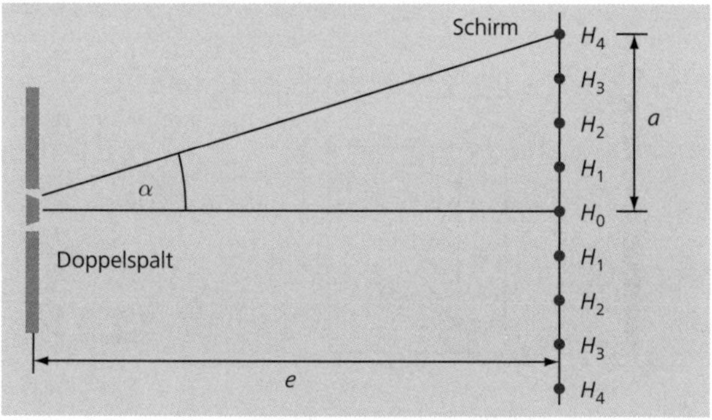

Da bei einem Doppelspaltversuch die Ablenkwinkel α fast immer $< 5°$ sind, kann $\sin \alpha \approx \tan \alpha$ gesetzt werden, und man erhält für die Wellenlänge eine „griffige" Formel:

$\lambda = \frac{a \cdot g}{k \cdot e}.$

Die Beugung des Lichts an den Kanten von Blendenöffnungen begrenzt das Auflösungsvermögen aller optischen Geräte – auch die des menschlichen Auges. Licht, das durch die Pupille des Auges tritt, wird am Rand dieser Blende gebeugt. Statt eines scharf begrenzten Punktes entsteht auf der Netzhaut ein verwaschenes Beugungsscheibchen. Überlappen sich die Beugungsscheibchen zweier Gegenstandspunkte auf der Netzhaut, so nehmen wir diese nicht als zwei getrennte Objekte wahr, auch wenn unsere Augenlinse diese – ohne Augenfehler – scharf abbildet. Lichtstrahlen von zwei Gegenstandspunkten, die unser Auge unter einem Winkel kleiner als $\approx \left(\frac{1}{60}\right)^\circ$ treffen, können wir grundsätzlich nicht auflösen.
Beugungserscheinungen sind auch der Grund, warum die Vergrößerung von Mikroskopen und Teleskopen nicht beliebig gesteigert werden kann. Beträgt z. B. die Vergrößerung eines Mikroskops 1000, so könnte man ein weiteres Mikroskop aufsetzen und die Vergrößerungen würden sich (theoretisch) multiplizieren. Doch bei schon knapp über tausendfacher Vergrößerung begrenzen Beugungserscheinungen die Auflösung feiner Strukturen. Wird die Vergrößerung gesteigert, verschwimmen die Bilder, man erkennt keine Details mehr. Eine Erfahrungsregel besagt: In Lichtmikroskopen sind Strukturen kleiner als die Wellenlänge des Lichts nicht mehr beobachtbar.

Das optische Gitter

Mit *optischen Gittern* lassen sich die Wellenlängen von Licht auf Bruchteile eines Nanometers genau messen.
Gitter enthalten sehr viele dicht nebeneinander liegende spaltförmige Öffnungen in gleichem Abstand. Mit kleinen Diamantsplittern gelingt es, bis zu tausend parallele Furchen pro Millimeter in die Oberfläche einer Glasplatte einzuritzen. Die unbeschädigten Glasstege zwischen den Furchen bilden die lichtdurchlässigen Spalte des Gitters. (Ein billigeres Verfahren ist das fotomechanische Verkleinern eines Parallel-Linienrasters auf einen Film.)

Hält man ein Gitter in einen Laserlichtstrahl, so beobachtet man auf einem Schirm vereinzelte rote Flecken, die Interferenzmaxima 1., 2., 3. … Ordnung, jeweils symmetrisch links und rechts um das zentrale Maximum 0-ter Ordnung.

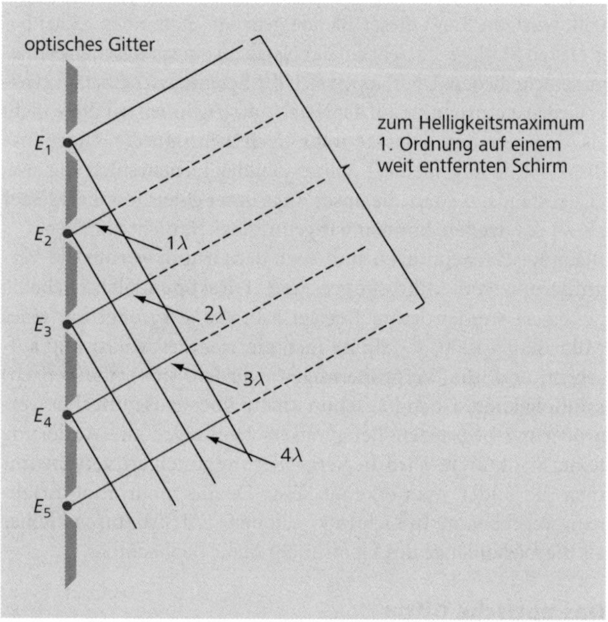

Jede Spaltöffnung des Gitters fungiert als Zentrum einer Elementarwelle und es kommt hinter dem Gitter zur Interferenz vieler Kreiswellen. In denjenigen Richtungen, in denen schon beim Doppelspalt konstruktive Interferenz eintritt, treffen die Voraussetzungen auch bei einem Gitter zu. Beträgt z. B. der Gangunterschied von einem Punkt P des Schirms zu den Erregern E_1 und E_2 eine Wellenlänge, so ist auch der Gangunterschied zu den weiteren Spaltöffnungen stets ein ganzzahliges Vielfaches der

Wellenlänge. Im Punkt P überlagern sich alle Wellenzüge aus jeder Spaltöffnung konstruktiv zum Maximum 1. Ordnung.
Für die Wellenlängenbestimmung mit einem Gitter gelten die gleichen Formeln wie beim Doppelspalt (der Spaltmittenabstand wird als Gitterkonstante g bezeichnet):

> Bei einem Gitter mit der Gitterkonstanten g ergeben sich in denjenigen Richtungen Helligkeitsmaxima, für deren Winkel α_k gilt:
>
> $\sin \alpha_k = k \cdot \frac{\lambda}{g}.$
>
> Misst man bei einer Schirmentfernung e den Abstand zweier Helligkeitsmaxima zu $\overline{H_0 H_k} = a$, gilt für den Winkel α:
>
> $\tan \alpha_k = \frac{a}{e}.$

Bei farblosem Licht, z. B. Sonnenlicht oder dem Licht einer Glühlampe, entstehen an den Stellen der Helligkeitsmaxima Farbbänder in der Farbfolge des Regenbogens, ein sogenanntes *Spektrum.*

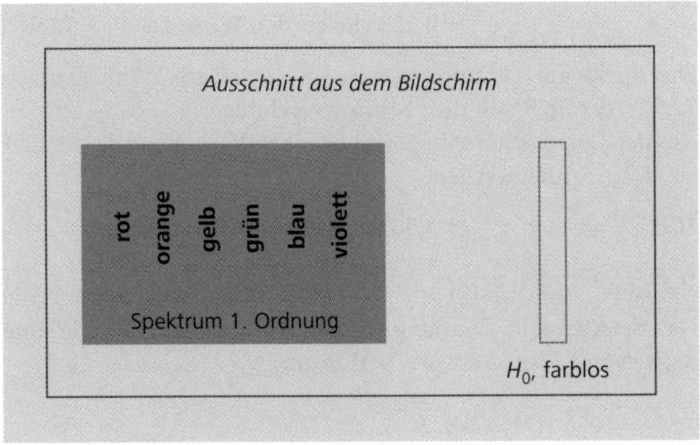

6

Nach der Gitterformel $\sin \alpha_k = k \cdot \frac{\lambda}{g}$ werden die im farblosen Licht enthaltenen Wellenanteile aufgefächert. Zu einem Licht der Wellenlänge $\lambda \approx 450\,\text{nm}$, das in unserem Auge den Eindruck blau hervorruft, gehört ein etwas kleinerer Ablenkwinkel α als zum roten Licht mit $\lambda \approx 750\,\text{nm}$.

BEISPIEL für ein Gitterspektrum:

Bei einem optischen Gitter sind 560 Spalte jeweils innerhalb einer Breite von 1 mm eingeritzt. Es wird mit Sonnenlicht bestrahlt. In $e = 3{,}50\,\text{m}$ Entfernung wird auf einem Schirm das (sichtbare) Spektrum 1. Ordnung beobachtet. In welcher Breite erscheint es auf dem Schirm?

Lösung: Das Gitter besitzt die Gitterkonstante:

$g = \frac{1}{560}\,\text{mm} \approx 1{,}79 \cdot 10^{-6}\,\text{m}.$

Für den Ablenkwinkel des roten Farbanteils ($\lambda = 800\,\text{nm}$) gilt:

$\sin \alpha_{1,\,\text{rot}} = \frac{1 \cdot 8 \cdot 10^{-7}\,\text{m}}{1{,}79 \cdot 10^{-6}\,\text{m}} = 0{,}4469,$

der zu einem Winkel $\alpha_{1,\,\text{rot}} = 26{,}54°$ gehört. Eine entsprechende Rechnung für den blau-violetten Anteil ($\lambda = 400\,\text{nm}$):

$\sin \alpha_{1,\,\text{blau}} = \frac{1 \cdot 4 \cdot 10^{-7}\,\text{m}}{1{,}79 \cdot 10^{-6}\,\text{m}} = 0{,}2235$ liefert den Winkel $\alpha_{1,\,\text{blau}} = 12{,}91°.$

Das Spektrum 1. Ordnung wird also in einem Winkelbereich $12{,}9° < \alpha < 26{,}5°$ auf dem Schirm abgebildet.

Aus der Tangensbeziehung können die Entfernungen der Ränder zu H_0 berechnet werden:

$H_0H_{1,\,\text{rot}} = e \cdot \tan \alpha_{1,\,\text{rot}} = 3{,}50\,\text{m} \cdot 0{,}499 = 1{,}75\,\text{m}$ und

$H_0H_{1,\,\text{blau}} = e \cdot \tan \alpha_{1,\,\text{blau}} = 3{,}50\,\text{m} \cdot 0{,}229 = 0{,}802\,\text{m}.$

Das Spektrum 1. Ordnung nimmt also auf dem Schirm eine Breite von $1{,}75\,\text{m} - 0{,}8\,\text{m} = 0{,}95\,\text{m}$ ein.

Geräte, die speziell für die Wellenlängenmessung in Spektren konstruiert sind, werden als ***Spektrometer*** bezeichnet. Sie enthalten als wesentliches Bauteil entweder ein optisches Gitter oder ein Glasprisma.

Die beiden Spektrometerarten unterscheiden sich:

a) Bei Gitterspektrometern

- entstehen die Spektren durch Beugung und Interferenz;
- entstehen mehrere Spektren symmetrisch zu H_0. Das Licht teilt seine Energie auf mehrere Spektren auf, die Spektren selbst werden dadurch lichtschwächer;
- ist die „Auflösung" zweier benachbarter Linien wesentlich besser als bei Prismen. Je kleiner g, desto größer sind die Ablenkwinkel, desto besser kann λ gemessen werden.

b) Bei Prismenspektrometem

- entstehen die Spektren durch Dispersion, d. h., die zu den verschiedenen Farbanteilen gehörenden Wellen werden aufgrund der unterschiedlichen Brechzahl der Glassorte aufgefächert;
- entsteht stets *ein* Spektrum, es ist daher intensiver;
- erfährt „Blau" eine größere Ablenkung als „Rot" (bei einem Gitter ist es gerade umgekehrt). Zudem gibt es für den Ablenkwinkel keine Formel, die angibt, wie diese Winkel von der Wellenlänge abhängen. Die Skalen von Prismenspektrometern müssen deshalb punktweise durch Vergleich mit bekannten Wellenlängen kalibriert werden.

Die Spektralanalyse mithilfe von Spektrometern ist in der Chemie (und auch in der Kriminalistik) ein einfaches und rasch durchführbares Verfahren zur Bestimmung der in einer Probe enthaltenen Elemente. Wird eine Stoffprobe (wenige Gramm genügen) verdampft und zum Leuchten gebracht (z. B. im Funken eines elektrischen Überschlags), so geht von dieser Probe Licht aus, dessen Spektrogramm einzelne Linien zeigt. Die zu diesen Linien gehörenden Wellenlängen sind jeweils typisch für die in der Probe enthaltenen Elemente. Wie über einen Fingerabdruck kann daher durch eine Spektralanalyse eindeutig jedes

Element identifiziert werden – unabhängig davon, welche Verbindung es mit anderen Atomsorten eingegangen ist. Jedes angeregte Atom emittiert Licht mit ganz bestimmten Wellenlängen, bei einigen Elementen bis über tausend verschiedene allein im sichtbaren Bereich, die heute alle bekannt und vermessen sind.

> Angeregte Atome in Gasen emittieren einzelne Wellenlängen, man erhält ein ***Linienspektrum.*** Heiße Festkörper strahlen Licht mit allen Wellenlängen ab, man erhält ein ***kontinuierliches Spektrum.***

Prismenspektrometer spielen in der Astronomie eine große Rolle. Werden Prismen in den Strahlengang eines Teleskops gebracht, so kann man die Spektren (heller) Sterne analysieren. Sternspektren sind kontinuierliche Spektren, die von feinen, dunklen Linien durchzogen sind (Fraunhofer'sche Linien). Das Licht aus der bis zu 50 000 Grad heißen Oberfläche der Sterne enthält alle Wellenlängen des sichtbaren Bereichs. Dieses Licht passiert anschließend relativ kühlere Schichten um den Stern, die Atome verschiedenster Elemente in gasförmigem Zustand enthalten. Licht mit einer Wellenlänge, die zu einer bestimmten Atomsorte „passt", kann seine Energie an das Atom abgeben. Die Atome werden dadurch angeregt – man spricht von Resonanzabsorption – und strahlen nach einer kurzen Verweildauer Licht genau derselben Wellenlänge wieder ab. Da dieses Licht „in alle Himmelsrichtungen" abgestrahlt wird, trifft die Erde nur ein verschwindend geringer Anteil davon. Ein Beobachter an einem Prismenspektrometer hat daher den Eindruck, als ob diese Wellenlänge im Spektrum fehle. Auf diese Weise entdeckte Fraunhofer 1868 in München Linien zu einem bis dahin unbekannten Element, das er „Sonnenstoff" (= Helium) nannte. In den Absorptionsspektren der Sterne sind keine Linien enthalten, die wir nicht zu Elementen, die wir kennen, zuordnen könnten. Allerdings befinden sich die Atome in der Chromosphärenschicht der Sterne häufig in einem hochangeregten und stark ionisierten Zustand (viele Elektronen sind ihrer Atomhülle entrissen), einem Zustand, der auf der Erde im Labor erzeugt werden kann.

▶ **ANMERKUNG** Bei Gitterspektrometern muss in der Regel zwischen Lichtquelle und Gitter ein Spalt mit kleiner Öffnungsbreite eingesetzt werden. Dieser Beleuchtungsspalt, er wird auch als Kohärenzspalt bezeichnet, „schafft Ordnung" im Wellenfeld *vor* dem Gitter. Ohne diesen Spalt werden die Huygen'schen Zentren in den Gitterspalten in unterschiedlicher Phasenlage angeregt, d. h., die Elementarwellen starten nicht zu gleicher Zeit, z. B. mit einem Wellenberg. Für die Interferenz, bei der es auf die Gangunterschiede ankommt, ist entscheidend, dass die Elementarwellen gleichphasig starten. Bei eingesetztem Beleuchtungsspalt kann man sich vorstellen, dass seine enge Öffnung der Ausgangspunkt *einer* Elementarwelle ist. Diese Welle erregt dann in den Öffnungen des Gitters die dort sitzenden Zentren in gleicher Phasenlage, da die Wege hierhin gleich lang sind.

Auch Farberscheinungen an dünnen Schichten, wie beispielsweise bei Seifenblasen oder an den dünnen Kalkschichten des Perlmutt, sind auf die Interferenz des Lichts zurückzuführen. Licht,

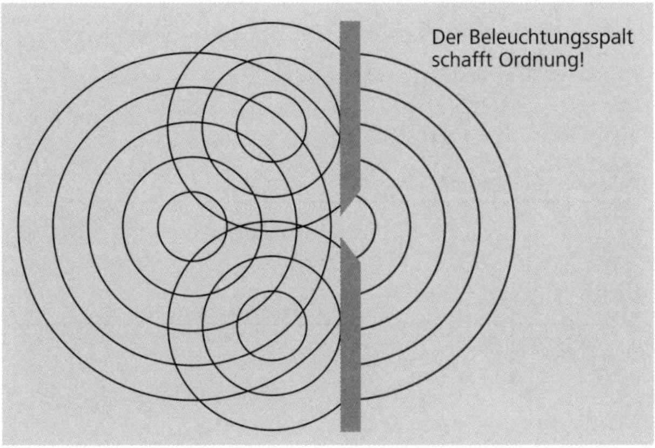

das auf die Oberfläche eines transparenten Stoffs fällt, wird zum Teil an dessen Oberfläche reflektiert, zum Teil dringt es in den Stoff ein. Ein gewisser Prozentsatz des eindringenden Lichtanteils wird anschließend an der Austrittsfläche reflektiert. Die beiden reflektierten Lichtanteile überlagern sich in Richtung zum Auge.
Da der Lichtanteil, der an der unteren Fläche reflektiert wurde, einen größeren Weg zurückgelegt hat, überlagern sich die Wellen in der Regel nicht mehr in Phase. Farbanteile des Lichts, für deren Wellenlänge der Gangunterschied $\Delta s = \frac{1}{2}\lambda, \frac{3}{2}\lambda, \frac{5}{2}\lambda, \ldots$ beträgt, werden ausgelöscht.
Man empfängt in dieser Richtung nur die restlichen Farbanteile des Spektrums. Da dieses aus einem Gemisch vieler Wellenlängen besteht, sind diese Farben nicht spektralrein, unser Sehsinn vermeldet uns einen „besonderen Farbeindruck".
In den Farbspielen einer schillernden Seifenblase oder eines Ölflecks auf einer nassen Straße sind Farbtöne enthalten, wie sie kein Regenbogen zeigt. Die Farben des Regenbogens entstehen

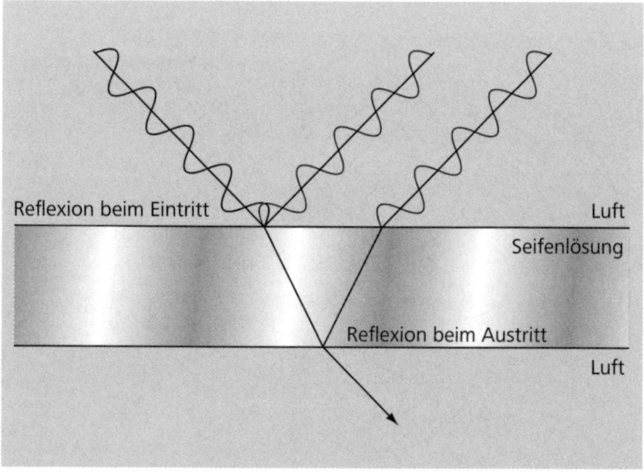

durch Brechung und Dispersion des Lichts in Wassertröpfchen. Sie sind spektralrein, d. h., zu jedem Farbeindruck gehört *eine* Wellenlänge.

Auch weitere farbige Naturerscheinungen sind auf den Wellencharakter des Lichts zurückzuführen. Das Abendrot, aber auch das Blau des Himmels, kommt durch Streuung des Sonnenlichts an kleinen Staubpartikeln (Aerosolen) der Luft zustande. Blaues Licht kleinerer Wellenlänge wird bevorzugt zur Seite gestreut. Bei einem Sonnenuntergang oder -aufgang durchläuft das Licht eine größere Luftschicht bis zum Auge des Betrachters als mittags, die Streuung des blauen Lichtanteils ist effektiver und wir sehen in Richtung Sonne bevorzugt den roten Lichtanteil.

Bei der Entspiegelung von Brillengläsern wird dieser Auslöschungseffekt gezielt angewendet. Auf die Gläser werden dünne Schichten eines Materials aufgedampft, sodass die Reflexion des (meist) grünen Anteils des Lichts weitgehend unterbunden wird. Fotoobjektive mit derartig bedampften Linsen werden als „vergütete Objektive" bezeichnet. Da die Auslöschung des reflektierten Lichtes den Reflexionsgrad herabsetzt, wird bei ihnen wird ein größerer Prozentsatz des Lichts hindurchgelassen, sie sind lichtstärker.

Licht zählt zu den elektromagnetischen Wellen. Meist versteht man unter „Licht" den von unserem Auge wahrnehmbaren Anteil des Spektrums. Die zugehörigen Frequenzen liegen im Bereich von 10^{14} Hz, und darin „sehen" wir gerade mal eine Oktave!

An den roten Bereich des Spektrums schließt sich nahtlos der Infrarotbereich an, Wellen mit einer Wellenlänge > 800 nm, die wir als Wärmestrahlung mit dem größten unserer Sinnesorgane, dem Temperatursinn in unserer Hautoberfläche, wahrnehmen.

Der Ultraviolettbereich, der sich an das blaue Ende des Spektrums anschließt, kann unsere Haut schädigen. Sonnenbrand und Hautkrebs sind Folgen einer UV-Licht-Schädigung. Das Ozon (O_3-Moleküle) in der hohen Atmosphäre absorbiert den UV-Anteil des Sonnenlichts größtenteils.

Durch den Eintrag von Fluorkohlenwasserstoffen aus vielen Industrieprodukten in die Atmosphäre hat sich die schützende Ozonschicht in den letzten Jahrzehnten drastisch abgeschwächt. Die Folgen sind bereits erkennbar, die Hautkrebsrate hat stark zugenommen und in manchen Gegenden der Erde (Australien, Antarktis) führt bereits ein Aufenthalt von wenigen Minuten in freier Sonne zu schweren Verbrennungen der Hautoberfläche.
Je kürzer die Wellenlänge ist, desto größer ist die Frequenz und umso durchdringungsfähiger ist das Licht. Licht der Frequenz $> 10^{19}$ Hz durchdringt die Weichteile unseres Körpers wie sichtbares Licht eine Wasserschicht; es wird als ***Röntgenstrahlung*** bezeichnet.
Bei jeder Art von ***Querwelle*** verlaufen die Auslenkungen in *einer* Ebene, bei elektromagnetischen Wellen die Vektoren der elektrischen und der magnetischen Feldstärke. Bei natürlichem Licht, wie dem der Sonne, treten alle Winkel zur Ausbreitungsrichtung auf.
Schickt man das Licht durch geeignete Kunststofffolien (Polarisationsfolien), so wird *eine* Ebene bevorzugt hindurchgelassen. Bei dem Licht hinter dieser Folie schwingt der Vektor der elekt-

Unpolarisiertes Licht

Die Lichtwellen schwingen in allen Ebenen.

Blick in Richtung des Lichtstrahls

Polarisiertes Licht

Die Lichtwellen schwingen in einer Ebene.

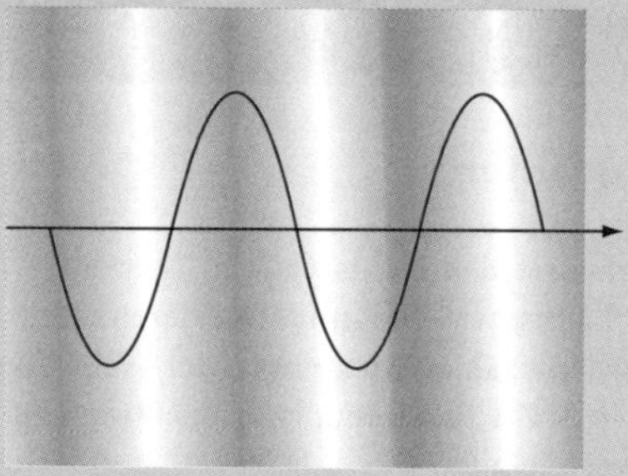

Blick quer zur Ausbreitungsrichtung des Lichtstrahls

rischen Feldstärke vorzugsweise in einer Ebene; dieses Licht wird als ***polarisiert*** bezeichnet. Unser Auge kann polarisiertes Licht von unpolarisiertem nicht unterscheiden. Es wird vermutet, dass die Augen mancher Tiere die Schwingungsebene von polarisiertem Licht erkennen können. Bienen sollen auf diese Weise auch bei bedecktem Himmel aus der Polarisationsrichtung des Lichts die Position der Sonne erschließen können (das Streulicht des Himmelblaus ist leicht polarisiert).

Auch die Polarisierbarkeit des Lichts unterstützt die These von der Wellennatur des Lichts.

7 Die Photonentheorie des Lichts, Wahrscheinlichkeitswellen

7.1 Lichtquanten

Die Wellentheorie des Lichts (▶ S. 157) erklärt viele Erscheinungen des Lichts, wie Beugung, Interferenz und Polarisation. Durch die vielen exakten Messungen der Wellenlängen in Linienspektren (▶ S. 171) glaubte man – bis etwa 1890 – endgültig zu wissen, was Licht ist.
Es gab allerdings noch einige Phänomene, die nicht verstanden waren:

- Warum sind manche Materialien durchsichtig für Licht, andere nicht?
- Warum schadet ultraviolettes Licht unserer Haut, während noch so intensives Rotlicht keine Schädigungen hervorruft?
- Warum senden die Atome glühender Gase ganz bestimmte, für das Element charakteristische Lichtfrequenzen aus?

Bei diesen noch offenen Fragen ging es um die Wechselwirkung von Licht mit Materie. Die intensive Beschäftigung damit führte zu neuen Erkenntnissen über den Aufbau der Atome und änderte auch die Vorstellungen von Licht grundlegend.

Der äußere Fotoeffekt

Einen Anstoß dazu lieferte der um 1890 entdeckte *äußere fotoelektrische Effekt,* auch kurz: ***äußere Fotoeffekt.*** Der deutsche Physiker Lenard bestrahlte (frisch abgeschmirgelte) Metallplatten mit Licht. War die Metallplatte mit einem Elektroskop verbunden, so blieb eine positive Aufladung des Elektroskops erhalten, auch wenn das Licht noch so intensiv einstrahlte. Bei einer negativen Aufladung fiel der Zeiger des Elektroskops in Bruchteilen von Sekunden auf die Nullmarke zurück, allerdings nur, wenn das Licht auch Ultraviolett enthielt (z. B. von einer Quecksilberdampflampe stammte). Intensives Licht aus einer Glühlampe konnte die Ladungen des Elektroskops in keinem Fall beeinflussen.

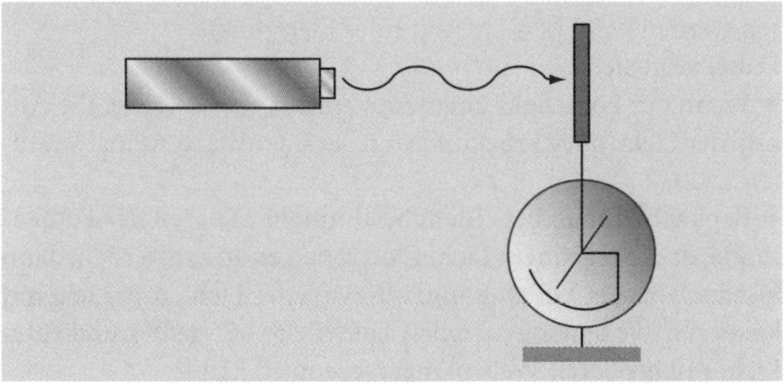

Lenard erkannte bald, dass ultraviolettes Licht in der Lage ist, aus (kalten) Metalloberflächen Elektronen herauszuschlagen (äußerer Fotoeffekt), doch warum kein anderes Licht?

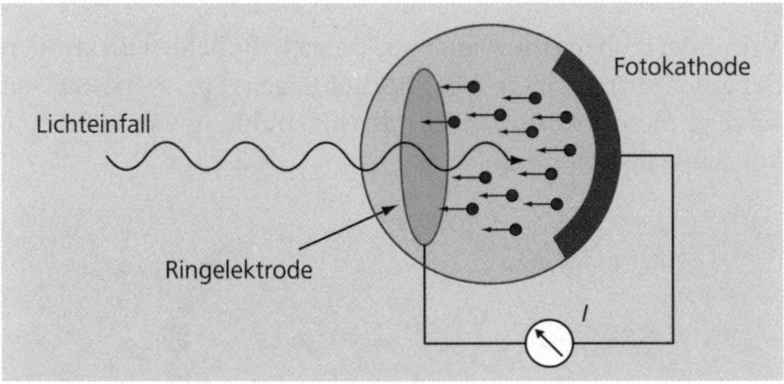

Die Antwort fand man mithilfe einer Verbesserung der experimentellen Anordnung zum Fotoeffekt. Stellt man in einer Vakuumröhre der Metallschicht eine ringförmige Elektrode gegenüber, so kann man in dieser ***Fotozelle*** die durch das Licht ausgelösten Elektronen auffangen und untersuchen.

Verbindet man die beiden Elektroden mit einem Strommessgerät, so zeigt dieses eine Stromstärke $I = \frac{\Delta Q}{\Delta t} = \frac{n \cdot e}{\Delta t}$ an, aus der auf die *Anzahl n* der ausgelösten Elektronen je Sekunde geschlossen werden kann (e = Ladung eines Elektrons).
Dabei zeigt sich:

- Wenn der Fotoeffekt überhaupt eintritt, dann wächst die Anzahl der Elektronen je Sekunde mit der Intensität des eingestrahlten Lichts.
- Beobachtet man bei einem bestimmten Material der Fotokathode, dass bei grünem Licht Elektronen emittiert werden, dann löst auch blaues, violettes und ultraviolettes Licht, d. h. Licht mit kleineren Wellenlängen, einen Fotoeffekt aus, gelbes und rotes Licht mit größeren Wellenlängen eventuell nicht.
- Der „Einsatzpunkt" auf einer Wellenlängenskala hängt vom Material ab: Bei Erdalkalien (1. Hauptgruppe) wie Caesium, Natrium, Kalium … werden bereits bei rotem Licht Elektronen ausgelöst, bei Metallen wie Zink, Silber, Platin … muss das Licht Ultraviolettanteile enthalten.

Verbindet man in einem anderen Versuch die beiden Elektroden der Fotozelle mit einem (sehr hochohmigen) Spannungsmesser, so zeigt dieses Instrument bei der Einstrahlung von Licht eine konstante Spannung an.

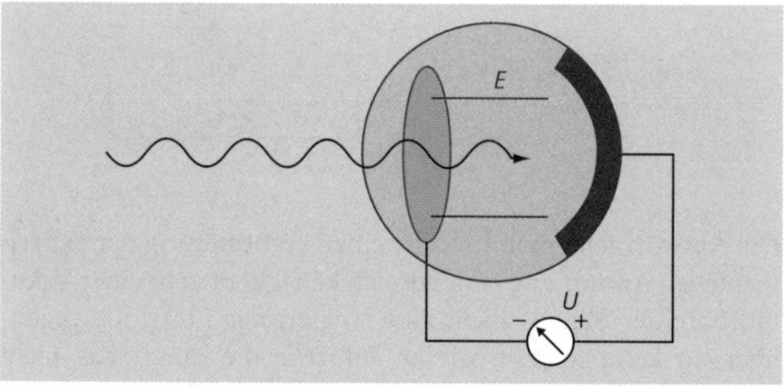

Die ausgelösten Elektronen laden die Ringelektrode negativ auf. Dadurch entsteht zwischen Fotokathode und Ringelektrode ein zunächst anwachsendes elektrisches Feld, das dem weiteren „Elektronennachschub“ entgegenwirkt. Nach Bruchteilen von Sekunden ist die elektrische Kraft in diesem Gegenfeld so groß, dass es selbst den schnellsten Elektronen nicht mehr gelingt, die Ringelektrode zu erreichen. Vergleichbar mit einer rollenden Kugel, die auf einem schräg gestellten Brett noch ein Stück weit nach oben rollt und dann kehrt macht, laufen die Elektronen gegen einen „Potenzialberg“ und kehren zur Kathode zurück.
In gleicher Weise, wie man bei der Kugel aus der maximal erreichten Höhe h mithilfe des Energieerhaltungssatzes der Mechanik (▶ S. 36) $m \cdot g \cdot h = \frac{1}{2} \cdot m \cdot v_0^2$ die anfängliche Geschwindigkeit v_0 und die maximale kinetische Energie $W_{kin} = \frac{1}{2} \cdot m \cdot v_0^2$ berechnen kann, so lässt sich dies auch für die Elektronen durchführen.
Bei der Spannung U besitzen die Elektronen an der Ringelektrode die potenzielle Energie $e \cdot U$, nach ihrem Austritt aus der Kathode benötigen sie den gleichen Betrag in Form kinetischer Energie $\frac{1}{2} \cdot m \cdot v_0^2$. Für die schnellsten Elektronen, die gerade noch den Ring erreichen, gilt also $\frac{1}{2} \cdot m \cdot v_{max}^2 = \mathrm{e} \cdot U$.

Das Produkt der beim Fotoeffekt gemessenen Spannung U und der Elektronenladung e ist also ein Maß für die Energie W_{El}, welche die Elektronen nach dem Austritt aus der Metalloberfläche besitzen. Es ist zweckmäßig (und bequemer) für diese Betrachtungen den Wert der Elementarladung $e = 1{,}602 \cdot 10^{-19}\,\mathrm{C}$ *nicht* einzusetzen, sondern eine neue Energieeinheit einzuführen.

Ein Elektron, das die Spannung 1 V durchlaufen hat, besitzt die Energie 1 eV ***(Elektronenvolt)***. Es ist $1\,\mathrm{eV} = 1{,}6 \cdot 10^{-19}\,\mathrm{J}$.

Die Bestimmung der maximalen Elektronenenergie beim Fotoeffekt, sie beträgt ca. 1 eV, zeigt überraschende Ergebnisse:

7

- Die Energie hängt *nicht* von der eingestrahlten Lichtintensität ab. Sehr helles wie auch abgeschwächtes Licht führen zum gleichen Spannungswert im Experiment.
- Die Farbe des eingestrahlten Lichts, d. h., seine Wellenlänge λ bzw. seine Frequenz $f = \frac{c}{\lambda}$, bestimmt die Spannung. Ist ein bestimmter Grenzwert der Frequenz überschritten, so wächst die Energie der Elektronen proportional zur Frequenz des Lichts. Der Grenzwert f_{grenz} selbst hängt vom Material der Fotokathode ab.

Diese Ergebnisse sind insofern überraschend, als man bei einer Wellenvorstellung des Lichts erwarten müsste, dass die Energie der ausgelösten Elektronen von der Intensität des Lichts abhängt. Je intensiver das eingestrahlte Licht, desto mehr Energie fällt pro Sekunde und Quadratzentimeter auf die Oberfläche der Fotokathode, und man könnte sich vorstellen, dass dann auch die herausgeschlagenen Elektronen mehr Energie mitnehmen würden. Bei einer mechanischen Welle wächst die Energiedichte im Volumen proportional zur Amplitude im Quadrat – unabhängig von der Frequenz. Dies auf eine Lichtwelle übertragen, hätte gegenteilige Ergebnisse beim Fotoeffekt erwarten lassen.
Einen Schlüssel zur Lösung dieses scheinbar paradoxen Verhaltens verdanken wir Albert Einstein, der hierfür 1921 den Nobelpreis erhielt. Einstein löste sich von der üblichen Wellenvorstellung und stellte die Hypothese auf, dass das Licht aus „Energiepaketen" bestehe und beim Fotoeffekt die Energie portionsweise auf die Elektronen übertragen werde. Die Energiepakete nannte er ***Photonen*** oder ***Lichtquanten***. Dabei wächst die Energie eines Photons proportional zur Frequenz, die man dem Licht in der Wellentheorie zuordnet:
$W_{\text{Photon}} = h \cdot f.$

MERKE

Die **Planck'sche Konstante** $h = 4{,}14 \cdot 10^{-15}\,\text{eV} \cdot \text{s} = 6{,}63 \cdot 10^{-34}\,\text{J} \cdot \text{s}$ ist eine universelle Naturkonstante die Max Planck zuvor schon bei anderen Vorgängen gefunden hatte.

Zeichnet man die Messergebnisse des Fotoeffekts für verschiedene Metalle in ein Schaubild, so erhält man für die Abhängigkeit der Elektronenenergie W_{el} $(= e \cdot U)$von der Frequenz f des Lichts eine Schar paralleler Geraden, die durch die Gleichung: $W_{el} = h \cdot f - W_a$ beschrieben werden.

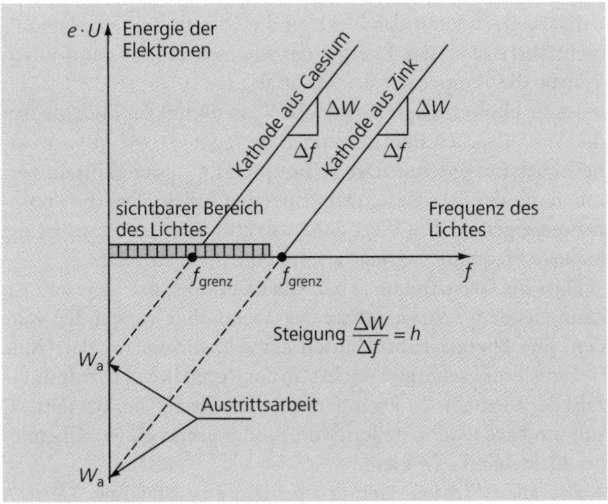

Nach der Deutung durch Einstein werden die Gleichung und die Geraden auch als ***Einstein-Gleichung*** bzw. ***Einstein-Geraden*** bezeichnet.

◆ Jedes Photon überträgt seine Energie nur auf ein Elektron; ein Elektron kann nicht die Energie mehrerer Photonen aufnehmen. Es existiert also keinerlei „Speichermechanismus", die Elektro-

7

nen können nicht die Energie mehrerer Photonen ansammeln, bis der Energiebetrag zur Ablösung aus dem Metallverband ausreicht. Wenn ein Fotoeffekt energetisch möglich ist, dann findet er spontan statt.

◆ Zum Verlassen der Kathodenoberfläche benötigen die Elektronen einen bestimmten Energiebetrag. Dieser hängt vom Material ab und wird als Austrittsarbeit W_a bezeichnet. Im Schaubild tritt die Austrittsarbeit als y-Achsenabschnitt in Erscheinung, wenn man die Geraden bis zum Schnittpunkt mit der y-Achse verlängert (extrapoliert).

◆ Ist die vom Photon übertragene Energie geringer als die Austrittsarbeit, so kann das Elektron die Oberfläche des Materials nicht verlassen. (Die Energie des Photons erhöht dann durch Wärme die Temperatur des Materials).

◆ Ist die Photonenergie größer als W_a, so nimmt das Elektron den die Austrittsarbeit übersteigenden Betrag $h \cdot f - W_a$ in Form kinetischer Energie mit. Der Schnittpunkt f_{grenz} der Einstein-Geraden mit der f-Achse kennzeichnet den Fall, in dem die Photonenergie gerade den Wert der Austrittsarbeit besitzt. Es ist die kleinste Frequenz, bei welcher der Fotoeffekt einsetzt.

◆ Dass die Grenzfrequenz bei Alkalikathoden am kleinsten ist, kann aus dem Schalenaufbau der Atomhüllen verstanden werden. Die Energie zum Ablösen eines Elektrons aus der Hülle (= Ionisierungsenergie) wächst (in der Regel) mit der Ordnungszahl der Elemente (= Protonenzahl ihrer Kerne) an. Bei den Alkali- und Erdalkalimetallen ist die Bindungsenergie (▶ Chemie) der Elektronen sehr klein.

◆ Die allen Einstein-Geraden gemeinsame Steigung $\frac{\Delta W}{\Delta f} = h$ bestätigt die Annahme, dass die Energie eines Photons proportional mit der Frequenz zunimmt.

Die Lichtquantentheorie stieß zunächst bei vielen Physikern auf Skepsis, auch bei Max Planck. Zu stark waren noch die Wellenvorstellungen in den Köpfen verwurzelt. Erst als noch weitere Erscheinungen und weitere Quantenobjekte entdeckt wurden, fand sie allgemeine Anerkennung. Auch der anfängliche Zwiespalt – ist das Licht nun eine Welle oder ein Strom von Quanten? – ist heute überwunden.

Der jahrzehntelang als Dualismus bezeichnete Widerstreit ist beigelegt. Wellentheorie und Photonentheorie sind zwei gleichwertige Aspekte, zwei Gedankenmodelle des „physikalischen Objekts" Licht. Tritt Licht mit Licht in Wechselwirkung, wie z. B. bei der Interferenz, so liefert die Wellentheorie zutreffende Aussagen, bei Wechselwirkungen mit Materie bewährt sich die Quantentheorie. Die Aussagen: „Licht ist eine Welle" bzw. „Licht besteht aus Photonen" sind jede für sich allein unzutreffend und unvollständig.

Weitere Lichteffekte, die mit einer Photonentheorie gedeutet werden können

Die Tatsache, dass nur UV-Licht einen Sonnenbrand verursacht, unterstützt die Photonentheorie. Die Frequenzen des *sichtbaren* Anteils im Sonnenlicht sind kleiner als diejenige Grenzfrequenz, ab der eine Schädigung der Eiweißmoleküle eintritt. Unter einem Scheinwerfer, dessen Licht keinen UV-Anteil enthält, könnten wir stundenlang ohne Gefahr eines Sonnenbrands verweilen, wenn nicht die Erwärmung der Haut eventuell zu Verbrennungen anderer Art führen würde.

Auch die unmittelbare Nähe eines starken Rundfunksenders können wir unbeschadet ertragen. Selbst wenn dieser Sender einige hundert Kilowatt Leistung abstrahlt, ist bei Sendefrequenzen um 10^9 Hz die Energie der einzelnen Photonen im Wellenbündel sehr gering. Die Energie der Röntgenphotonen ($f = 10^{18}$ Hz) ist dagegen milliardenfach (10^9-mal) größer und bei Wechselwirkungen mit biologischem Gewebe schädigend.

Röntgenstrahlung durchdringt die größtenteils wasserhaltigen Weichteile des menschlichen Körpers und wird erst durch den Phosphorgehalt in den Knochen merklich absorbiert. Gammastrahlung besitzt eine noch höhere Frequenz, ihre Quanten sind deshalb sehr energiereich und gefährlich.

Alle fotochemischen Prozesse laufen erst bei Überschreitung

einer Grenzfrequenz ab. Die Fotosynthese im Blattgrün benötigt grünes oder blaues Licht. Wären diese Lichtanteile im Sonnenlicht nicht enthalten (was wiederum von der Oberflächentemperatur der Sonne abhängt), wäre biologisches Leben – so wie wir es heute kennen – nicht möglich. Umgekehrt lässt sich schließen: Seit die ersten Einzeller in der Ursuppe der Weltmeere diesen effektiven Energiewandlungsprozess „entdeckt" haben, muss die Temperatur der Sonnenoberfläche ca. 5800 K betragen, eine Temperatur, bei der Gelbgrün am intensivsten abgestrahlt wird. Der Fotoeffekt findet heute in vielen technischen Geräten Anwendung. Bei einem Fotokopierer erzeugt der Fotoeffekt auf einer Selenplatte ein Ladungsbild der Vorlage. Bei Nachtsichtgeräten und in den Kameras der Camcorder setzt der Fotoeffekt ein optisches Bild in elektrische Signale um. In den CCD-Chips dieser Geräte werden Elektronen in Halbleitermaterialien durch Lichteinwirkung „energetisch angehoben", man spricht von einem *inneren* Fotoeffekt.
Auch in den sogenannten ***Solarzellen,*** speziell hergestellten Halbleitern zur direkten Umwandlung der Strahlungsenergie des Sonnenlichts in elektrische Energie, führt ein innerer Fotoeffekt zur Freisetzung von Elektronen. Der Wirkungsgrad von Silicium-Solarzellen liegt (heute) um 11 %. Da die Strahlungsleistung der Sonne auf 1 m^2 Erdoberfläche – bei senkrechtem Einfall und klarem Wetter – etwa 1 kW beträgt, lassen sich auf einer von Solarzellen bedeckten Fläche von 1 m^2 etwa 110 W „gewinnen". Auch wenn sich der Wirkungsgrad in der Zukunft vielleicht noch etwas steigern lässt (theoretisch sind 24 % möglich), hängt der wirtschaftliche Einsatz jedoch sehr stark von den klimatischen Bedingungen ab. Bei uns in Mitteleuropa sind im Jahr durchschnittlich 1000 kWh je m^2 zu erwarten, in Zentralafrika wären es doppelt so viel. Ein technisch noch nicht befriedigend gelöstes Problem ist die Speicherung von großen Mengen elektrischer Energie. Da Solarzellen nur am Tag produzieren, wir jedoch auch in den Nachtstunden großen Bedarf an elektrischer Energie haben – und dies zu jeder Jahreszeit –, ist derzeit an einen vollstän-

digen Ersatz der fossilen Energieträger durch regenerative Quellen nicht zu denken.

Die kurzwellige Grenze der Röntgenbremsstrahlung

Röntgenstrahlung entsteht, wenn Elektronen (in einer Vakuumröhre) mit großer Geschwindigkeit auf eine Metallanode prallen. Beim Aufprall werden sie stark abgebremst, ein Teil der Bewegungsenergie wird beim Aufprall in Form einer elektromagnetischen Welle (▶ S. 147 ff.) abgestrahlt.
Schickt man Röntgenstrahlung durch einen Kristall, so werden die Wellen an den regelmäßig angeordneten Atomen gebeugt und es kommt zu Interferenzerscheinungen.
Auf einem Leuchtschirm (oder einem Röntgenfilm) kann man diese sichtbar machen und die Wellenlänge bestimmen. Röntgenstrahlung zeigt Wellencharakter!
Dabei stellt man fest, dass die Strahlung aus einer Röntgenröhre ein kontinuierliches Spektrum (▶ S. 174) besitzt, durchsetzt von einigen wenigen Linien. Im Unterschied zu den kontinuierlichen Spektren der Optik, zeigen Röntgenspektren eine kurzwellige Grenze, d.h., Wellen mit $\lambda < \lambda_{grenz}$ treten im Spektrum nicht auf. Wie genaue Analysen des Spektrums zeigen, hängt λ_{grenz} nicht vom Material der Anode ab, jedoch von der Beschleunigungsspannung der Elektronen in der Röhre.

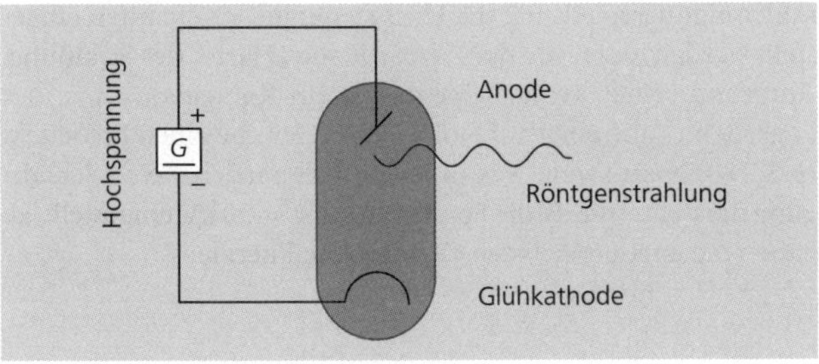

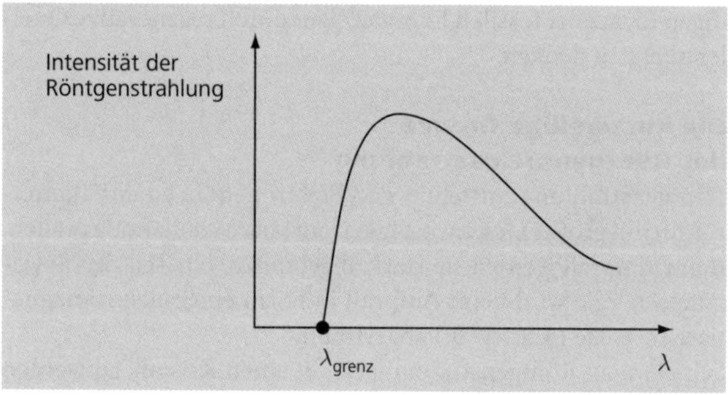

Mit der Photonenhypothese lässt sich dies folgendermaßen erklären: Beim Abbremsen der Elektronen wird Energie frei, die zum größten Teil zu einer Erwärmung der Anode führt, zum kleineren Teil in Form von Röntgenquanten abgestrahlt wird. Werden die Elektronen zwischen Kathode und Anode mit der Spannung U beschleunigt, so beträgt ihre Energie $e \cdot U$. Ein entstehendes Röntgenquant kann deshalb höchstens diesen Energiebetrag besitzen, es ist also $h \cdot f \leq e \cdot U$.

Mit $f = \frac{c}{\lambda}$ lässt sich auch schreiben $\frac{h \cdot c}{\lambda} \leq e \cdot U$ oder $\lambda \geq \frac{h \cdot c}{e \cdot U}$.
Die Photonentheorie erklärt also die kurzwellige Grenze der Röntgenstrahlung.
Bei Röntgengeräten kann deshalb durch eine Änderung der Beschleunigungsspannung die Höchstenergie der Quanten eingestellt werden, oder, wie der Arzt sagt, die „Härte“ der Strahlung. Aufgrund seiner großen Energie ist ein Röntgenquant in der Lage, beim Auftreffen auf biologisches Gewebe einen Fotoeffekt (▸ S. 180) auszulösen, was in jedem Fall zunächst eine Schädigung darstellt. Ist z. B. die Spannung auf U = 30 kV eingestellt, so haben die energiereichsten Quanten die Energie:
$W = e \cdot U = 30\,000\,\text{eV}\ (= 4{,}8 \cdot 10^{-15}\,\text{J})$.

Im Wellenbild beträgt die zugehörige Höchstfrequenz:

$$f = \frac{e \cdot U}{h} = \frac{3 \cdot 10^4\,\text{eV}}{4{,}14 \cdot 10^{-15}\,\text{eV} \cdot \text{s}} = 7{,}25 \cdot 10^{18}\,\text{Hz},$$

die minimale Wellenlänge:

$$\lambda = \frac{c}{f} = \frac{3 \cdot 10^8\,\frac{\text{m}}{\text{s}}}{7{,}25 \cdot 10^{18}\,\text{Hz}} = 4{,}14 \cdot 10^{-11}\,\text{m}$$

$= 41{,}4\,\text{pm}$ (Picometer).

Der Compton-Effekt

Dass Licht an kleinen Partikeln in der Luft gestreut wird, ist eine alltägliche Erscheinung. Auch bei einer Lasershow wird das Licht an kleinen Nebel- oder Rauchpartikeln gestreut, man sieht den Laserstrahl dann auch quer zu seiner Ausbreitungsrichtung. Produziert der Laser z.B. grünes Licht, so erwartet man selbstverständlich, dass auch das gestreute Licht diese Farbe besitzt. Als der Amerikaner Arthur H. Compton 1922 die Streuung von Röntgenlicht an den Kohlenstoffatomen in einer Graphitfolie untersuchte, fand er ein überraschendes Ergebnis. Das seitlich und rückwärts gerichtete Streulicht hatte eine größere Wellenlänge als das eingestrahlte Licht. Könnte man Röntgenlicht sehen, hätte das seitliche Streulicht eine andere Farbe gehabt, im Spektrum näher zum roten Anteil hin. Die Vergrößerung der Wellenlänge hing vom Streuwinkel ab. Direkt rückwärts gerichtetes Streulicht hatte die größte Wellenlänge.

Eine Erklärung dieser Erscheinung auf der Grundlage einer Wellentheorie bereitet Probleme. Bei der Einstrahlung des Röntgenlichts hätten die Elektronen des Graphits in Resonanz geraten müssen, d.h., sie hätten Schwingungen mit der Frequenz des Lichts ausführen müssen. Durch diese beschleunigte Bewegung wären sie selbst zu Sendern geworden und hätten Licht der *gleichen* Wellenlänge abgestrahlt.

Mit der Photonentheorie konnte Compton die Wellenlängenvergrößerung (bzw. Frequenzerniedrigung) erklären: Wenn ein Röntgenquant der Energie $h \cdot f$ auf ein (schwach gebundenes) Elektron des Streumaterials stößt, ändert es seine Richtung und überträgt einen Teil seiner Energie auf das Elektron. Danach fliegt das Photon mit verminderter Energie $h \cdot f'$ und entsprechend geringerer Frequenz weiter. Als Compton dem Photon nicht nur eine Energie sondern auch einen Impuls (▶ S. 41) $p = m \cdot v$ mit der Geschwindigkeit $v = c$ zusprach, konnte er mit den Stoßgesetzen (der Mechanik!) die Abhängigkeit der Wellenlängenänderung vom Streuwinkel berechnen und fand eine exakte Übereinstimmung mit den Messergebnissen.

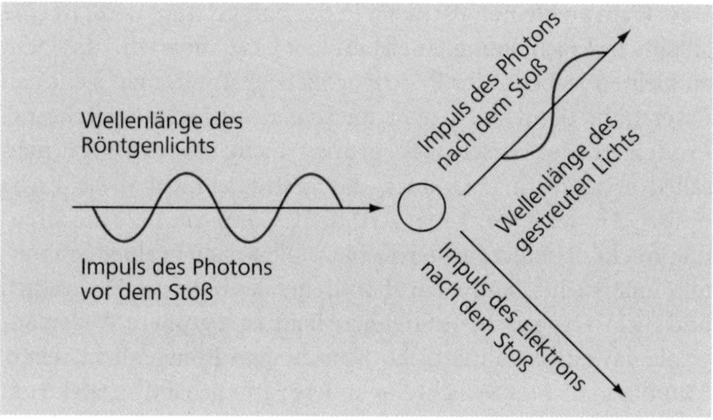

Mit der von Einstein gefundenen Gleichwertigkeit von Masse und Energie: $W = m \cdot c^2$ lässt sich jeder Masse m eine Energie W zuordnen. Ein Photon der Energie $h \cdot f$ besitzt deshalb die Masse

$m = \frac{h \cdot f}{c^2}$.

Sein Impuls $p = m \cdot c = \frac{h \cdot f}{c}$ ist proportional zur Frequenz.

Bei den Frequenzen des *sichtbaren* Lichts ist der Impuls der Photonen so gering, dass der Compton-Effekt bei der Streuung unmerklich klein ausfällt. Wenn wir in den Spiegel blicken, so sehen wir ein farbgetreues Spiegelbild.

7.2 Elektronenwellen, Wahrscheinlichkeitswellen

Die Frage, ob Photonen eher Teilchen oder Welle sind, muss unbeantwortet bleiben. Beim Compton-Effekt misst man Wellenlängen, andererseits benötigt man zur Erklärung Größen wie Masse und Impuls, Eigenschaften, die man bisher ausschließlich Teilchen zuordnete.

Im Jahr 1923 schlug der französische Physiker Louis Prince De Broglie eine Umkehrung in der Gedankenführung vor. Wenn Licht neben den typischen Welleneigenschaften auch Teilcheneigenschaften hat, könnten Teilchen auch Welleneigenschaften zeigen. Einem „anerkannten" Teilchen, wie dem Elektron, könnte dann bei einem bekannten Impuls p eine Wellenlänge $\lambda = \frac{h}{p}$ zugeordnet werden.

Mit der Vorstellung von ***Elektronenwellen*** konnte De Broglie ein Problem beim Aufbau der Atome (▶ Atomphysik) erklären.

Einen überzeugenden Beweis für die Existenz von Elektronenwellen lieferte ein Experiment der Amerikaner C. Davisson und L. Germer. Werden Elektronen in einem elektrischen Feld beschleunigt, so erreichen sie große Geschwindigkeiten und besitzen einen Impuls $p = m \cdot v$, dem eine ***De-Broglie-Wellenlänge*** $\lambda = \frac{h}{p} = \frac{h}{m \cdot v}$ zugeordnet ist.

Bei einer Beschleunigungsspannung von einigen zehntausend Volt liegen die Wellenlängen im Picometerbereich, von gleicher Größenordnung wie die Wellenlängen von Röntgenlicht.

Davission und Germer schickten einen Elektronenstrahl durch eine dünne Metallfolie und erhielten auf einem Leuchtschirm ein Interferenzmuster in ähnlicher Weise wie bei einer Durchstrahlung mit Röntgenstrahlen.

1961 gelang die Messung der Elektronenwellenlänge in einem Doppelspaltversuch (▶ S. 165 ff.), in völlig analoger Weise wie die Wellenlängenbestimmung bei Licht durchgeführt wird. Doch dieses Experiment mit Elektronen bot noch eine weitere Überraschung. Man konnte sehr leicht die Anzahl der Elektronen, die auf den Doppelspalt zuflogen, so weit verringern, dass man sicher war, dass jeweils nur *ein* Elektron gerade auf dem Weg ist. Trotzdem zeigte ein Film, der einige Wochen lang hinter dem Doppelspalt die „Einschlagstellen" der Elektronen registrierte – nach dem Entwickeln – das gewohnte Interferenzmuster, ein helldunkles Streifensystem! Wie bei einem Doppelspaltversuch mit Licht wechselten sich Maxima und Minima auf dem Schirm ab. Die Erklärung sowohl mit Teilchen- als auch mit Wellenvorstellungen bereitet Probleme.

- Wie sollen Elektronen mit Elektronen interferieren?
- Wodurch wird bestimmt, welchen der Spalte das Elektron auswählt, eine Wahl, die schon vor dem Einschlag auf dem Schirm feststehen muss?
- Woher soll ein Elektron – jeweils jedes Einzelne für sich – beim Passieren eines Spaltes „wissen", wohin es zu fliegen hat, sodass die vielen Milliarden Nachfolger während einiger Wochen der Versuchsdauer dieses Muster erzeugen?
- Können die Elektronen eine Absprache treffen, besitzen sie ein Gedächtnis? – unvorstellbar.

Die Teilchenvorstellung von Elektronen, etwa als kleine Kügelchen, liefert für dieses Verhalten keine Erklärung. Aber auch eine Wellenvorstellung hilft nicht weiter. Wie soll man sich ein Elektron als Welle vorstellen? Wenn überhaupt, dann müsste ein Elektron ein ganz kurzer Wellenzug sein, höchstens ein paar Wellenlängen lang. Dann wäre aber beim Doppelspaltversuch keine Interferenz möglich. Seitlich der Mittelsenkrechten sind die Wegdifferenzen zu einem Schirmpunkt bereits so groß, dass zwei im Doppelspalt getrennte Wellenzüge dort gar nicht mehr gleichzeitig einträfen.

Nach vielen Bemühungen der theoretischen Physiker um Werner Heisenberg, Niels Bohr, Wolfgang Pauli und anderen, schlug Max Born (schon um 1930) ein weiteres, dem Wellen- und Photonenmodell übergeordnetes Modell vor – ein Modell, das mit mathematischen Mitteln (Wahrscheinlichkeitsrechnung) die Versuchsergebnisse richtig wiedergibt, zu dem es jedoch keine konkrete Vorstellung gibt.

In der Abbildung ist die Intensitätsverteilung eines Interferenzbildes hinter einem Doppelspalt (oder einem Gitter) aufgetragen. Bei einem Versuch mit Licht würden die Maxima als Helligkeiten, die Täler als Dunkelstellen gedeutet werden, d.h. die auftreffende Lichtenergieverteilung wiedergeben.

Borns Deutung für Elektroneninterferenzen ist folgende: Teilt man die x-Achse der Intensitätskurve in gleich breite Streifen ein, so geben die Höhen der grauen Säulen unter der Kurve die Wahrscheinlichkeit an, mit der in diesem Streifen mit einem Elektroneneinschlag zu rechnen ist. Nach Born sind die Amplituden (genauer: die Quadrate der Amplituden) in Wellengleichungen ein Maß für die Wahrscheinlichkeit des Antreffens eines Quantenobjekts. Man spricht deshalb von ***Wahrscheinlichkeitswellen***.

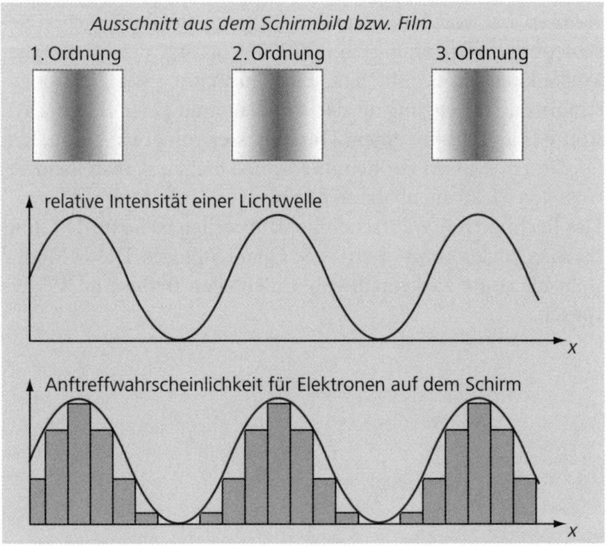

Elektronen, wie auch die anderen Elementarteilchen und Photonen, sind weder Teilchen noch Welle, es sind Quantenobjekte, die eigene Regeln befolgen. In der makroskopischen Welt, die unseren Sinnen *unmittelbar* zugänglich ist, gibt es keine Objekte, die sich wie Elektronen verhalten.
Insbesondere können keine Flugbahnen dieser Quantenobjekte angegeben und aus den Kräften berechnet werden. Der Bahnbegriff, so wie er von Newton in die Physik eingeführt wurde, hat in der Mikrowelt keine Realität. Aus der Kenntnis des Ortes eines Körpers und seines augenblicklichen Impulses kann in einer Newton'schen Physik die Weiterbewegung des Körpers berechnet werden; in der Mikrowelt können Ort und Impuls grundsätzlich nicht gleichzeitig beliebig genau bestimmt werden. Diese von Werner Heisenberg entdeckte ***Unbestimmtheitsrelation*** gilt heute als grundlegendes Gesetz der Quantenphysik.
Dass Fernsehtechniker weiterhin von Elektronenstrahlen in den Fernsehröhren sprechen und die Bahnen auf $\frac{1}{100}$ mm genau berechnen, hat trotzdem seine Berechtigung. Bei der üblichen Beschleunigungsspannung von 30 000 V beträgt die De-Broglie-Wellenlänge ca. $5 \cdot 10^{-9}$ mm. Eine Aufweitung des Elektronenstrahls durch Beugung an der Anodenöffnung der Braun'schen Röhre (▶ S. 110) mit einem Durchmesser von etwa $\frac{1}{10}$ mm, tritt bei diesem krassen Größenunterschied nicht auf, man kann getrost von Elektronenbahnen reden.
Das Rechnen mit Wahrscheinlichkeitswellen ist heute das „Einmaleins" in der Atom-, Kern- und Quantenphysik. Dieses Modell steht bis heute zu keinem experimentellen Befund im Widerspruch.

Atomphysik 8

Noch vor 100 Jahren unterbrach der Wiener Physiker Ernst Mach jeden, der von Atomen redete, mit der Zwischenfrage: „Ham's ans g'sehn?".

Mach gehörte zu einer Gruppe Physiker, die der Ansicht waren, dass alles, was man nicht sehen und nicht messen könne, keinen Platz in der Physik hätte.

Heute beschäftigt sich die überwiegende Mehrheit der Physiker in den Labors mit Dingen, die sie direkt nicht sehen können. Da die Atome einen ca. 1000-mal kleineren Durchmesser als die Lichtwellenlänge haben, wird man sie niemals durch ein Lichtmikroskop sehen können. Durch ausgeklügelte Experimente sind jedoch eine Vielzahl ihrer Eigenschaften wie Gestalt, Masse, elektrische Ladung, Energiestufen … gemessen worden, sodass wir uns heute von den Atomen ein recht detailliertes Bild machen können und niemand mehr an ihrer Existenz zweifelt.

Die von den antiken Griechen erstmals entwickelte Vorstellung, dass die Materie „körnig" sei, d. h., aus kleinen Bausteinen bestehe, hat sich in ihrer Grundidee erhalten, auch wenn wir heute hinter der von den Griechen eingeführten Bezeichnung „a-tomos" für die Eigenschaft „unteilbar" ein Fragezeichen setzen. Längst sind wir in der Lage, Atome zu teilen, der Atomkern kann gespalten werden (▶ S. 221 ff. Kernphysik), doch ob dieser Teilungsprozess bei jeder Generation von „Sub-Teilchen" weitergeführt werden kann, ist eine zurzeit noch offene Frage.

Bei den Experimenten zur Zertrümmerung von Elementarteilchen sind in den letzten Jahren völlig unerwartete Ereignisse aufgetreten: Ab einer gewissen Größe nahm die Masse der Trümmmerteile wieder zu; eines besaß die Masse eines Goldatoms! (Die große Energie, die man zum Zertrümmern eines

Elementarteilchens aufwenden muss, manifestiert sich bei diesem Prozess nach der Einstein'schen ***Masse-Energie-Beziehung*** $W = m \cdot c^2$ anschließend in Form von Masse.)

8.1 Historische Atommodelle

Vorstellungen, die man sich vom Aufbau der Atome macht, werden als ***Atommodelle*** bezeichnet. Diese haben sich in den vergangenen Jahrhunderten des Öfteren geändert. Durch neue Entdeckungen und erweiterte Untersuchungsmöglichkeiten mussten Modellvorstellungen nachgebessert und verfeinert werden. Neue Modelle lösten die alten ab, wenn sie die Natur besser beschrieben. Ob dasjenige Bild, das wir uns gegenwärtig vom Aufbau der Atome machen, in der Zukunft nochmals revidiert werden muss, kann augenblicklich niemand beantworten. Wenn wir die Geschichte der Atommodelle betrachten, wird man dies eher bejahen müssen.

Das Atommodell von Rutherford

Ernest Rutherford fand um 1905 heraus, dass die von Henri Becquerel entdeckte α-Strahlung aus einem Strahl zweifach positiv geladener Heliumkerne besteht, aus Ionen, deren Masse ca. 7 000-mal größer ist als die eines Elektrons. Als er (zusammen mit seinem Schüler Ernest Marsden) problemlos einen α-Strahl durch eine dünne Goldfolie schicken konnte, bezeichnete Rutherford dies als das „unglaublichste Ergebnis, das ihm je widerfuhr". Die α-Teilchen passierten die Goldfolie von mindestens 100 Atomlagen Dicke so, als wären die Atome „durchsichtig", die Atome konnten deshalb keine undurchdringlichen Kugeln sein. Weitere Untersuchungen von Rutherford zeigten, dass gelegentlich ein α-Teilchen etwas von seiner geradlinigen Bahn abgelenkt wurde und – äußerst selten, aber doch nachweisbar – ein α-Teilchen an der Goldfolie zurückprallte. Für seine

Folgerungen aus diesen Versuchsergebnissen bezüglich eines Atombaus erhielt Rutherford 1908 den Nobelpreis.
Nach den Vorstellungen des Rutherford'schen Atommodells ist fast die ganze Masse eines Atoms in einem winzig kleinen Kern des Atoms vereinigt. Dieser harte Atomkern hat einen Durchmesser von ca. 10^{-14} m, 10 000-mal kleiner als der Atomdurchmesser. Er ist elektrisch positiv geladen, seine Ladung besteht aus Z positiven Elementarladungen (▶ S. 118).

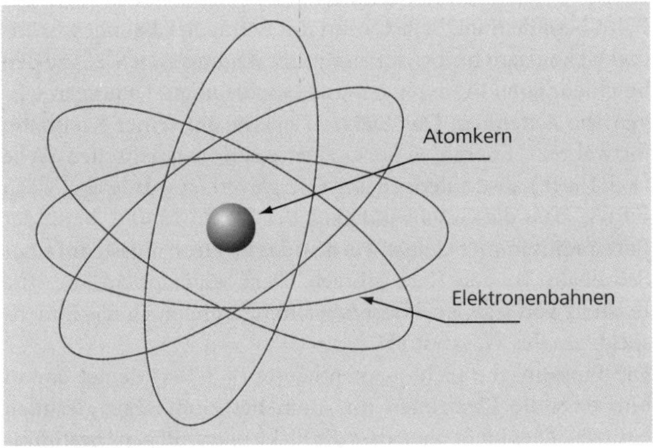

Die Kernladungszahl Z charakterisiert die verschiedenen Elemente, bestimmt also die chemischen Eigenschaften. Eine gleich große negative Ladungsmenge bilden die Z Elektronen, die den Kern umgeben. Da zwischen dem Kern und den Elektronen anziehende elektrische Kräfte wirken, muss auf die Elektronen eine Gegenkraft einwirken, sonst wären sie schon bei der Entstehung der Elemente in den Kern gestürzt. Als einzige „Denkmöglichkeit" bietet sich die Vorstellung an, dass die Elektronen auf Kreisbahnen den Atomkern umrunden, Bahnen, auf denen eine Zentrifugalkraft (▶ S. 25) nach außen wirkt.

Durch den anschaulichen Vergleich mit den Bahnen der Planeten, die eine zentrale Sonne umkreisen, fand dieses *Planetenmodell* des Atoms begeisterten Zuspruch, nicht nur bei Physikern.

Das Atommodell von Bohr

Den Dänen Niels Bohr beschäftige ein „Schönheitsfehler" des Rutherford'schen Modells. Wenn das Elektron des Wasserstoffatoms (wir nehmen das einfachste Atom) aufgrund seiner Kreisbewegung nicht in den Kern stürzt, so ist es doch auf dieser Bahn beschleunigt. Selbst wenn der Betrag der Bahngeschwindigkeit konstant bleibt, zählen Kreisbewegungen (▶ S. 25) zu den beschleunigten Bewegungen und beschleunigte Ladungen wirken wie Antennen. Das Elektron müsste auf seiner Kreisbahn fortwährend Energie in Form einer elektromagnetischen Welle (▶ S. 150 ff.) abstrahlen. Dieser Energieverlust würde aber dazu führen, dass die Geschwindigkeit des Elektrons und damit der Bahnradius immer kleiner würden; das Elektron müsste auf einer Spiralbahn in den Kern stürzen. Dem widerspricht aber die Existenz von stabilen Wasserstoffatomen und auch das Linienspektrum des Wasserstoffs.
Die Einstein'sche Lichtquantentheorie (▶ S. 184) deutet darauf hin, dass die Elektronen im Atom bestimmte Energiestufen besitzen. Dies hieße aber, dass die Elektronen mit ganz bestimmten Bahnradien den Kern umlaufen, Radien, die für jede Atomsorte einen typischen Wert hätten. Doch warum ist in Atomen nicht jede beliebige Größe möglich, während im Planetensystem der Sonne jeder Radius erlaubt ist?
Bohr schlug eine radikale Lösung vor: „In den Atomen ist ein Teil der bisherigen Physik außer Kraft gesetzt!"
Grundlage für das ***Bohr'sche Atommodell*** sind zwei Postulate:
1. Im Atom gibt es Bahnen, auf denen Elektronen strahlungslos und beliebig lange kreisen können.
2. Springt ein Elektron von einer Bahn mit größerem Radius (sie ist energiereicher) auf eine Bahn mit kleinerem Radius, so wird die Energiedifferenz $|W_2 - W_1|$ in Form eines Quants (▶ S. 184) der

Energie $h \cdot f$ emittiert. Die diesem Quant zugeordnete Wellenlänge $\lambda = \frac{h \cdot c}{|W_2 - W_1|}$ wird im Linienspektrum gemessen.

Für die zulässigen Bahnradien im Atom postulierte Bohr (eine Reihe komplizierter Überlegungen) aus dem Bahnumfang U_n, der Elektronengeschwindigkeit v_n auf dieser Bahn, der Elektronenmasse m und der Planck'schen Konstanten h die ***Bohr'sche Quantenbedingung***:

$U_n \cdot m \cdot v_n = n \cdot h,$

wobei $n = 1, 2, 3, \ldots$ die Bahnen von innen nach außen durchnummeriert. Mit wachsendem n steigt die Gesamtenergie des Elektrons (= Summe aus kinetischer und potenzieller Energie). Zu jedem n-Wert gehört eine Energiestufe W_n, Zwischenwerte der Energie sind nicht erlaubt.

Bohr'sches Atommodell

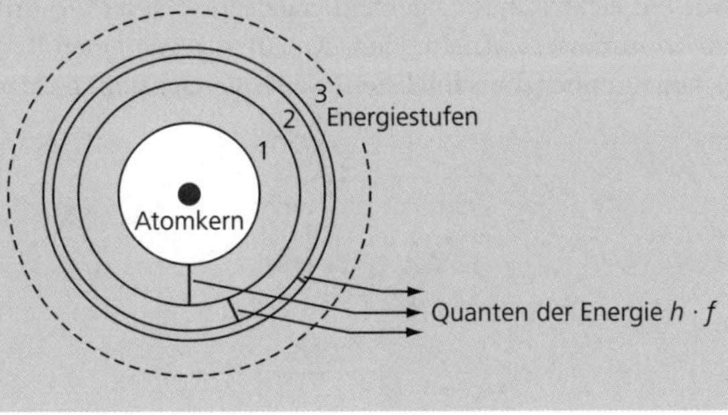

Mit den beiden Postulaten und der Bohr'schen Quantenbedingung konnten die Wellenlängen des Wasserstoffspektrums berechnet werden. Die Übereinstimmung mit den gemessenen Werten war frappierend, das Bohr'sche Atommodell schien glänzend bestätigt.

Der Franck-Hertz-Versuch

Die im Zusammenhang mit der Lichtemission postulierten Energiestufen lassen sich auch auf eine andere Weise nachweisen. James Franck und Gustav Hertz untersuchten erstmals 1912 die Energieübertragung von Elektronen auf Atome durch Stöße. Elektronen aus einer Glühkathode werden in einer Drei-Elektroden-Röhre zwischen Kathode und Anode beschleunigt. Da die Anode gitterförmig ausgebildet ist, fliegt ein Teil der Elektronen zu einer Auffängerelektrode weiter.

Ein Strommessgerät zeigt bei konstanter Kathodentemperatur und konstanter Beschleunigungsspannung eine konstante Stromstärke an. Wird die Röhre mit einem Gas oder einem Dampf gefüllt (z. B. Quecksilber), so prallen die Elektronen gelegentlich auf Atome, geben bei dem Stoß Energie ab und fliegen mit verminderter Geschwindigkeit weiter. Wird nun durch eine weitere Spannungsquelle zwischen Anode und Auffängerelektrode ein elektrisches Gegenfeld angelegt, so sinkt die Anzeige des Strommessers. Analog dem Anlaufen gegen einen Berg erreichen nur noch die schnellsten (= energiereichsten) Elektronen

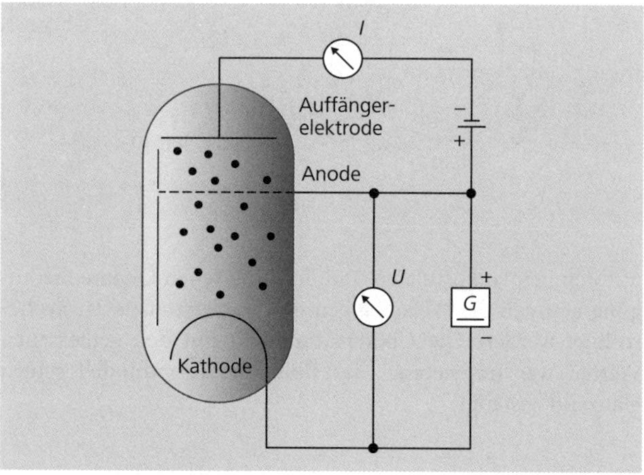

die Auffängerelektrode. Steigert man in dem Versuch die Beschleunigungsspannung (bei konstanter Gegenspannung), so erhält man die in der Abbildung ersichtliche Strom-Spannungs-Kennline.

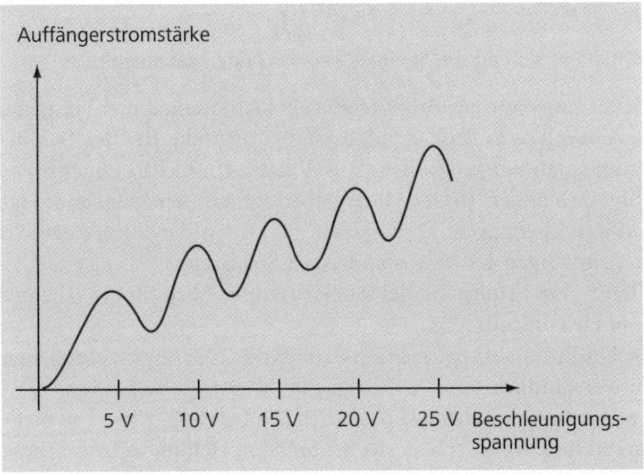

Von 0 V ausgehend steigt zunächst die Stromstärke an, bis sie bei ca. 5 V absinkt, um anschließend wieder zu steigen. In regelmäßiger Folge wiederholen sich relative Maxima und Minima der Stromstärke. Bei einer Spannung von 5 V verlieren offenbar viele Elektronen durch Stöße mit Quecksilberatomen Energie, aber warum geschieht dies nicht schon bei kleineren Beschleunigungsspannungen?
Eine Antwort folgt aus der Energiestufenhypothese: Quecksilberatome können nur ganz *bestimmte* Energiebeträge des stoßenden Elektrons aufnehmen. Die Masse eines Quecksilberatoms ist ca. 400 000-mal größer als die Masse eines Elektrons. Bei einem Stoß prallt daher das Elektron ab wie ein Ball von einer Wand, ohne Energie zu verlieren (▶ vollelastischer Stoß). Das Quecksilberatom kann nur dann Energie aufnehmen, wenn es vom Grundzu-

stand in einen energetisch angeregten Zustand übergehen kann. Die kleinstmögliche Energieportion beträgt bei Quecksilber 4,9 eV. Unterstützt wird diese Hypothese durch die Beobachtung, dass das Quecksilberatom UV-Licht der Frequenz:

$$f = \frac{W}{h} = \frac{4{,}9 \cdot 1{,}6 \cdot 10^{-19}\,\mathrm{J}}{6{,}6 \cdot 10^{-34}\,\mathrm{J \cdot s}} = 1{,}2 \cdot 10^{15}\,\mathrm{Hz}$$

emittiert, sobald die Stromstärke das erste Mal absinkt.

Jedes angeregte Hg-Atom sendet ein Lichtquant dieser Frequenz aus, wenn es in den Grundzustand zurückfällt. Bei Beschleunigungsspannungen größer als 10 V kann ein Elektron mehrmals hintereinander diesen Energiebetrag auf verschiedene Hg-Atome übertragen. Dies erklärt die Stufen der Stromkurve in regelmäßigen 4,9-V-Abständen der Spannung.
Trotz des Erfolgs in der Spektroskopie blieb Bohrs Theorie unbefriedigend:

- Die Postulate negierten ein Grundgesetz der Physik, sie blieben unverständlich.
- Die Anwendung des Bohr'schen Modells auf Atome mit mehreren Elektronen scheiterte. Schon beim Helium mit zwei Elektronen stimmten die berechneten Frequenzen mit den gemessenen nicht mehr überein. Einen ersten Schritt zur Lösung dieser Probleme lieferte die Doktorarbeit von Louis De Broglie im Jahr 1924. Die von De Broglie formulierten Elektronenwellen (▶ S. 193) lieferten einen Schlüssel zum Verständnis der stabilen Bahnen.

Ein Wellenvorgang transportiert keine Energie, wenn sich eine stehende Welle (▶ S. 87) ausbildet. Die Energie ist dann zwischen den Knoten „eingefangen".
Sieht man die Elektronen des Atoms als einen Wellenvorgang an, so ist bei einer stehenden Welle längs der Kreisbahn die Energie konstant, der Bahnradius kann stabil bleiben. Stehende Wellen können sich längs einer Kreislinie aber nur dann ausbilden, wenn die De-Broglie-Wellenlänge $\lambda = \frac{n \cdot h}{m \cdot v_n}$ ganzzahlig oft in den

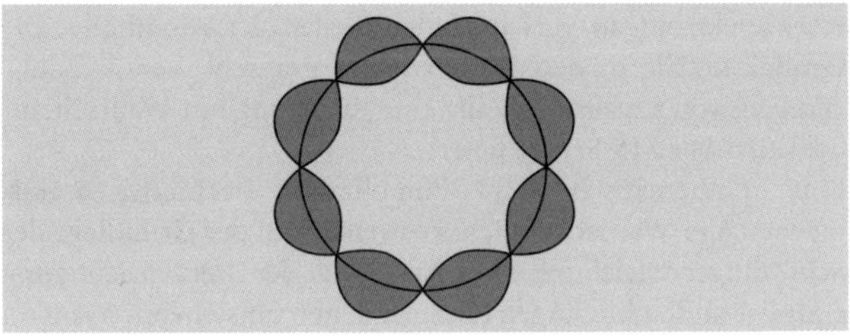

Umfang „passt“: $n \cdot \lambda = U_n = 2\pi \cdot r_n$. Ein Einsetzen der De-Broglie-Wellenlänge liefert die Bohr'sche Quantenbedingung.
De-Broglie-Elektronenwellen erklärten jedoch nicht, warum diese Theorien bereits beim He-Atom versagen. Der Grund dafür wurde erst später entdeckt: Bohr hatte das Elektron als „klassisches Teilchen“ angesehen, ausgestattet mit einem ganz bestimmten Impuls auf einer Bahn mit einem ebenso genau angebbaren Radius. Die Quantentheorie des Elektrons (▸ S. 193) und die Unbestimmtheitsrelation von Heisenberg (▸ S. 196) machen aber deutlich, dass der Bahnbegriff auf das Verhalten eines einzelnen Elektrons nicht passt, Ort und Impuls (und damit die Geschwindigkeit) können bei Mikroobjekten nicht gleichzeitig scharfe, messbare Werte annehmen.
Erst die konsequente Anwendung der Quantenphysik löste die letzten Widersprüche. Das Bohr'sche Modell in seiner ursprünglichen Form wird deshalb heute als ein unzutreffendes, falsches Modell angesehen, das nur *zufällig* für Wasserstoff richtige Werte liefert.

8.2 Das Orbitalmodell

Darstellungen des Wasserstoffs im ***Orbitalmodell*** finden sich in jedem Chemiebuch, wolkenartige Gebilde, die keine Elektronenbahnen erkennen lassen. Die Dichte eines Punkterasters oder Farbabstufungen symbolisieren die Antreffwahrscheinlichkeit

eines Elektrons an verschiedenen Stellen der Atomhülle. Die Orbitalmodelle in den Büchern sind grafische Veranschaulichungen von Ergebnissen, die eine Rechnung mit Wahrscheinlichkeitswellen (▶ S. 193) liefert.
Eine mathematisch recht komplizierte Rechnung dreidimensionaler Wahrscheinlichkeitswellen, auf der Grundlage der Schrödinger-Gleichung (▶ S. 207) und der Berücksichtigung einiger Randbedingungen (ähnlich denen für stehende Wellen), liefern die im Bohr'schen Modell unverständlichen Energiestufen nicht nur für das Wasserstoffatom, sondern auch für alle anderen Atome.
Chemische Bindungen der Atome lassen sich im Orbitalmodell verstehen und berechnen. Die Anordnung der Elemente im Periodensystem erfolgt aus einem Orbitalmodell, wenn man das *Pauli-Prinzip* hinzunimmt: Jedes Orbital kann von höchstens zwei Elektronen besetzt werden.
Erst auf ihrer Grundlage waren die großen Erfolge in der Kunststoffchemie und der Halbleitertechnologie möglich.

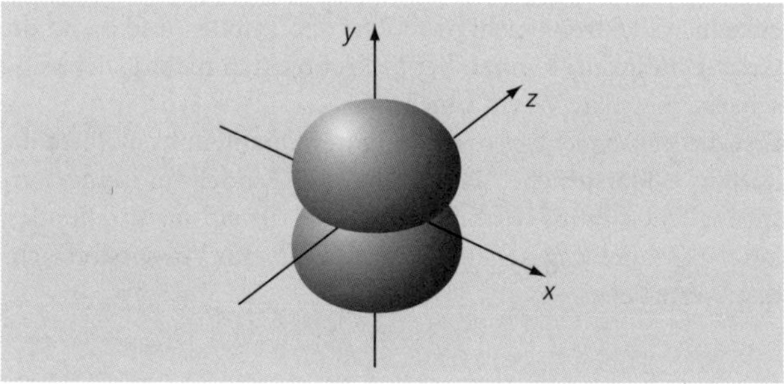

Quantenphysik und Orbitalmodell haben sich zu unentbehrlichen Werkzeugen der Atomphysiker und Chemiker entwickelt. Die Rätsel des Atomaufbaus sind größtenteils gelöst.

8.3 Die Schrödingergleichung

Mit der ***Schrödingergleichung*** lassen sich die möglichen Wellenfunktionen eines Teilchens berechnen sowie die jeweils zugehörigen Energien. Dabei werden die auf das Teilchen einwirkenden Kräfte berücksichtigt, indem man dessen potenzielle Energie in die Gleichung einsetzt.

Die ***Wellenfunktion*** $\psi_n(x, y, z)$ eines Teilchens beschreibt seinen Zustand bzw. dessen zeitliche Entwicklung. Das Quadrat der Wellenfunktion liefert die Wahrscheinlichkeit, das Teilchen zu einer bestimmten Zeit an einem bestimmten Ort zu finden. Stellt man diese räumlich dar, erhält man z. B. die Orbitale eines Elektrons im Atom.

Für den Schulunterricht ist bereits die Lösung der Schrödingergleichung für das einfachste Atom – das Wasserstoffatom – zu kompliziert. Vereinfacht wird daher angenommen, das Elektron befinde sich in einem ***Potenzialtopf*** mit senkrechten, unendlich hohen Wänden; zudem bewegt sich das Elektron nur in x-Richtung und die potenzielle Energie wird als 0 angenommen. Als Lösungen ergeben sich stehende Wellen mit Schwingungsknoten an den Wänden. (Da das Elektron nicht in die Wände eindringen kann, ist hier die Wellenfunktion, und auch ihr Quadrat, die Aufenthaltswahrscheinlichkeit, null.)

Eine stehende Welle entsteht nur dann, wenn gilt:

$L = n \cdot \frac{\lambda}{2}$ $(n = 1, 2, 3 \ldots)$ oder: $\lambda = \frac{2L}{n}$.

Mit dieser Bedingung lässt sich die kinetische Energie $E_{\text{kin}} = \frac{1}{2} m_e \cdot v^2$ des Elektrons bestimmen (wegen der Annahme $E_{\text{pot}} = 0$ ist dies seine Gesamtenergie). Die de-Broglie-Wellenlänge des Elektrons ist: $\lambda = \frac{h}{m_e \cdot v}$. Aus den beiden Gleichungen für λ folgt für die Geschwindigkeit des Elektrons $v = \frac{h \cdot n}{2L \cdot m_e}$.

Für seine kinetische Energie erhält man damit:

$E_{kin} = E_n = \frac{h^2}{8m_e \cdot L^2} \cdot n^2$ ($n = 1, 2, 3 \ldots$; h = Planck'sche Konstante; m_e = Elektronenmasse; L = Topfbreite).

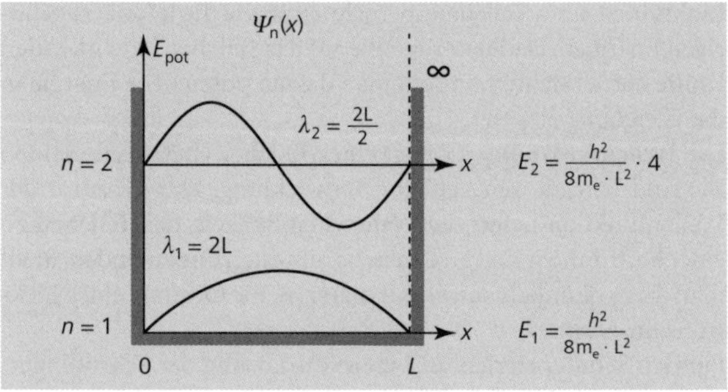

Das Elektron kann also nur bestimmte Energiewerte annehmen, die von n und der Topfbreite L abhängen.
Der rechteckige Potenzialtopf ist ein sehr vereinfachtes Modell, aber er zeigt das Prinzip, nach dem auch für das Elektron im *Wasserstoffatom* die Energieniveaus der Orbitale berechnet werden können. Für diese ergibt sich: $E_n = -13{,}6\,\text{eV} \cdot \frac{1}{n^2}$.

n ($n = 1, 2, 3 \ldots$) heißt ***Hauptquantenzahl,*** sie gibt die Nummer der Elektronenschale (siehe unten) im Atom an und bezeichnet das Energieniveau.

Pauli-Prinzip und Schalenmodell

Neben n gibt es noch weitere *Quantenzahlen:*
- die Bahndrehimpulsquantenzahl l ($l = 0, 1, 2, \ldots, n - 1$) kennzeichnet die Form des zugehörigen Orbitals;
- die Magnetquantenzahl m ($m = -l, \ldots, -1, 0, 1, \ldots l$) kennzeichnet die räumliche Orientierung der Orbitale;
- die Spinquantenzahl s $\left(s = +\frac{1}{2}; -\frac{1}{2}\right)$ kennzeichnet die Richtung der Eigendrehung (Spin) des Elektrons.

Daraus ergibt sich, dass zu jeder Hauptquantenzahl $2n^2$ verschiedene Kombinationen von Quantenzahlen gehören. Jede Kombination von *n*, *l*, *m* beschreibt ein Orbital, das maximal zwei Elektronen enthalten kann, wobei diese entgegengesetztes *s* haben müssen. Alle Kombinationen zum selben *n* bilden eine (Elektronen-)Schale, man spricht vom ***Schalenmodell*** des Atoms.
Innerhalb des Periodensystems der Elemente werden die Schalen sukzessive (beginnend beim Orbital mit der niedrigsten Energie) aufgefüllt. Dabei gilt das von Wolfgang Pauli entdeckte ***Pauli-Prinzip:***

MERKE

Zwei Elektronen dürfen nicht in allen vier Quantenzahlen übereinstimmen.

Während beim Wasserstoff (mit nur einem Elektron) die Energie des Elektrons nur von der Hauptquantenzahl *n* abhängt, spalten sich die Energieniveaus bei Atomen mit mehr Elektronen auf – in so viele Unterniveaus wie es zugehörige Nebenquantenzahlen gibt. Diese Unterniveaus zu einer Hauptquantenzahl bezeichnet man mit *s*, *p*, *d* … (s. Abb.).

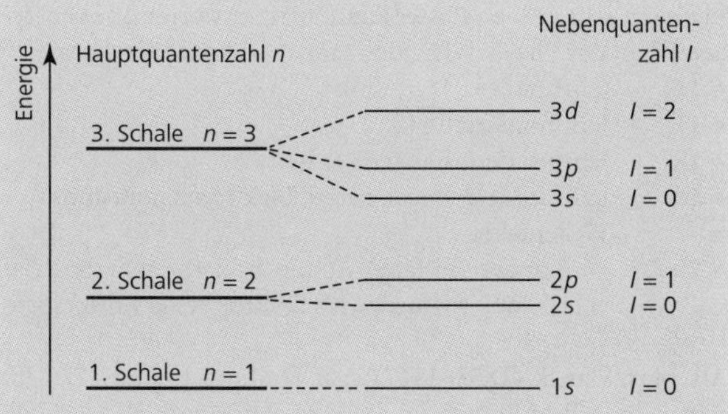

8

9 Kurze Einblicke in die Physik des 20./21. Jahrhunderts

Schon zu „historischen Zeiten“ beschäftigten sich Gelehrte in allen Hochkulturen, wie z. B. Babylonier, Ägypter, Griechen, Chinesen, Inkas … mit Naturerscheinungen und formten aus ihren Beobachtungen und Erkenntnissen ein Weltbild, das mit ihrer jeweiligen Mythologie und Religion eine Synthese bildete. So war beispielsweise den Babyloniern vor 3000 Jahren bekannt, dass Sonnenfinsternisse alle 18 Jahre und 11 Tage eintreten, auch wenn diese in den allerwenigsten Fällen in Bagdad zu beobachten waren. Nur exaktes Beobachten vieler Generationen und eine zutreffende Vorstellung über den Bewegungsablauf von Sonne und Mond kann ein derartig exaktes Datum liefern – wie sie dieses errechneten, haben sie uns leider nicht überliefert!
Abgesehen von solch erstaunlichen naturwissenschaftlichen Kenntnissen in vorchristlicher Zeit liegt der Beginn der eigentlichen Physik – so wie wir sie heute verstehen – im 16. Jahrhundert.
In einem sehr groben Raster kann man Schwerpunkte von Teilbereichen der Physik folgenden Jahrhunderten zuordnen:

- 16. Jahrhundert: Mechanik
- 17. Jahrhundert: Optik
- 18. Jahrhundert: Elektrizitätslehre
- 19. Jahrhundert: Wärmelehre, Elektromagnetismus,
- Wellenlehre
- 20./21. Jahrhundert (bislang): Atomphysik, Kernphysik, Relativitätslehre, Quantenphysik, Astrophysik, Kosmologie

Als Max Planck (1858–1947) sein Studium begann, riet ihm sein Lehrer, Prof. Jolly, vom Studium der Physik ab, „weil alles entdeckt und nur noch ein paar unbedeutende Kleinigkeiten zu

klären seien". Zum Glück beherzigte Planck diesen Ratschlag nicht. Mit seiner Begründung der Quantentheorie, die 1918 mit dem Nobelpreis honoriert wurde, erwies sich Planck als einer der bedeutendsten Physiker des letzten Jahrhunderts.
Je tiefer die Physiker heute in ihre Teilgebiete eindringen, umso mehr Fragen stellen sich. Viele zunächst „unbedeutende Kleinigkeiten" erweisen sich als harte Nüsse, auf die es (noch) keine Antwort gibt.
Die vorangegangenen Kapitel dieses Pocket Teachers beinhalten im Wesentlichen den Pflichtstoff eines Abiturienten mit Wahlfach Physik und werden häufig – vielleicht etwas überheblich – mit der Bezeichnung „klassische Physik" abgetan, so, als ob man die Klassiker eben notgedrungen noch lesen oder kennen müsste, um die Moderne zu verstehen.
Im Folgenden sollen streiflichtartig die wesentlichen Erkenntnisse und Aussagen der modernen Teilgebiete beleuchtet werden. Begründungen und Herleitungen sind deshalb sehr knapp gehalten; auf Formeln wird weitgehend verzichtet.

9.1 Relativitätstheorie

Die Messung der Geschwindigkeit eines vorbeifahrenden Zugs mithilfe zweier Lichtschranken im Abstand Δs ist im Prinzip recht einfach: $v_1 = \frac{\Delta s}{\Delta t}$. Das Ergebnis bezieht sich selbstredend auf einen ruhenden Experimentator mit Stoppuhr am Bahndamm. Experimentell sicher aufwändiger, doch prinzipiell möglich ist mit dieser Methode auch die Bestimmung der Geschwindigkeit eines Passagiers, der in einem (gläsernen) Zug in dessen Flur in das Bordrestaurant eilt.
Wenn der hungrige Fahrgast im Flur mit $v_2 = 3\,\frac{\text{m}}{\text{s}}$ rennt und der Zug mit $v_1 = 20\,\frac{\text{m}}{\text{s}}$ fährt, erwarten wir bei dieser Messung als Ergebnis entweder $23\,\frac{\text{m}}{\text{s}}$ oder $17\,\frac{\text{m}}{\text{s}}$, je nach Bewegungsrichtung des Fußgängers. Diese einfache Addition der Geschwindigkeits-

beträge $v = v_1 \pm v_2$ ist nicht überraschend, wenn die beiden Bewegungsrichtungen parallel zueinander sind, sie wird als ***Galilei-Transformation*** bezeichnet.

Ist v_2 die Geschwindigkeit des Passagiers bezüglich des Waggons, so ist v seine Geschwindigkeit bezüglich des Bahndamms; man sagt: Geschwindigkeitsangaben sind stets *relativ* zum jeweiligen Bezugssystem.

Auch bei Wellen kann man mit geeigneten Methoden eine Ausbreitungsgeschwindigkeit messen. Wenn z. B. in Tabellen die Schallgeschwindigkeit mit 340 $\frac{\text{m}}{\text{s}}$ angegeben ist, so versteht sich dieser Wert relativ zum Träger des Schalls, der Luft. Wenn man bei heftigem Wind misst, erhält man andere Werte, abhängig von Windrichtung und Betrag.

Als man erkannt hatte, dass Licht ein elektromagnetischer Wellenvorgang ist, erhob sich die Frage: Bezüglich welchen Trägers ist die erstmals 1673 bestimmte Lichtgeschwindigkeit gemessen worden? Was ist das Trägermedium einer elektromagnetischen Welle? Nach dem damaligen Verständnis der Wellenlehre müsste dieses Medium eine abnorm große Elastizität besitzen – weit mehr als Stahl – um die große Geschwindigkeit von 300 000 $\frac{\text{km}}{\text{s}}$ zu ermöglichen. Doch erstaunlicherweise ist von diesem Träger nichts zu bemerken, obwohl er uns ständig umgeben müsste. Ungeachtet dieser Diskrepanz gab man diesem hypothetischen Träger den Namen *Äther* (nicht zu verwechseln mit dem Ether der Chemie, der früher ebenfalls Äther geschrieben wurde).

Durch äußerst raffiniert ausgedachte Versuche (Michelson-Interferometer), bei denen der „Taktschlag" des Lichts selbst als Uhr fungierte, wurde 1886 die Lichtgeschwindigkeit erneut bestimmt, wobei einmal der Lichtweg in Bewegungsrichtung der Erde (bezüglich des Sonnensystems und des damit verbundenen Äthers) und einmal in Gegenrichtung gemessen wurde. Entgegen der Erwartung aller Physiker stimmten beide Messwerte exakt überein. Die Bahngeschwindigkeit der Erde von ca. 30 $\frac{\text{km}}{\text{s}}$ bei ihrer jährlichen Umrundung der Sonne addierte sich in keiner Weise zu den 300 000 $\frac{\text{km}}{\text{s}}$ der Lichtgeschwindigkeit.

Nach vielen vergeblichen Lösungsansätzen der theoretischen Physiker durchschlug Albert Einstein den gordischen Knoten mit dem Prinzip von der ***Konstanz der Lichtgeschwindigkeit***.

Entgegen den Regeln der Newton'schen Physik und der Galilei-Transformation ist die (Vakuum-)Lichtgeschwindigkeit:

$c = 300\,000\,\frac{\text{km}}{\text{s}}$

eine universelle Naturkonstante, gleichgültig in welchem Bezugssystem sie gemessen wird. Geschwindigkeiten eines Wellensenders oder -empfängers haben keinen Einfluss auf c, elektromagnetische Wellen benötigen zur Ausbreitung keinen Träger. Damit wurden alle Spekulation über die Existenz und Natur eines Wellenäthers hinfällig.

Mit diesem Postulat, das zunächst auf großen Widerstand der Fachwelt stieß, begründete Albert Einstein um 1905 die (spezielle) Relativitätstheorie; wohl zunächst selbst nicht ahnend, welche Folgerungen sich daraus ergeben würden – zuletzt sogar der Bau einer Atombombe.

Dieser Bruch mit der gewohnten Physik, die sich über mehr als drei Jahrhunderte widerspruchslos bewährt hatte, war so radikal, dass das Nobelpreiskomitee sich nicht getraute, Einstein dafür den Preis zu verleihen. Er erhielt ihn 1921 für seine „Beiträge zur theoretischen Physik, insbesondere zur Deutung des Photoeffekts“ (▶ S. 184).

Da sich der Wert $c = 300\,000\,\frac{\text{km}}{\text{s}}$ als absoluter, oberer Grenzwert für die Geschwindigkeit aller Körper mit Masse erwies, zieht dieses Postulat viele Folgerungen nach sich.

Der Zahlenwert $300\,000\,\frac{\text{km}}{\text{s}}$ selbst ist unerheblich, er hängt von den von uns gewählten Einheiten ab. Da die Lichtquanten oder Photonen Energie besitzen, besitzen sie auch eine, wenn auch kleine Masse, zudem sind sie von Natur aus schon mit diesem Grenzwert der Geschwindigkeit ausgestattet und können daher nicht weiter beschleunigt werden. Eine Information – gleich welcher Art – kann deshalb auf keinerlei Weise von den Orten A nach B mit einem größeren Geschwindigkeitsbetrag übermittelt werden. (Es bleibt jedem selbst überlassen, ob er meint, dass

seine Gedanken oder Träume „schneller als das Licht fliegen", doch dies sind keine Objekte mit der Eigenschaft „Masse" und stehen daher in keinem Widerspruch zur Physik.)
Die Lichtquanten besitzen eine Besonderheit: man kann sie auch nicht abbremsen (denn ihre *Ruhe*masse ist null); sie fliegen immer mit $v = c$ durch den leeren Raum.

Zeitdilatation: Bewegte Uhren gehen langsamer

In einem Gedankenexperiment hat Einstein ***Lichtuhren*** erdacht, die hier in etwas abgewandelter Form wiedergegeben werden.
In einem langen Kasten (z. B. 150 000 km), der an seinen beiden Enden verspiegelt ist, flitzt ein kurzer Lichtpuls hin und her. Bei jeder Reflexion am unteren Spiegel erhält die Anzeige einen Impuls, der den Zeiger um 1 Sekunde weiterstellt. Zwei baugleiche Uhren A und B dieser Art können zu Beginn synchronisiert werden, indem in der Mitte zwischen ihnen ein Lichtblitz nach beiden Seiten ausgesandt wird, der beide Uhren zugleich startet. Beide Uhren zeigen dann immer die gleiche Zeit an.

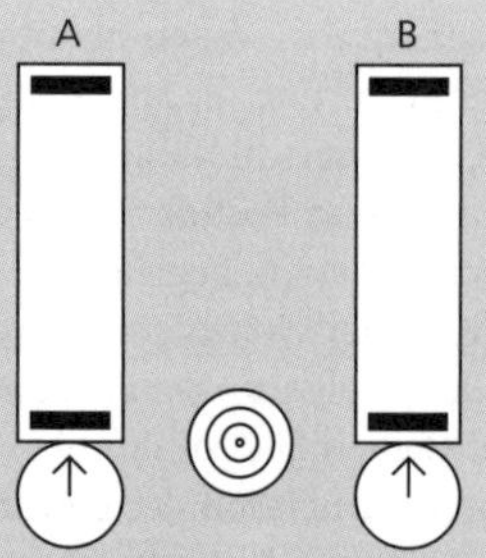

Die Uhren A und B werden zu Beginn durch einen Lichtblitz aus der Mitte gleichzeitig gestartet und synchronisiert.

Danach bewege sich B mit der konstanten Geschwindigkeit $v < c$ von A weg. Auch während dieser Bewegung löst jede Reflexion am unteren Spiegel einen Zeitimpuls aus. Wie man der Zeichnung entnimmt, fliegt jetzt der Lichtpuls in der Uhr B auf dem längeren Weg einer Zickzacklinie – vom Ruhesystem A aus gesehen. Wenn A Sekunde 1 anzeigt, hat der Lichtpuls in B aufgrund der Konstanz der Lichtgeschwindigkeit den Spiegel noch nicht erreicht. Die Uhr in B ist noch nicht weitergesprungen, sie geht langsamer – immer vom ruhenden Beobachter A aus betrachtet.

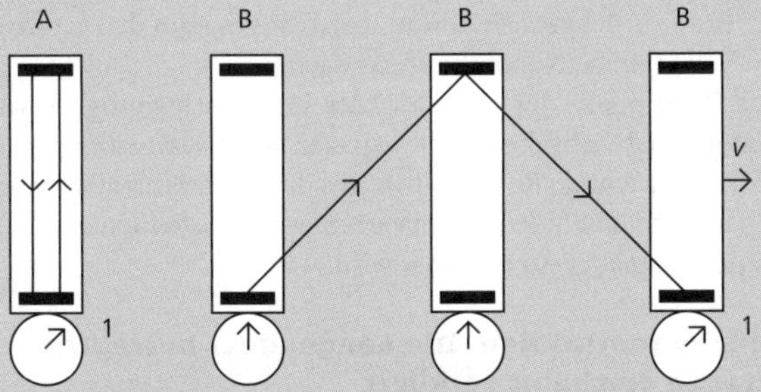

Bewegte Uhr vom ruhenden Beobachter in A aus gesehen

Eine kleine elementare Rechnung (im Wesentlichen nach dem Satz des Pythagoras) liefert den Korrekturfaktor $k = \sqrt{\left(1 - \frac{v^2}{c^2}\right)}$, den der in A ruhende Beobachter anwenden muss, um aus seiner Sicht einen Uhrenvergleich mit der bewegten Uhr anzustellen. Vergeht im Ruhesystem der Uhr A die Zeit t_R, so zeigt Uhr B die Zeit $t = t_R \cdot \mathrm{k}$ an.

Da stets $v < c$, ist auch $k < 1$ und $t < t_R$; für den ruhenden Beobachter geht die bewegte Uhr B langsamer.

Wenn in einem Bezugssystem die Zeitspanne Δt vergeht, so zeigt eine relativ zu diesem Bezugssystem mit der Geschwindigkeit v bewegte Uhr die Zeitspanne $\Delta t' = \Delta t \cdot \sqrt{\left(1 - \frac{v^2}{c^2}\right)}$ an.

Für das „bürgerliche Leben" spielt diese Zeitdehnung (Zeitdilatation) keine Rolle, da in der Regel die Geschwindigkeiten auch unserer schnellsten Fahrzeuge um Größenordnungen kleiner als c sind.

9

Trotzdem gelang 1971 den Amerikanern Haefele und Keating eine direkte Bestätigung. Sie umrundeten die Erde in einem Jet mit einer genau gehenden Atomuhr an Bord. Nach der Landung verglichen sie deren Anzeige mit einer baugleichen Uhr, die auf der Erde zurückgeblieben war. Ihre Uhr ging um den errechneten Wert (einige Nanosekunden) nach.
Das Prinzip von der Konstanz der Lichtgeschwindigkeit (und weitere relativistische Effekte) spielen beim Navigationssystem GPS eine wichtige Rolle, da hier aus den unterschiedlich langen Laufzeiten von Funksignalen verschiedener Satelliten die Position des Empfängers berechnet wird.

Längenkontraktion: Die Länge einer bewegten Strecke erscheint verkürzt

Eine direkte Folge der Zeitdilatation ist eine Längenkontraktion (und umgekehrt).
Ein in einem Raumschiff am ruhenden Beobachter vorbeifliegender Stab, dessen Länge zuvor in Ruhe zu l_R gemessen wurde, erscheint dem Beobachter verkürzt zur Länge

$$l = l_R \cdot k = l_R \cdot \sqrt{\left(1 - \frac{v^2}{c^2}\right)}.$$

▶ **ANMERKUNG** Die Länge des Kastens unserer Lichtuhr (▶ S. 214) erscheint nicht verkürzt, da ihre Ausdehnung senkrecht zur Bewegungsrichtung verläuft; Zeitdilatation und Längenkontraktion kompensieren sich also nicht. Beide Effekte verändern auch nicht in irgendeiner Weise die Eigenschaften von Materie. Sie sind lediglich bei Messungen anzubringende Korrekturen in Raum und Zeit. In Science-Fiction-Romanen und -Filmen wird dies gelegentlich nicht beachtet.

Auch die Längenkontraktion spielt nur bei rasch bewegten Objekten eine merkliche Rolle.
Beim Aufprall der kosmischen Strahlung auf die ersten Atome der Erdatmosphäre in etwa 15–20 km Höhe entstehen unter an-

deren Elementarteilchen auch *Myonen*. Sie sind instabil und zerfallen mit einer Halbwertszeit von 1,5 Mikrosekunden. Da sie eine sehr kleine Masse besitzen, beträgt ihre Geschwindigkeit nur etwas weniger als die Lichtgeschwindigkeit. Auf einer Flugstrecke von $3 \cdot 10^8 \frac{\text{m}}{\text{s}} \cdot 1{,}5 \cdot 10^{-6}\,\text{s} = 450\,\text{m}$ müsste sich demnach ihre Anzahl jeweils halbieren. Experimente zeigen jedoch, dass in einer Höhe von 3 475 m etwa 500 Stück pro Stunde registriert werden, in 775 m über NN jedoch immer noch 450 Myonen pro Stunde, obwohl nach obiger Rechnung nur etwa 8 zu erwarten sind.
Die Erklärung: Die im Labor gemessene Halbwertszeit gilt nicht für die bewegten Myonen: Ihre „innere Uhr" geht langsamer. Sie erreichen deshalb auch die Erdoberfläche in größerer Anzahl, die 20 km dicke Lufthülle schrumpft für sie auf ca. 1,3 km.

Relativistische Masse, Masse-Energie-Äquivalenz
Bei „relativistischen Geschwindigkeiten" müssen Impuls und Masse mit dem Korrekturfaktor $\frac{1}{k}$ multipliziert werden.
Masse und Impuls eines Körpers sind geschwindigkeitsabhängige Größen: $m(v) = \frac{m_0}{\sqrt{\left(1 - \frac{v^2}{c^2}\right)}}$, $p(v) = \frac{p_0}{\sqrt{\left(1 - \frac{v^2}{c^2}\right)}}$; wobei m_0 und p_0 die Ruhewerte sind.

Bereits 1910 hatte Walter Kaufmann bemerkt, dass die Masse sehr schnell fliegender Elektronen (aus der β-Strahlung radioaktiv zerfallender Atomkerne) mit wachsender Geschwindigkeit zunimmt. Auch sollten Elektronen, die in einem elektrischen Feld nach $\frac{1}{2}\, m \cdot v^2 = e \cdot U$ (▶ S. 183) beschleunigt werden, nach dieser Gleichung bei Spannungen größer 255 000 V Überlichtgeschwindigkeit erreichen. Messungen bestätigten dies nicht. Vielmehr zeigten sie, dass mit wachsender Beschleunigungsspannung U die Geschwindigkeit der Elektronen sich zwar immer mehr dem Wert c nähert, ihn jedoch nie erreicht.
Auch dieser Effekt spielt im „bürgerlichen Leben" kaum eine

Rolle, die relativistische Körpermasse $m(v) = \frac{m_0}{\sqrt{\left(1 - \frac{v^2}{c^2}\right)}}$ eines 100-m-Läufers unterscheidet sich nur unmerklich von seiner Ruhemasse m_0, denn k ist praktisch 1.

Selbst Fernsehtechniker können noch nichtrelativistisch rechnen, auch wenn die Elektronen in den Bildröhren mit etwa 30 kV beschleunigt werden.

Für Physiker, die in den großen Beschleunigeranlagen Elektronen und andere geladene Teilchen auf nahezu Lichtgeschwindigkeit beschleunigen, ist relativistische Rechnung jedoch das kleine Einmaleins (▶ S. 119). Elektronen, die eine Ruhemasse $m_0 \approx 10^{-30}$ kg besitzen, erreichen in diesen Anlagen innerhalb weniger Millisekunden ohne weiteres 10 000-mal größere träge Massen und entsprechend große Impulse, die sie als Geschosse zur Zertrümmerung von Atomkernen befähigen.

Durch die im elektrischen Feld verrichtete Arbeit wird die Masse der Teilchen vergrößert. (Hierdurch ändert sich nicht die Substanzmenge eines Körpers! Masse ist eine Eigenschaft von Körpern, die ihre Trägheit charakterisiert.)

Aus entsprechenden Überlegungen folgerte Einstein eine Äquivalenz von Masse und Energie.

Wird ein Körper der Ruhemasse m_0 aus der Ruhe heraus auf die Geschwindigkeit v beschleunigt, so beträgt seine Massenzunahme:

$$\Delta m = m(v) - m_0 = \frac{m_0}{k} - m_0 = \frac{1}{2} m_0 v^2 \cdot \frac{1}{c^2} = E_{\text{kin}} \cdot \frac{1}{c^2}$$

(wenn man k nach einer Reihenentwicklung des Wurzelterms durch die Näherung $1 + \frac{1}{2} \cdot \frac{v^2}{c^2}$ ersetzt).

Dieses Ergebnis $\Delta m = E_{\text{kin}} \cdot \frac{1}{c^2}$ können wir folgendermaßen deuten: Durch Zufuhr kinetischer Energie vergrößert sich dieMasse eines Körpers um $\frac{E_{\text{kin}}}{c^2}$. Umgekehrt ist jeder Massenänderung Δm eine Energieänderung $\Delta m \cdot c^2$ äquivalent.

Eine Umformung dieser Beziehungen führt zur „relativistischen“

Gleichung der kinetischen Energie: $E_{kin} = (m - m_0)c^2 = mc^2 - m_0c^2$, die für kleine Geschwindigkeiten v c in die gewohnte Gleichung $\frac{1}{2}\, m_0 v^2$ überführt werden kann.
Bemerkenswert ist, dass die kinetische Energie $E_{kin} = mc^2 - m_0c^2$ als Differenz zweier Energieterme auftaucht, wobei der erste Ausdruck mc^2 als *Gesamtenergie*, der zweite m_0c^2 als *Ruheenergie* bezeichnet wird. Ein Körper in Ruhe besitzt schon deshalb Energie, weil er Masse hat; eine Aussage, die in der Newton'schen Physik keine Entsprechung findet.
Die relativistische Gesamtenergie E, die Ruheenergie E_0 und der Impuls p sind über den „relativistischen Pythagoras“ verknüpft: $E^2 = E_0^{\,2} + (c \cdot p)^2$.
Die Gleichung für die kinetische Energie lässt sich für Licht vereinfachen. Da Licht sich stets mit $v = c$ ausbreitet, entfällt der Term für die Ruheenergie (man hat noch nie Lichtquanten in Ruhe beobachtet!). Die Ruhemasse von Photonen ist 0. Für Licht und jede andere elektromagnetische Strahlung gilt:

$E = mc^2 = h \cdot f$ oder $m = \frac{h \cdot f}{c^2}$ (▶ S. 198).

Eine entsprechende Aussage gilt für den Photonenimpuls:

$p = m \cdot c = \frac{h}{\lambda}$.

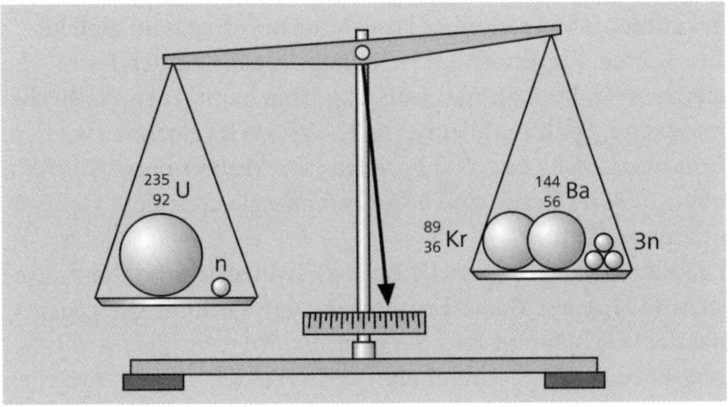

Als 1938 erstmals Otto Hahn zusammen mit Fritz Strassmann Kerne des Uranisotops U^{235} spaltete, stellten sie fest, dass die Summe der Massen aller Spaltprodukte (meist Kr^{89}, Ba^{144} und zwei Neutronen) kleiner war als die Masse des ursprünglichen Urankerns.

▶ **ANMERKUNG** Isotope sind Elemente gleicher Protonenzahl (= Kernladungszahl) mit unterschiedlicher Anzahl Neutronen. Isotope des gleichen Elements unterscheiden sich nicht in ihren chemischen Eigenschaften.

Einstein war sofort klar, dass durch diesen „Massendefekt" eine ergiebige Energiequelle gefunden worden war, denn die fehlende Masse wird als Energie frei.
In einem dramatischen Brief vom 6. August 1939 schlug er deshalb Präsident Roosevelt vor (Einstein lebte zu diesem Zeitpunkt bereits im amerikanischen Exil), den Bau einer Atombombe zu forcieren. Einstein fürchtete, dass seine ehemaligen Kollegen in Deutschland das gleiche Ziel verfolgen würden, was sich aber nach Kriegsende als Irrtum herausstellte. Als 1942 Enrico Fermi der Nachweis einer Kettenreaktion gelang, begannen die Amerikaner in einem gigantischen, geheimen „Manhattan-Projekt" mit der Entwicklung einer Atombombe, welche in den bekannten Abwürfen über Hiroshima und Nagasaki gipfelte.
In unseren Kernkraftwerken finden in „gezähmter Form" die gleichen Reaktionen statt: Aus 1 kg Uran kann (theoretisch) bei kompletter Spaltung aller Kerne $22 \cdot 10^6$ kWh gewonnen werden. Zum Vergleich: 1 kg Kohle liefert bei Verbrennung 8,1 kWh, oder: 2 700 kg Kohle sind 1 kg Uran energieäquivalent (▶ Kernphysik, S. 221 ff.).
Die hier skizzierte spezielle Relativitätstheorie fand durch Einstein (1916) noch eine Erweiterung auf Systeme, die gegeneinander beschleunigt sind. Sie wird als *allgemeine Relativitätstheorie* bezeichnet. Sie beschreibt die Wechselwirkung zwischen Raum und Zeit, inklusive Materie und Feldern. Eine zentrale

Aussage ist, dass die Gravitation auf eine geometrische Krümmung der 4-dimensionalen Raumzeit zurückzuführen ist. Auch wenn inzwischen einige experimentelle Bestätigungen vorliegen, gibt es auf eine Reihe von Fragen noch keine endgültige Antwort. Die Beschäftigung damit ist heute ein zentrales Teilgebiet der Kosmologie.

9.2 Kernphysik

Radioaktivität

1896 entdeckte Henri Becquerel, dass uransalzhaltige Kristalle eine Fotoplatte schwärzten, obwohl er diese lichtdicht verpackt hatte. Eine für das Auge unsichtbare Strahlung musste die Verpackung durchdrungen haben und Becquerels Verdacht fiel auf Röntgenstrahlen, die ein Jahr zuvor entdeckt worden waren. Doch merkwürdigerweise behielt diese Strahlung ihre Intensität über Monate hinweg – ohne Energiezufuhr oder sichtbare Veränderung der Kristalle.

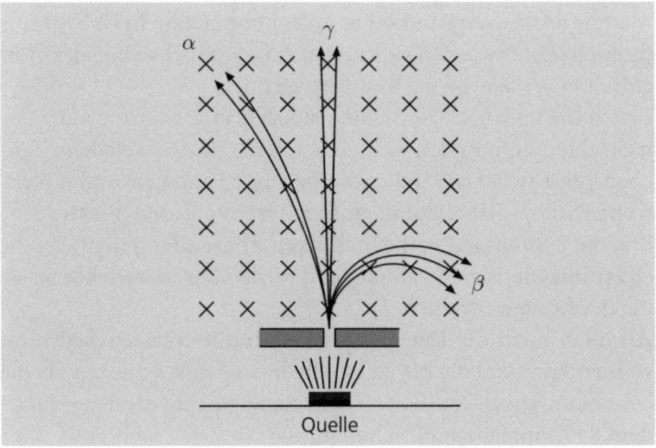

Die Chemiker Pierre und Marie Curie untersuchten daraufhin weitere Mineralien und vermuteten, dass diejenigen strahlungsaktiv (= radioaktiv) sind, die Elemente großer Atomgewichte enthalten.
Dies bestätigte sich, als sie durch äußerst aufwändige chemische Trennverfahren aus einigen Tonnen Mineralerz (Pechblende) wenige Milligramm der eigentlich strahlenden Substanz extrahierten. Es waren bis dahin unbekannte Elemente der Ordnungszahlen 84 und 88, die den Namen Polonium und Radium erhielten. Bei gleicher Menge strahlte Radium 1,4-Millionen-mal stärker als Uran und produzierte auch so viel Wärme, dass es sichtbar leuchtete – eine scheinbar unerschöpfliche Energiequelle. Für diese Entdeckungen erhielten Becquerel und das Ehepaar Curie 1903 den Nobelpreis und es setzte in allen physikalischen Laboren der Welt eine fieberhafte Suche nach der Natur dieser Strahlung ein.
Nach einiger Zeit kristallisierte sich heraus, dass diese Strahlung drei verschiedene Komponenten enthielt, zwei, die sich durch Magnetfelder ablenken ließen und Masse besaßen, sowie einen Anteil, der selbst in größerer Entfernung von der Quelle noch Materie durchdrang und keine Ablenkung erfuhr. In Unkenntnis ihrer Herkunft wurden sie mit den Anfangsbuchstaben des griechischen Alphabets α, β und γ bezeichnet.
Erst nach und nach entschlüsselte sich ihre wahre Natur. Die α-Strahlen entpuppten sich als zweifach positiv geladene Teilchen (und später als Heliumkerne aus 2 Protonen und 2 Neutronen), die β-Strahlung als einfach negativ geladen (Elektronen) und die γ-Strahlung schließlich als eine besonders energiereiche elektromagnetische Strahlung, mit Wellenlängen noch kürzer als die der Röntgenstrahlen.
Als auch noch die Energien dieser Strahlungsarten bestimmt werden konnten, die bis zu 1-Million-mal größer waren als die bei chemischen Reaktionen auftretenden, war die Frage nach dem Ursprung noch rätselhafter.
1911 wies Ernest Rutherford durch Beschuss einer dünnen

Goldfolie mit α-Teilchen nach, dass die positive Ladung und nahezu die gesamte Masse eines Atoms in einem sehr kleinen Raumgebiet von etwa 10^{-14} m Durchmesser konzentriert ist, das er Atomkern nannte. Im gleichen Jahr gelang Niels Bohr der Nachweis, dass die α-, β- und γ-Strahlung aus dem Kern stammt, während die Elektronen der Atomhülle für chemische Eigenschaften und die Aussendung von Licht zuständig sind.

Unbeantwortet blieben zunächst die Fragen, warum manche Kerne radioaktiv sind und andere nicht, sowie nach der Herkunft der Elektronen einer β-Strahlung. Diese verlassen die Atomhülle mit nahezu Lichtgeschwindigkeit und einer Energie im MeV-Bereich, wohingegen die üblichen Bindungsenergien der Hüllenelektronen nur einige eV betragen.

Erst als 1932 James Chadwick das Neutron entdeckte, ein elektrisch neutrales Teilchen, dessen Masse etwa der des Protons entspricht, korrigierte sich allmählich die Vorstellung vom Aufbau eines Atomkerns, den man zuvor fälschlicherweise als eine Ansammlung von α-Teilchen und Elektronen ansah.

Neben den Protonen, die durch ihre positive Ladung abstoßende Kräfte aufeinander ausüben, sorgen Neutronen im Atomkern – wie eine Art Klebstoff – für den Zusammenhalt und die Existenz eines stabilen Atomkerns. Alle Kernbausteine (= Nukleonen) ziehen sich durch sogenannte Kernkräfte gegenseitig an. Kernkräfte sind – im Vergleich zu den elektrischen Kräften – sehr groß, haben jedoch nur eine kurze Reichweite, gerade bis zum nächsten Nukleon.

Nach heutiger Kenntnis sind die Kernbausteine Proton und Neutron nicht elementar. Sie bestehen aus Teilchen, die Murray Gellmann Quarks getauft hat (nach dem Satz „Three quarks for Muster Mark“ aus James Joyce's Roman *Finnegans Wake*). Das Proton besteht aus zwei up- und einem down-Quark, beim Neutron ist es genau umgekehrt. Streuexperimente in Beschleunigeranlagen haben ergeben, dass das up-Quark eine positive Ladung von $\frac{2}{3}$ der Elementarladung trägt, das down-Quark $\frac{1}{3}$ einer negativen Elementarladung. Da Quarks nur in Dreiergrup-

pen auftreten, ist gewährleistet, dass das Proton stets eine ganzzahlige positive Ladung, eine Elementarladung $+e$, trägt und das Neutron elektrisch neutral ist. Neben up- und down-Quarks existieren noch 4 weitere Quarks: strange, charm, bottom und top sowie ihre Antiquarks. Zusammen mit den 6 Leptonen (Elektron, Elektronneutrino, Myon, Myonneutrino, Tauon, Tauonneutrino) bilden sie die Grundbausteine jeder Materie. Einzelne Quarks entziehen sich einer direkten Beobachtung, sie bilden stets Dreiergruppen. Versucht man diese Gruppen zu zerschlagen, entstehen sofort neue Elementarteilchen mit Quarkpaaren. Diese Theorie vom Aufbau der Materie bezeichnet man als Standardmodell.
Die Überlagerung von Kernkraft und elekrostatischer Abstoßung im Atomkern lässt eine Energiebarriere entstehen, weswegen ein α-Teilchen den Kern nicht verlassen können sollte. Durch Anwendung der Quantenmechanik zeigte 1928 Georg Gamow, dass jedoch eine gewisse Wahrscheinlichkeit für α-Teilchen besteht, durch einen sogenannten ***Tunneleffekt*** den Kern zu verlassen.
Wie bei den Elektronen in der Atomhülle existieren auch im Kern diskrete Energiestufen. Bei einem α-Zerfall verweilt der Kern kurzzeitig in einem angeregten Zustand. Bei der Rückkehr in den Grundzustand mit niedrigerem Energieniveau wird die überschüssige Energie über einen γ-Strahl (Ausstoß eines γ-Quants) abgegeben.
Woher stammen aber die Elektronen der β-Strahlung? Ihre Energie – so zeigte sich – ist nicht einheitlich, was nicht mit den diskreten Energiestufen im Atomkern in Einklang zu bringen ist.
Wolfgang Pauli löste dieses Rätsel mit einer kühnen Theorie (die erst 25 Jahre später experimentell bestätig werden konnte!): Gleichzeitig mit dem Elektron wird ein weiteres, ungeladenes Teilchen emittiert, das die jeweilige Energiedifferenz mitnimmt. Es wird als (Elektronanti-)*Neutrino* bezeichnet. Neutrinos mit verschwindend kleiner Masse sind äußerst schwer nachzuweisen, da sie mit Materie nicht wechselwirken.

Enrico Fermi erklärte damit den ***β-Zerfall:*** Aufgrund einer weiteren Kraft, als schwache Wechselwirkung bezeichnet, zerfällt im Moment des Ausstoßes ein Neutron in ein Proton, ein Antineutrino ($\bar{\nu}_e$) und ein Elektron. Während Elektron und Neutrino das Atom verlassen, verbleibt das Proton im Kern und erhöht dessen Ladungszahl um +1.

Mit den in der Kernphysik üblichen Bezeichnungen (linker Index: Kernladungszahl Z; Index rechts oben: Massenzahl A) lassen sich die häufigsten Kernzerfallstypen schematisch klassifizieren: Bei einem α-Zerfall verringert sich die Kernladungszahl Z um 2, Neutronen- und Protonenzahl je um 2 und die Massenzahl deshalb um 4: ${}_{Z}X^{A} \rightarrow {}_{Z-2}Y^{A-4} + {}_{2}He^{4}$.

BEISPIEL ${}_{88}Ra^{226} \rightarrow {}_{86}Rn^{222} + \alpha + \gamma$

Radium zerfällt in das Edelgas Radon unter Aussendung eines α-Teilchens.

Bei einem β-Zerfall erhöht sich die Ladungszahl um 1, während die Massenzahl unverändert bleibt: ${}_{Z}X^{A} \rightarrow {}_{Z+1}Y^{A} + {}_{-1}e^{0} + \bar{\nu}_e$.

BEISPIEL ${}_{55}Cs^{137} \rightarrow {}_{56}Ba^{137} + \beta + \bar{\nu}_e$

Cäsium zerfällt zu Barium unter Aussendung eines β-Teilchens und eines Elektronantineutrinos.

9

Die Masse des Elektrons ${}_{-1}e^{0}$ ist im Vergleich zur Masse eines Protons oder Neutrons vernachlässigbar klein und wird zu null angesetzt.

Auch β-Strahler emittieren sehr häufig γ-Strahlung, da der β-Zerfall eines Kerns oftmals zunächst in einen angeregten Zustand des Tochterkerns führt.

Neben diesem β^--Zerfall gibt es noch den (selteneren) β^+-Zerfall, bei dem ein Proton unter Aussendung eines Positrons, dem Antiteilchen des Elektrons, zerfällt. In Konkurrenz zum β^+-Zerfall steht der Elektroneneinfang: ein Elektron aus der K-Schale der Atomhülle verbindet sich mit einem Proton zu Neutron und

Neutrino. Auch *freie* Neutronen zerfallen mit einer Halbwertszeit von 10,6 min in ein Proton, ein Elektron und ein Antineutrino.

Kernzerfall

Der Zerfall von Atomkernen ist eigentlich der „Normalfall" der Natur. Von den bekannten etwa 2 500 verschiedenen Nukliden der 109 chemischen Elemente sind nur 249 stabil, alle anderen zerfallen spontan. Bei den in der Natur (heute noch) vorkommenden Radionukliden spricht man von natürlicher Radioaktivität. Weitere Radionuklide lassen sich durch Kernumwandlungen künstlich erzeugen. Auch die kosmische Strahlung aus dem Weltall produziert radioaktive Nuklide durch Kernumwandlungen, wie beispielweise das radioaktive Isotop C^{14}, das in Folge eines Neutroneneinfangs eines N^{14}-Kerns entsteht. Das Kohlenstoffisotop C^{14} ist ein β-Strahler mit einer Halbwertszeit von 5730 Jahren (▶ Alterbestimmung mit der C^{14}-Methode, S. 229).
Der spontane Zerfall radioaktiver Kerne lässt sich auf keinerlei Weise beeinflussen oder stimulieren. So, als ob die Kerne eine innere Uhr besäßen, zerfällt von einer bestimmten Menge einer radioaktiven Substanz in gleichen Zeitabschnitten *im Mittel* stets der gleiche Prozentsatz an Kernen.
Im Vergleich mit dem Kollektiv einer größeren Zahl von Lebewesen existiert jedoch ein bedeutender Unterschied. Bei Lebewesen nimmt die Anzahl der sterbenden Individuen in gleichen Zeitabschnitten mit dem Alter zu. Atomkerne altern nicht, die Zerfallsrate bleibt konstant. Kein Physiker der Welt kann bei einer Substanz angeben, welcher Kern in der nächsten Sekunde zerfallen wird. Es kann sein, dass dies in der nächsten Zehntelsekunde passiert, der Kern kann aber auch noch Tausende von Jahren damit warten.
Trotz dieses stochastischen Verhaltens jedes einzelnen Kerns lässt sich für eine große Anzahl von Kernen des gleichen Nuklids eine Gesetzmäßigkeit erkennen. Dies wird häufig durch die sogenannte ***Halbwertszeit*** ausgedrückt: In jeder gleich langen Zeitspanne $T_{1/2}$ zerfällt bei einer großen Anzahl von radioaktiven

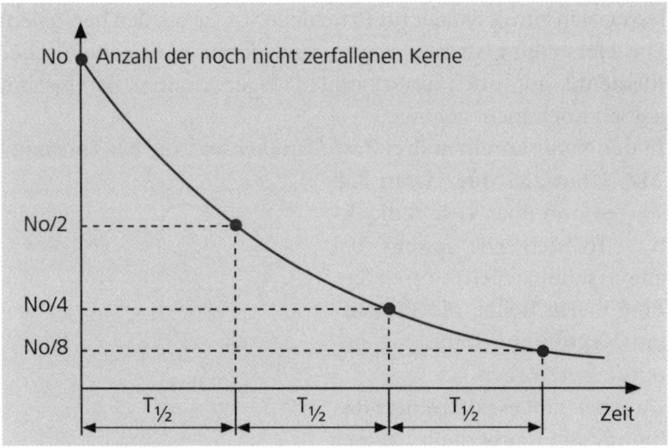

Kernen im Mittel die Hälfte der Kerne, die zu Beginn von $T_{1/2}$ vorhanden waren.
Trägt man in einem Schaubild die Anzahl der Kerne über der Zeit auf, so erhält man eine fallende Exponentialkurve.
Mit der gleichen Halbwertszeit nimmt auch die Aktivität $A(t)$ einer radioaktiven Substanz ab (▶ Aktivität, S. 228).

Mit der Abkürzung $k = \frac{\ln 2}{T_{1/2}}$ lässt sich das exponentielle Abklingen mathematisch beschreiben: $A(t) = A_0\, e^{-kt}$, worin A_0 die anfängliche Aktivität zum Zeitpunkt $t = 0$ bedeutet. k wird als Zerfallskonstante bezeichnet.
Die Halbwertszeit selbst kann sehr unterschiedliche Werte aufweisen, von wenigen Bruchteilen einer Sekunde bis weit über eine Milliarde von Jahren. Das in unseren Kernkraftwerken als Brennstoff verwendete Uranisotop U^{235} besitzt beispielsweise eine Halbwertszeit von 70 Millionen Jahren.
Es wird vermutet, dass zu Beginn der Erdentstehung, vor ca. 4,5 Milliarden Jahren, weitere Radionuklide existierten, die jedoch inzwischen zerfallen sind, sodass sie heute in der Natur nicht mehr nachweisbar sind. Mit künstlichen Kernumwandlungen

lassen sich einige wieder für Bruchteile von Sekunden herstellen. Die Herstellung stabiler Kerne, und damit neuer chemischer Elemente mit noch unbekannten Eigenschaften, ist bislang jedoch noch nicht gelungen.

In der Natur kommen drei ***Zerfallsreihen*** vor, die bei Thorium-232, Uran-235 oder Uran-238 starten und über viele radioaktive Töchterkerne jeweils bei einem stabilen Bleiisotop enden. Eine vierte Reihe, die Plutonium-Neptunium-Reihe, ist bereits ausgestorben.

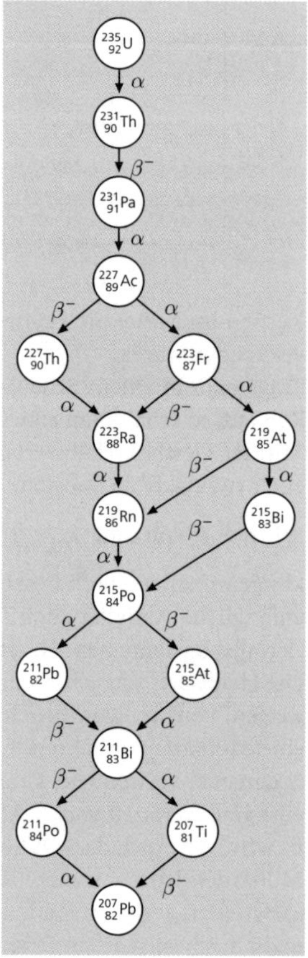

Daneben gibt es noch einige Radionuklide außerhalb dieser Reihen, mit Halbwertszeiten von 10^{15} Jahren. Man nimmt bei diesen „Urnukliden" an, dass sie aus der Entstehungszeit der Elemente stammen. Unter diesen ist das β-strahlende Kalium-40 von Bedeutung, da es im menschlichen Körper angereichert wird. Die Eigenschaften einer radioaktiven Quelle werden durch die Strahlungsart und ihre Aktivität charakterisiert. Dabei wird meist die Hauptstrahlungsart angegeben, denn die aktiven Tochterelemente steuern häufig noch weitere Strahlenarten bei. Aus diesem Grund geht von einem Schul-Radiumpräparat mit Ra^{226} α-, β- und γ-Strahlung aus. Die ***Aktivität*** gibt die Anzahl der Zerfälle je Sekunde an und ist

eine Messgröße der Kernphysik, die in Becquerel (abgekürzt Bq) angegeben wird: $1\,Bq = \frac{1}{s}$.
(Eine veraltete Einheit ist nach Marie und Pierre Curie benannt: $1\,Ci = 3{,}7 \cdot 10^{10}\,Bq$, die Aktivität von 1 g Radium).
Ein Radiumstrahler für Unterrichtszwecke darf maximal eine Aktivität von $A = 3{,}7 \cdot 10^3\,Bq$ besitzen.
Durch Beschuss von Atomkernen mit schnellen Teilchen lassen sich vielfältige Kernreaktionen auslösen.
So erhält man beispielsweise beim Beschuss von Beryllium $_4Be^9$ mit α-Teilchen, neben Kohlenstoff $_6C^{12}$, freie Neutronen. Diese Reaktion benutzt man heute in Neutronenquellen und auch als „Zünder" für die Kettenreaktion der U^{235}-Spaltung in Kernkraftwerken.
In vielen Anwendungen in Technik und Medizin werden Radioisotope als „Marker" für Diagnostik-, aber auch für Therapiezwecke hergestellt. Gerade zur Herstellung erwünschter Isotope sind Neutronenquellen bestens geeignet.

Altersbestimmung nach der C^{14}-Methode

Die von der Sonne und den Sternen stammende kosmische Strahlung besteht aus schnellen Teilchen, welche Atomkerne der oberen Erdatmosphäre zertrümmern. Bei weiteren Reaktionen entsteht unter anderen Produkten auch das Kohlenstoffisotop C^{14}. Im Gegensatz zum normalen, stabilen Kohlenstoff C^{12} besitzt es 2 überzählige Neutronen und zerfällt deshalb mit einer Halbwertszeit von $T_{1/2} = (5736 \pm 40)$ Jahren durch β-Strahlung.
Wie der gewöhnliche Kohlenstoff, verbindet sich auch der radioaktive mit Sauerstoff zu Kohlenstoffdioxid. Alle Pflanzen nehmen deshalb neben dem normalen auch radioaktives CO_2 auf. Der gesamte Kohlenstoffgehalt einer Pflanze stammt aus dem Kohlenstoffdioxid der Luft. Aus diesem Grund zeigt 1 g Kohlenstoff, der aus einer lebenden Pflanze gewonnen wird, 16 Zerfälle pro Minute. Tiere fressen Pflanzen, und auch der Mensch in dieser Nahrungskette zeigt diese Zerfallsrate seines Kohlenstoffgehalts.

Nach dem Tod einer Pflanze oder eines Tiers hört der ständige Nachschub von C^{14} auf. Ab diesem Zeitpunkt nimmt die Zahl der C^{14}-Kerne und damit auch die Aktivität $A(t)$ ständig gemäß dem Zerfallsgesetz $A(t) = A_0 e^{-kt}$ mit $k = \frac{\ln 2}{T_{1/2}}$ ab.

1 g Kohlenstoff aus toter organischer Substanz weist deshalb eine kleinere Zerfallsrate als 16 Zerfälle je Minute auf. Misst man $A(t)$, kann man durch Auflösen obiger Gleichung (logarithmieren!) die Zeit berechnen, die seit dem Tod des Lebewesens verstrichen ist: $t = -\ln\left(\frac{A(t)}{A_0}\right) \cdot \left(\frac{5736\ \text{a}}{0{,}693}\right)$.

Um einige Gramm Kohlenstoff zu gewinnen, wird die Probe (altes Holz, Pflanzenreste, Leinwand, Haare, Knochen) verbrannt. Das entstehende Kohlenstoffdioxid füllt man unmittelbar in ein Zählrohr ein. Da die Aktivität sehr gering ist, muss das Zählrohr mit einem dicken Bleimantel versehen werden, um störende Strahlung von Außen abzuschirmen. Für eine sichere Aussage muss meist einige Tage lang gemessen werden.

BEISPIELE einer Altersbestimmung:

◆ Im Grab des ägyptischen Pharaos Snorfu (um 2600 v. Chr.) fand man einen Balken aus Zypressenholz. 1 g Kohlenstoff davon zeigte eine Zerfallsrate $A(t) = \frac{7{,}8}{\text{min}}$.
Aus dem Zerfallsgesetz ergibt sich, dass der Baum um 2800 v. Chr. gefällt worden sein musste.

◆ Bei der Eismumie „Ötzi“ waren zum Zeitpunkt seiner Entdeckung noch 54,6 % der ursprünglichen C^{14}-Kerne vorhanden. Eine entsprechende Rechnung ergibt, dass Ötzi vor ca. 5000 Jahren verstarb.

Mit dieser 1949 von Willard Frank Libby entwickelten Methode lassen sich bis etwa 40 000 Jahre alte Objekte datieren.

Gefahren der Kernstrahlung

Die Gefährlichkeit jeder (α-, β-, γ-)Kernstrahlung für Lebewesen beruht auf deren ionisierender Wirkung. Die Schwärzung der Fotoplatten bei Becquerel, aber auch jeder Sonnenbrand auf unserer Haut sind Strahlenfolgen durch Ionisation. Im Gegensatz zum Sonnenbrand, der in der Regel nach einigen Tagen wieder verheilt (aber dennoch langfristige Auswirkungen auf die Hautgesundheit haben kann), können Schädigungen durch Kernstrahlung viel gravierender sein. Die Energie der Kernstrahlung ist um Zehnerpotenzen größer, die Eindringtiefe beschränkt sich deshalb nicht nur auf die oberste Hautschicht und es können irreparable Schäden entstehen. Ionisierende Strahlung kann wichtige Moleküle zerstören, insbesondere die der Erbsubstanz. Zwar besitzt unser Körper einen gewissen Reparaturmechanismus für einfache Schäden; bei einem Doppelstrangbruch innerhalb der DNA ist die Reparatur in der Regel jedoch unvollkommen.

Zum Glück besitzt α-Strahlung in Luft eine maximale Reichweite von etwa 8 cm, durch Ionisation der Luftmoleküle verlieren sie auf dieser Distanz bereits vollständig ihre Energie. Selbst ein Blatt Papier kann als Abschirmung dienen, da He-Kerne dieses nicht durchdringen können.

Die Elektronen der β-Strahlung haben in Luft Reichweiten im dm-Bereich und werden wirksam durch Metallbleche abgefangen. Die γ-Strahlung wie auch die Röntgenstrahlung haben im

9

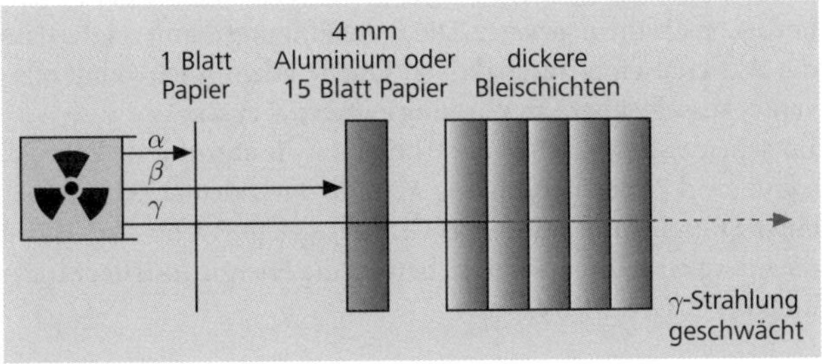

Prinzip keine Reichweitenbeschränkung. Blei und andere Materialien großer Ordnungszahl schwächen die Strahlung proportional zur Schichtdicke jeweils um einen gewissen Prozentsatz. Röntgenräume in Arztpraxen werden durch bleihaltige Tapeten nach außen hin abgeschirmt.
α-aktive Strahler sind jedoch äußerst gefährlich, wenn wir sie durch Nahrungsaufnahme oder durch Einatmen inkorporieren. In der Nahrung sind es vor allem Kalium-40 und – seit Tschernobyl – auch der β-Strahler Cäsium-137 mit einer Halbwertszeit von 30 Jahren, die uns belasten.
In der Atemluft ist es in erster Linie das gasförmige Radon, das aus Erdspalten aufsteigt und in die Atmosphäre gelangt. Die Radonisotope besitzen zwar kurze Halbwertszeiten, werden jedoch ständig nachgeliefert. Insbesondere Bewohner in Gegenden mit Urgestein (Bayerischer Wald, Schwarzwald) sind dadurch ständig einer erhöhten Belastung ausgesetzt.
Inwieweit solche teils natürlichen radioaktiven Quellen, denen wir uns nicht entziehen können, eine akute Gefahr darstellen, ist schwer einzuschätzen. Ein einziger Doppelstrangbruch in der DNA, der zu einer fehlerhaften Kopie führt, kann zur Degeneration einer Körperzelle führen und letztlich zu einem Krebsgeschwür. Andererseits existiert die Menschheit schon seit tausenden von Jahren mit diesen Belastungen – in einigen Gegenden der Erde mit Werten, welche die bei uns in der Strahlenschutzverordnung festgelegten Grenzwerte überschreiten.
Die in dieser Verordnung festgelegten Werte sind aus Statistiken bezogene Erfahrungswerte. Die Beschäftigung damit zeigte, dass die Aktivität einer radioaktiven Quelle allein noch keine relevante Aussage über ihr Wirkungspotenzial zulässt.
Entscheidend ist – neben der Aktivität – die absorbierte Energie, wenn α-, β-, oder γ-Strahlung Materie durchdringt. Als Einheit einer ***Energiedosis*** wurde das Gray festgelegt. Wenn 1 kg Masse die Energie 1 Joule absorbiert, beträgt die ***Energiedosis*** der Strahlung $D = 1$ Gray: $1\,\mathrm{Gy} = \frac{1\,\mathrm{J}}{1\,\mathrm{kg}}$.

Es zeigte sich jedoch, dass mit der Energiedosis die *biologische* Wirkung noch nicht beurteilt werden kann. Unterschiedliche Strahlungsarten haben unterschiedliche Wirkungen – bei gleicher Energiedosis. Um diesem Umstand Rechnung zu tragen, wurden Qualitätsfaktoren Q ermittelt, mit denen die Energiedosis D zu multiplizieren ist: $H = D \cdot Q$. H wird dann als ***Äquivalentdosis*** bezeichnet und (zur Unterscheidung) in der Einheit Sievert (abgekürzt Sv) angegeben.
Für Röntgen-, β- und γ-Strahlung beträgt der Qualitätsfaktor 1, für Neutronenstrahlung 10 (für Beschäftigte in Kernkraftwerken von Bedeutung) und für α-Strahlung 20. Durch diesen Faktor wird dem Umstand Rechnung getragen, dass α-Strahlung aufgrund ihrer großen Ionisationsfähigkeit biologisch viel gefährlicher ist als andere Strahlen.
Eine Röntgenaufnahme zur Lokalisierung eines Knochenbruchs erzeugt eine Strahlenbelastung von ca. 0,1 mSv, eine Computertomografie 15 – 20 mSv. Auch der Aufenthalt vor einer Fernsehbildröhre (100 Stunden im Abstand von 0,5 m entsprechen ca. 0,12 mSv) oder Rauchen (20 Zigaretten täglich entsprechen ca. 8,8 $\frac{\text{mSv}}{\text{a}}$) tragen zur Gesamtbilanz bei.
Die Tabelle zeigt die mittlere Äquivalentdosis durch natürliche Strahlenquellen in Millisievert pro Jahr.

9

natürliche Strahlenquellen	mittlere effektive Dosisleistung in mSv/a		
	von außen	von innen	insgesamt
kosmische Strahlung	0,3	–	0,3
terrestrische Strahlung von außen	0,5	–	0,5
Inhalation von Radon in Wohnungen	–	1,3	1,3
Inkorporation natürlicher rad. Stoffe (im wesentlichen K^{40})	–	0,3	0,3
Summe	0,8	1,6	2,4

Diese Werte können sich individuell vergrößern, z. B. durch ständigen Aufenthalt in Gebieten auf uranhaltigem Gestein (z. B. Menzenschwand im Schwarzwald: + 20 $\frac{\text{mSv}}{\text{a}}$) oder durch häufige Flüge (Mallorca hin und zurück: + 0,01 mSv). Über den Körper summiert soll die „effektive Strahlendosis“ für die Bevölkerung 1 $\frac{\text{mSv}}{\text{a}}$ nicht überschreiten.
Eine Strahlendosis von 4 000 mSv führt bei einmaliger Ganzkörperbestrahlung in 50 % der Fälle zum Tod. Bei der Strahlentherapie von krebsbefallenen Organen werden Dosen von 50 bis 100 Sv appliziert.

Energie aus Kernspaltung, Kernfusion

Die im November 1938 in Berlin durchgeführten Versuche der Chemiker Otto Hahn und Fritz Strassmann hatten ein völlig unerwartetes Ergebnis. Sie bestrahlten Uran mit relativ langsamen Neutronen (ca. 2000 $\frac{\text{m}}{\text{s}}$) und hofften auf einen Neutroneneinfang, um damit eventuell transurane Elemente mit Ordnungszahlen größer 92 zu erhalten. Nach anfänglichen Zweifeln an ihrer Nachweismethode mussten sie erkennen, dass sie zwei leichte Elemente gewonnen hatten, Barium und Krypton, deren Massensumme etwa der des Urans entsprach. Das für unmöglich Gehaltene war ihnen gelungen, sie hatten einen Atomkern zertrümmert und den alten Traum der Alchemisten verwirklicht, ein Element in andere Elemente umgewandelt – wenn auch in diesem Fall kein Gold entstand! Nebenbei hatten sie die erste Kernenergiequelle gefunden:

$${}_{92}\text{U}^{235} + {}_{0}\text{n}^{1} \rightarrow {}_{36}\text{Kr}^{89} + {}_{56}\text{Ba}^{144} + 3\,{}_{0}\text{n}^{1} + 200\,\text{MeV}.$$

Durch den Spaltungsprozess wird Bindungsenergie der Kernnukleonen frei, was sich in einem Massendefekt von 0,9 % direkt messen lässt (▶ Relativitätstheorie, S. 220).
Trägt man die *mittlere* Bindungsenergie eines Nukleons über der Massenzahl *A* eines Kerns auf, so erhält man eine Kurve wie auf S. 235 dargestellt (die in der Kernphysik übliche Energieeinheit

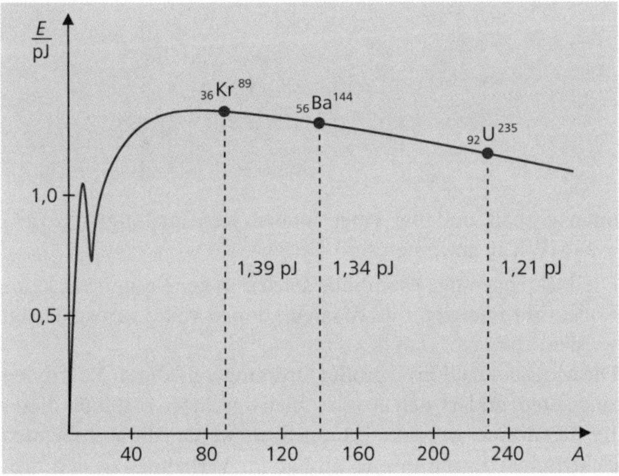

Elektronvolt eV wurde hier in Joule umgerechnet und in Picojoule ($1\,\text{pJ} = 10^{-12}\,\text{J}$) angegeben).

Sie zeigt, dass die mittlere Bindungsenergie bei Massenzahlen zwischen 40 und 120 größer ist als bei leichten, aber auch als bei sehr schweren Elementen.

Gestrichelt eingetragen sind die Energiewerte der Hahn-Strassmann'schen Uranspaltung, sie lassen überschlägig die Energieausbeute berechnen:

Zu einer (theoretisch angenommenen) Zerlegung eines U^{235}-Kerns in 235 einzelne Nukleonen wird ein Energiebetrag von $235 \cdot 1{,}21\,\text{pJ} = 284{,}3\,\text{pJ}$ benötigt. Zieht man davon ab, was beim „Zusammenbau" eines Krypton- und eines Bariumatoms frei wird: $144 \cdot 1{,}34\,\text{pJ} + 89 \cdot 1{,}39\,\text{pJ} = 316{,}7\,\text{pJ}$, so bleibt ein positiver Überschuss von 32,4 pJ übrig; die Urankernspaltung nach Hahn ist ein exothermer Vorgang.

Der zunächst klein erscheinende Energieüberschuss relativiert sich, wenn man bedenkt, dass 1 g Uran $\frac{6 \cdot 10^{23}}{235} = 2{,}6 \cdot 10^{21}$ Nukle-

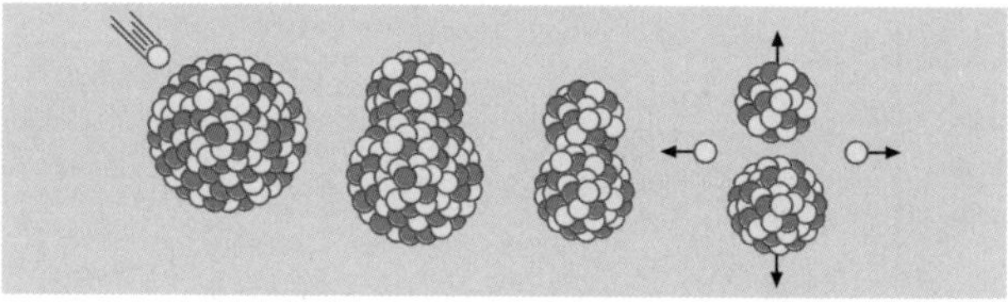

onen enthält und bei einer totalen Kernspaltung $8{,}3 \cdot 10^{10}$ J $\approx$ 23 MWh zu gewinnen sind.

Die Elektronen der Atomhülle spielen in der Kernphysik keine Rolle; ihre Energien und Massen können völlig vernachlässigt werden.

Die Möglichkeit, Kerne großer Ordnungszahl durch Neutronen zu spalten, erklärt sich aus der relativ geringen Stabilität dieser Kerne. Ab einer gewissen Protonenzahl werden die abstoßenden elektrischen Kräfte immer größer im Verhältnis zu den bindenden Kernkräften. Im Fall des Uran-235 genügt schon die relativ geringe Anregungsenergie eines langsamen Neutrons, um dieses Gleichgewicht zu stören.

Der Vorgang wird gern durch ein ***Tröpfchenmodell*** veranschaulicht. Durch das eindringende Neutron gerät der Kern in Schwingungen und die ursprünglich kugelsymmetrische Form wird zu einer Hantelform deformiert. Teile des Kerns geraten dadurch außer Reichweite der Kernbindungskräfte, es entsteht eine Einschnürung, die schließlich reißt und zwei Bruchstücke zurücklässt (meist im Massenverhältnis 2:3). Neben der oben errechneten Energie, die zum Teil in Form von γ-Strahlung abstrahlt, werden – in der Regel zwei – schnelle Neutronen frei. 85 % der Energie findet sich anschließend in Form von kinetischer Energie der Spalttrümmer.

Es hat sich gezeigt, dass nicht nur Kerne des Uranisotops U^{235} spaltbar sind. Von langsamen Neutronen lassen sich Kerne mit ungerader Neutronenzahl wie U^{233}, Pu^{239} … spalten. U^{238}-Kerne lassen sich nur durch hochenergetische Neutronen spalten. Der

Beschuss mit thermischen (= langsamen) Neutronen löst eine Reihe anderer Zerfallsprozesse aus:

$_{92}U^{238}\,(n, \gamma) \rightarrow {}_{92}U^{239};$
$_{92}U^{239} \rightarrow {}_{93}Np^{239} + \beta \rightarrow {}_{94}Pu^{239} + \beta.$

Dieser Vorgang, bei dem das in der Natur nicht vorkommende Plutonium entsteht, wird als „Brüten“ (Erbrüten von Plutonium) bezeichnet. Aufgrund der großen Gefährlichkeit im Umgang mit Plutonium und anderer ungelöster technischer Probleme, werden Projekte zum Betrieb eines Brutreaktors (z. B. „schneller Brüter“ in Kalkar) momentan nicht weiterverfolgt bzw. bestehende Anlagen stillgelegt.
Ein Erbrüten von Plutonium findet in unseren Kernreaktoren als unerwünschter Nebeneffekt statt. Das Plutonium reichert sich im Lauf der Betriebsjahre in den Brennelementstäben an und muss zum Schluss mit hohem Aufwand unter größten Sicherheitsmaßnahmen abgetrennt werden. Ein noch ungelöstes Problem ist die anschließende, sichere Endlagerung des Plutoniums, es ist hochtoxisch und waffentauglich. Zurzeit wird ein Teil des Plutoniums in den Wiederaufbereitungsanlagen frischem U^{235} beigemischt (abgebrannte Brennelemente aus zivilen Leistungsreaktoren enthalten noch rund 96 % unverbrauchtes Uran und 1 % Plutonium) und zu neuem Kernbrennstoff verarbeitet, sogenannten MOX-Elementen.
Es wird vermutet, dass in Ländern, die dem Atomwaffensperrvertrag nicht beigetreten sind, das Plutonium zur Herstellung von Atomwaffen verwendet wird.
Die bei der Spaltung von U^{235} entstehenden 2–3 Neutronen sind zunächst so schnell, dass die Verweildauer beim Durchfliegen eines Nachbarkerns zu kurz ist, um diesen in Schwingungen zu versetzen. Für die Auslösung weiterer Spaltreaktionen, und damit einer Kettenreaktion, müssen sie zuvor abgebremst werden. Dies geschieht durch elastische Stöße mit Kernen kleiner Masse. Geeignete Stoffe wie Wasser, schweres Wasser, Beryllium, Gra-

phit … werden als Moderatoren bezeichnet und sind ein notwendiger Bestandteil aller thermischen Reaktoren.
Nahezu alle in der Bundesrepublik betriebenen Reaktoren werden mit (Leicht-)Wasser moderiert. Dieses Wasser dient gleichzeitig zur Abfuhr der Wärmeenergie und muss deshalb ständig durch Pumpen in einem Wärmetauscherkreislauf zirkulieren.
Bei Reaktoren, die mit Leichtwasser moderiert werden, muss der U^{235}-Anteil auf 3–5 % angereichert werden. Mit Schwerwasser moderierte Typen können mit Natururan (0,7 % U^{235}, 99,3 % U^{238}) betrieben werden. Die Anreicherung ist ein aufwändiger und teurer Vorgang, da U^{235} und U^{238} chemisch völlig identisch sind und eine Trennung nur aufgrund des kleinen Massenunterschieds mit physikalischen Methoden möglich ist. Eine Anreicherung auf ca. 80 % U^{235} ist waffenfähig. Die kritische Masse zu einer unkontrollierten Kettenreaktion ist militärisches Geheimnis und Angaben schwanken zwischen 50 kg (von der Größe einer Pampelmuse) und 8 kg. Durch geeignete Neutronenreflektoren (Beryllium), die das vorzeitige Entweichen von Neutronen aus der Oberfläche verhindern, soll die kritische Masse weiter reduziert werden können.
Zur Einstellung des Gleichgewichts zwischen absorbierter und emittierter Neutronenzahl – die Grundvoraussetzung einer kontrollierten Kettenreaktion – wird dem Kühlwasser Borsäure zugesetzt und deren Konzentration laufend kontrolliert. Bei Störungen, die zur einer Unterbrechung der Kettenreaktion und einem raschen Abschalten des Reaktors nötigen, aber auch zu regulären Betriebspausen, können zwischen die Brennelemente Cadmiumstäbe „eingeschossen" werden. Cadmium und Bor absorbieren Neutronen, sodass damit die „Neutronenausbeute" einer Kettenreaktion geregelt werden kann. Auch nach einer Abschaltung müssen die Kühlwasserpumpen noch einige Wochen auf Hochtouren weiterlaufen, da noch große Mengen an Nachwärme aus zerfallenden Spaltprodukten anfällt.
Nach dem im Koalitionsvertrag 2005 zwischen CDU und SPD bekräftigten „Ausstieg aus der Atomindustrie" sollten die noch in Betrieb befindlichen Kernkraftwerke in Deutschland bis spä-

testens 2020 abgeschaltet sein. 2010 wurde eine Laufzeitverlängerung für deutsche Atomkraftwerke verabschiedet; nach der Nuklearkatastrophe von Fukushima 2011 wurde aber der Atomausstieg in Deutschland bis 2022 beschlossen. Ob bis dahin dieser Energieanteil aus regenerativen Quellen übernommen werden kann, ist mehr als fraglich.
Die ***Kernfusion,*** die bei der Verschmelzung leichter Atome zu einem schwereren (Deuterium und Tritium zu Helium) ebenfalls exotherm abläuft, ist bislang nur in der Sonne (und allen anderen Sternen) sowie in Form der Wasserstoffbombe realisiert. Diese Reaktion erfordert zu ihrer Zündung extreme Bedingungen – große Dichte eines Plasmas bei 10 Millionen Grad und Einschluss mindestens 1 Sekunde lang –, die bislang in einem irdischen Labor noch nicht erreicht wurden (bei der Wasserstoffbombe dient eine konventionelle Kernspaltungsbombe im Innern als Zünder). Zwar laufen die Forschungen in verschiedenen Ländern auf Hochdruck, doch verschieben die Physiker die eventuelle Inbetriebnahme eines technisch nutzbaren Reaktors mit einer „gezähmten Fusion" immer weiter hinaus, mindestens bis ins Jahr 2050.

9.3 Das Standardmodell der Elementarteilchenphysik

Das ***Standardmodell*** der Elementarteilchen fasst zusammen, was man bis heute über die Zusammensetzung der Materie aus Elementarteilchen und die Wechselwirkungen zwischen diesen weiß. Man unterscheidet zwischen den Elementarteilchen, aus denen sich die Materie zusammensetzt, und denen, die als Austauschteilchen für die Wirkungen von Kräften sorgen.

MERKE

Quarks und Leptonen bilden die Grundbausteine der uns umgebenden Materie.

Es gibt 6 ***Leptonen*** – Elektron, Myon und Tauon, sowie 3 Neutrinoarten: Elektronneutrino, Myonneutrino und Tauonneutrino. Elektron, ***Myon*** und Tauon sind elektrisch negativ geladen ($-1e$), die Neutrinos sind elektrisch neutral.
Während man bislang bei Leptonen keine innere Struktur nachweisen konnte, bestehen Neutron und Proton aus je drei ***Quarks.*** Von diesen gibt es insgesamt 6 Arten: up, down, strange, charm, bottom und top. Quarks tragen gedrittelte elektrische Ladungen – wobei sich durch die Kombination verschiedener Quarks die ganzzahlige Ladung von Proton ($+1e$) und Neutron (0) ergibt: Ein Proton besteht aus zwei up-Quarks mit einer Ladung von je $+\frac{2}{3}e$ und einem down-Quark mit einer Ladung von $-\frac{1}{3}e$; ein Neutron aus zwei down-Quarks und einem up-Quark.
Teilchen, die wie Protonen aus drei Quarks zusammengesetzt sind, heißen ***Baryonen;*** Teilchen, die aus einem Quark-Antiquark-Paar bestehen, nennt man ***Mesonen.*** Beide zusammen bilden die Teilchenfamilie der ***Hadronen.***
Während Leptonen als freie Teilchen beobachtet werden können, ist dies bei Quarks noch nie gelungen. Sie kommen nur als Bestandteil von Mesonen oder Baryonen vor.

Wechselwirkungen und Austauschteilchen

Zwischen den Elementarteilchen wirken Kräfte, wenn die Teilchen bestimmte Eigenschaften aufweisen. Während elektromagnetische Kraft (wirkt auf elektrische Ladung) und Gravitation (wirkt auf Masse) auch aus der Makrophysik bekannt sind, wirken starke und schwache Kraft auf Eigenschaften, die nur in der Mikrophysik auftreten.
Die Eigenschaft, auf die die starke Kraft wirkt, nennt man ***Farbe*** oder Farbladung; man unterscheidet die Farbladungen rot, blau und grün. Quarks tragen eine solche Farbladung und die starke Kraft sorgt für den Zusammenhalt der aus Quarks zusammengesetzten Teilchen.

Die schwache Kraft wirkt auf Teilchen mit einer Eigenschaft, die Flavor genannt wird. Sowohl Quarks als auch Leptonen besitzen ***Flavor.*** Die schwache Kraft wirkt nicht anziehend oder abstoßend, sondern wandelt Teilchen ineinander um. Sie bewirkt z. B. den β-Zerfall.

> Es gibt vier fundamentale Wechselwirkungen oder Kräfte: die elektromagnetische Kraft, die starke Kraft, die schwache Kraft und die Gravitation.

Nach dem Standardmodell werden Kräfte durch ***Austauschteilchen*** übertragen, zu jeder Kraft gehören spezifische Austauschteilchen. Dasjenige der Gravitation wurde jedoch noch nicht gefunden.

Kraft	wirkt auf Teilchen mit	Austauschteilchen
elektromagnetische	elektrischer Ladung	Photon
starke	Farbladung: nur Quarks (also auch Kernteilchen)	Gluon
schwache	Flavorladung: Quarks, Leptonen (also alle Elementarteilchen)	W-Bosonen, Z-Boson
Gravitation	Masse: alle Teilchen	Graviton?

BEISPIELE Die elektromagnetische Kraft sorgt für den Zusammenhalt von Atomkern und Atomhülle; die starke Kraft hält das Proton zusammen, aber auch Protonen und Neutronen im Atomkern. Die schwache Kraft verursacht bspw. den β-Zerfall, während die Gravitation das Planetensystem zusammen hält.

10 Größen und Einheiten

10.1 Mechanik

Größe, Symbol, Gesetz	Festlegung	Einheit (Kurzzeichen), Anmerkung
Länge *s*	Grundgröße	Meter (m)
Zeit *t*	Grundgröße	Sekunde (s)
Masse *m*	Grundgröße	Kilogramm (kg)
Durchschnittsgeschwindigkeit	$v = \frac{\Delta s}{\Delta t}$	$\frac{m}{s}$
Momentangeschwindigkeit	$v = \frac{\Delta s}{\Delta t}$, für $\Delta t \to 0$	$\frac{m}{s}$
Beschleunigung	$a = \frac{\Delta v}{\Delta t}$	$\frac{m}{s^2}$
Kraft	$F = m \cdot a$	Newton (N); $1\,N = 1\,\frac{kg \cdot m}{s^2}$
Reibungskraft (auf horizontaler Fahrbahn)	$F_R = f \cdot F_G$	Newton (N) $F_G = m \cdot g$: Gewichtskraft; *f*: Reibzahl
Winkelgeschwindigkeit	$\omega = \frac{\Delta\varphi}{\Delta t} = 2\pi \cdot f = \frac{2\pi}{T}$	Hertz (Hz) $1\,Hz = \frac{1}{s}$ φ: Drehwinkel im Bogenmaß; *f*: Frequenz; *T*: Umlaufdauer

Größe, Symbol, Gesetz	Festlegung	Einheit (Kurzzeichen), Anmerkung
Zentripetalkraft	$F_z = \frac{m \cdot v^2}{r}$ $= m \cdot r \cdot \omega^2$ $= 4\pi^2 \cdot m \cdot r \cdot f^2$ $= 4\pi^2 \cdot m \cdot \frac{r}{T^2}$	Newton (N)
Gravitationskraft	$F = G \cdot \frac{m_1 \cdot m_2}{r^2}$	Newton (N) $G = 6{,}67 \cdot 10^{-11}\ \frac{m^3}{kg \cdot s^2}$ Gravitations-konstante
Energieformen ◆ Lageenergie (= potenzielle Energie) ◆ Bewegungs-energie (= kine-tische Energie) ◆ Spann(ungs-)-energie	$W_L = m \cdot g \cdot \Delta h$ $W_{kin} = \frac{1}{2} m \cdot v^2$ $W_{spann} = \frac{1}{2} D \cdot s^2$	Einheit aller Ener-gieformen: Joule (J); 1 J = 1 Nm Δh: vertikale Wegstrecke $D = \frac{\Delta F}{\Delta s}$: Federkonstante
Leistung	$P = \frac{\Delta W}{\Delta t}$	Watt (W); $1\ W = \frac{J}{s}$
Wirkungsgrad	$\eta = \frac{P_{nutz}}{P_{auf}}$	P_{nutz}: Nutzleistung; P_{auf}: aufgebrachte Leistung
Impuls (Betrags-gleichung)	$p = m \cdot v$	$1\ kg \cdot \frac{m}{s} = 1\ Ns$

10

10.2 Thermodynamik, Wärmelehre

Größe, Symbol, Gesetz	Festlegung	Einheit (Kurzzeichen), Anmerkung
• Temperatur ϑ • absolute Temperatur T	Grundgröße, festgelegt durch Fixpunkte	Grad Celcius (°C) Kelvin (K)
Temperaturdifferenzen	$\Delta\vartheta = \Delta T$	$1\,\mathrm{K} = 1\,°\mathrm{C}$
thermodynamischer Wirkungsgrad	$\eta = 1 - \frac{T_1}{T_2}$	für Wärmekraftmaschinen
Intensität der Strahlung	$I = \frac{W}{A \cdot \Delta t}$	$1\,\frac{\mathrm{J}}{\mathrm{m}^2 \cdot \mathrm{s}} = \frac{\mathrm{W}}{\mathrm{m}^2}$ *W*: Energie der Strahlung; *A*: bestrahlte Fläche; Δt: Zeitdauer

10.3 Schwingungen und Wellen

Größe, Symbol, Gesetz	Festlegung	Einheit (Kurzzeichen), Anmerkung
Periodendauer ◆ Fadenpendel ◆ Federpendel	$T = 2\pi \cdot \sqrt{\frac{l}{g}}$ $T = 2\pi \cdot \sqrt{\frac{m}{D}}$	Sekunde (s) l: Fadenlänge; g: Ortsfaktor; m: Masse; D: Federkonstante
Abstand benachbarter Knoten in einer stehenden Welle	$\Delta s = \frac{\lambda}{2}$	Meter (m)
Eigenfrequenz einer Saite	$f_n = n \cdot \frac{c}{2l}$; $n = 1, 2, 3, \ldots$	Hertz (Hz) l: Saitenlänge

10.4 Elektrizitätslehre

Größe, Symbol, Gesetz	Festlegung	Einheit (Kurzzeichen), Anmerkung
Stromstärke	Grundgröße	Ampere (A)
Ladung	Grundgröße	Coulomb (C); 1 C = 1 As
Elektrische Feldstärke (Betragsgleichung)	$E = \frac{F}{q}$	$1\,\frac{N}{C} = 1\,\frac{V}{m}$; F: Kraft auf Probekörper; q: Ladung des Probekörpers

Größe, Symbol, Gesetz	Festlegung	Einheit (Kurzzeichen), Anmerkung
Kraft auf eine Ladung im elektrischen Feld	$F_{el} = Q \cdot E$	Newton (N) Q: Ladung Im homogenen Feld ist F konstant.
Spannung; Potenzialdifferenz zweier Punkte in einem elektrischen Feld im Abstand Δs	$U = E \cdot \Delta s$	Volt (V); $1\,\mathrm{V} = 1\,\frac{\mathrm{N}}{\mathrm{C}} \cdot \mathrm{m} = 1\,\frac{\mathrm{J}}{\mathrm{C}}$
Kapazität eines Kondensators	$C = \frac{Q}{U}$	Farad (F); $1\,\mathrm{F} = 1\,\frac{\mathrm{C}}{\mathrm{V}}$
Kapazität eines Plattenkondensators	$C = \varepsilon_0 \cdot \varepsilon_{rel} \cdot \frac{A}{d}$	Farad (F) ε_0: elektrische Feldkonstante; ε_{rel}: Dielektrizitätskonstante; A: Plattenfläche; d: Plattenabstand
Energie des Kondensatorfelds	$W_{el} = \frac{1}{2} Q \cdot U$ $= \frac{1}{2} C \cdot U^2$	$1\,\mathrm{J} = 1\,\mathrm{C} \cdot \mathrm{V} = 1\,\mathrm{F} \cdot \mathrm{V}^2$
Magnetische Flussdichte (Betragsgleichung)	$B = \frac{F}{I \cdot s}$	Tesla (T); $1\,\mathrm{T} = 1\,\frac{\mathrm{N}}{\mathrm{Am}}$
Magnetische Flussdichte im Innern einer langgestreckten Spule	$B = \mu_0 \cdot \mu_{rel} \cdot \frac{n}{l} \cdot I$	Tesla (T) μ_0: magnetische Feldkonstante; μ_{rel}: relative Permeabilitätszahl; $\frac{n}{l}$: Windungsdichte

Größe, Symbol, Gesetz	Festlegung	Einheit (Kurzzeichen), Anmerkung
Magnetische Kraft auf einen stromdurchflossenen Leiter	$F = B \cdot I \cdot s$	Newton (N) s: wirksame Leiterlänge, rechtwinklig zu B
LORENTZ-Kraft (Betragsgleichung)	$F_L = B \cdot Q \cdot v$	Newton (N) Q: Ladung eines Ions; v: Geschwindigkeit
Magnetischer Fluss	$\Phi = B \cdot A$	Weber (Wb) A: vom Magnetfeld orthogonal durchsetzte Fläche
Induktivität einer Spule	$L = \mu_0 \cdot \mu_{rel} \cdot \frac{n^2}{l} \cdot A$	Henry (H); $1\,H = 1\,\frac{Vs}{A} = 1\,\Omega s$
Selbstinduktionsspannung	$U_{ind} = -L \cdot \frac{\Delta I}{\Delta t}$	Volt (V)
Energie des Magnetfelds	$W_{mag} = \frac{1}{2} L \cdot I^2$	Joule (J)
Wechselspannung: ◆ Momentanwert ◆ Effektivwert	$U(t) = U_s \cdot \sin(2\pi \cdot f \cdot t) = U_s \cdot \sin(\omega \cdot t)$ $U_{eff} = \frac{U_s}{\sqrt{2}}$	Volt (V) U_s: Scheitelwert; f: Frequenz; $\omega = 2\pi \cdot f$: Kreisfrequenz Die Effektivspannung an der Steckdose beträgt 230 V.
Induktiver Widerstand einer Spule	$X_L = 2\pi \cdot f \cdot L = \omega \cdot L$	Ohm (Ω)
Kapazitiver Widerstand eines Kondensators	$X_C = \frac{1}{2\pi \cdot f \cdot C} = \frac{1}{\omega \cdot C}$	Ohm (Ω)

10

10.5 Wellentheorie des Lichts

Größe, Symbol, Gesetz	Festlegung	Einheit (Kurzzeichen), Anmerkung
Ausbreitungsgeschwindigkeit des Lichts	$c = f \cdot \lambda$	$\frac{\mathrm{m}}{\mathrm{s}}$ Im Vakuum ist $c = 3 \cdot 10^{8}\ \frac{\mathrm{m}}{\mathrm{s}}$, unabhängig von der Frequenz.

10.6 Photonentheorie des Lichts

Größe, Symbol, Gesetz	Festlegung	Einheit (Kurzzeichen), Anmerkung
Energie eines Photons (Lichtquants)	$W = h \cdot f$	Elektronenvolt (eV) $1\ \mathrm{eV} \approx 1{,}6 \cdot 10^{-19}\ \mathrm{J}$

10.7 Spezielle Relativitätstheorie (SRT)

Größe, Symbol, Anmerkung	Festlegung	Einheit (Kurzzeichen), Anmerkung
Korrekturfaktor	$k = \sqrt{1 - \frac{v^2}{c^2}}$ (für eine Lorentz-Transformation)	v: Geschwindigkeit eines Körpers, gemessen relativ zu einem ruhenden Bezugssystem; c: Vakuumlichtgeschwindigkeit (= Grenzgeschwindigkeit in der SRT)
Zeitdilatation	$\Delta t' = \Delta t \cdot k$	Δt: Zeitspanne in einem ruhenden Bezugssystem; $\Delta t'$: Zeitspanne in einem relativ dazu mit der Geschwindigkeit v bewegten Bezugssystem → Bewegte Uhren gehen langsamer.
Längenkontraktion	$l = l_R \cdot k$	l_R: Länge eines Stabs, gemessen in einem ruhenden Bezugssystem; l: Länge des Stabs, wenn dieser mit der Geschwindigkeit v in Richtung seiner Längsausdehnung bewegt wird → Bewegte Stäbe erscheinen verkürzt.

Größe, Symbol, Anmerkung	Festlegung	Einheit (Kurzzeichen), Anmerkung
relativistische Masse	$m(v) = \frac{m_0}{k}$	m_0: Ruhemasse eines Körpers; $m(v)$: Masse eines bewegten Körpers Es ist $m(v) \geq m_0$.
relativistischer Impuls	$p(v) = \frac{p_0}{k}$	p_0: Impuls eines Körpers, gemessen in einem ruhenden Bezugssystem $p(v)$: Impuls eines Körpers in einem dazu mit der Geschwindigkeit v bewegten System
Masse-Energie-Äquivalenz (Massendefekt)	$\Delta m = \frac{E}{c^2}$; $E = \Delta m \cdot c^2$	Jede Energiezufuhr ist mit einer Massenzunahme verknüpft – und umgekehrt. Bei einer Kernspaltung ist die Massensumme der Spaltprodukte kleiner als die Masse des Ausgangskerns. Die Differenz (Massendefekt) wird in Form von Energie frei.
kinetische Energie in der SRT	$E_{kin} = m(v) \cdot c^2 - m_0 \cdot c^2$	$m(v) \cdot c^2$: Gesamtenergie; $m_0 \cdot c^2$: Ruheenergie Für $v \ll c$ gilt $E_{kin} \approx \frac{1}{2} \cdot m_0 \cdot v^2$.

Größe, Symbol, Anmerkung	Festlegung	Einheit (Kurzzeichen), Anmerkung
Energie eines Photons (Lichtquants)	$E = m \cdot c^2 = h \cdot f$ $= h \cdot \frac{c}{\lambda}$	Elektronenvolt (eV) $1\,\text{eV} \approx 1{,}6 \cdot 10^{-19}\,\text{J}$ *E:* Energie eines Photons der Frequenz *f* bzw. Wellenlänge λ; *h:* PLANCK'sches Wirkungsquantum

10.8 Naturkonstanten

Fallbeschleunigung (= Ortsfaktor) in Europa	$g = 9{,}81\,\frac{\text{m}}{\text{s}^2} = 9{,}81\,\frac{\text{N}}{\text{kg}}$
Gravitationskonstante	$G = 6{,}67 \cdot 10^{-11}\,\frac{\text{m}^3}{\text{kg} \cdot \text{s}^2}$
Elementarladung	$e = 1{,}602 \cdot 10^{-19}\,\text{C}$
Elektrische Feldkonstante	$\varepsilon_0 = 8{,}85 \cdot 10^{-12}\,\frac{\text{A} \cdot \text{s}}{\text{V} \cdot \text{m}}$
Magnetische Feldkonstante	$\mu_0 = 1{,}256 \cdot 10^{-6}\,\frac{\text{V} \cdot \text{s}}{\text{A} \cdot \text{m}}$
Ruhemasse des Elektrons	$m_e = 9{,}11 \cdot 10^{-31}\,\text{kg}$
Spezifische Ladung des Elektrons	$\frac{e}{m_e} = 1{,}76 \cdot 10^{11}\,\frac{\text{C}}{\text{kg}}$
PLANCK'sche Konstante	$h = 4{,}14 \cdot 10^{-15}\,\text{eV} \cdot \text{s}$ $= 6{,}63 \cdot 10^{-34}\,\text{J} \cdot \text{s}$

10

Stichwortverzeichnis

Bildnachweis

S. 1–160 und 162–207: angefertigt von Stefan Giertzsch, bearbeitet durch Lennart Fischer;
S. 161: Hans-Peter Götz;
S. 208–256: Lennart Fischer

Newton'sche Gesetze

1. Newton'sches Gesetz

Eine Masse, auf die keine Kraft einwirkt, ruht oder bewegt sich geradlinig mit gleichförmiger, konstanter Geschwindigkeit. Diese Eigenschaft wird als Trägheit der Masse bezeichnet.

2. Newton'sches Gesetz

Wirkt eine Kraft $\vec{F}$ auf eine Masse m, so ändert sich in der Zeit Δt die Geschwindigkeit $\vec{v}$ um $\Delta\vec{v}$.

Die Änderung $\frac{\Delta\vec{v}}{\Delta t} = \vec{a}$ nennt man Beschleunigung. Sie ist proportional zur Kraft und hat dieselbe Richtung:

$\vec{a} = \frac{\Delta\vec{v}}{\Delta t}$ bzw. $\vec{F} = m \cdot \vec{a} = m \cdot \frac{\Delta\vec{v}}{\Delta t}$

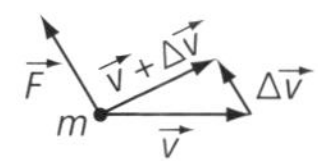

3. Newton'sches Gesetz

Jeder Kraft ist eine gleich große Kraft entgegengesetzt: Wirkt Körper A mit einer Kraft $\vec{F}$ auf Körper B, so wirkt dieser mit der Kraft $-\vec{F}$ auf den Körper A. Man bezeichnet dies als *„actio gleich reactio"*.

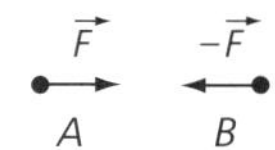

Superpositionsprinzip

Mehrere Kräfte addieren sich entsprechend der Regeln der Vektoraddition. Eine Kraft kann stets in eine Summe von Kräften zerlegt werden.

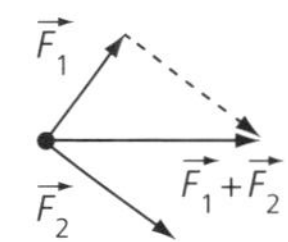

Bewegung bei konstanter Krafteinwirkung

Betrag und Richtung der Kraft konstant, freier Fall

Ist die Kraft konstant – wie im freien Fall ohne Luftreibung –, erhält man im eindimensionalen Fall:

Geschwindigkeit: $v = v_0 + at$ Weg (oder Ort): $s = s_0 + v_0 \cdot t + \frac{1}{2}at^2$

Dabei ist a die Beschleunigung, m die Masse und t die Zeit. s_0 ist der Ort und v_0 die Geschwindigkeit bei $t = 0$.

Im dreidimensionalen Raum werden die Gleichungen entsprechend mit Vektoren geschrieben.

Kreisbewegung

Bewegt sich eine Masse auf einer Kreisbahn, so erfährt sie eine konstante Kraft, die stets senkrecht zu der momentanen Bewegung in Richtung des Kreismittelpunkts wirkt (Zentripetalkraft). Dabei ändert sich nicht der Betrag der Geschwindigkeit, sondern nur ihre Richtung. Diese Beschleunigung spürt man z. B. als Zentrifugalkraft in einem Karussell. Die Zentrifugalkraft ist genau entgegengesetzt zur Zentripetalkraft und hat dieselbe Größe.

Als weitere Bewegungsgrößen neben der Bahngeschwindigkeit v führt man den Radius r der Kreisbahn, die Umlaufzeit T, die Frequenz $f = \frac{1}{T}$ und die Winkelgeschwindigkeit $\omega = 2\pi f = \frac{v}{r}$ ein. Mit diesen Größen ergeben sich folgende Formeln, um die Zentrifugalkraft F_z zu berechnen:

$$F_z = m \cdot \frac{v^2}{r} = m \cdot \omega^2 \cdot r = m \cdot 4\pi^2 f^2 \cdot r = m \cdot \frac{4\pi^2}{T^2} \cdot r$$

Energie und Impuls

Energie und Energieerhaltung

Die Einheit für Energie ist Joule (J). Es gibt viele verschiedene Formen von Energie. Mechanische Energie wird oft auch als Arbeit bezeichnet. Für diese gilt allgemein: $W_{mech} = F \cdot s$ (F ist die Kraft, s der Weg).

Typische Energieformen in der Mechanik sind:
die kinetische Energie $W_{kin} = \frac{1}{2} m \cdot v^2$ (m ist die Masse, v die Geschwindigkeit), die potenzielle Energie $W_{pot} = m \cdot g \cdot h$ (g ist die Erdbeschleunigung, h die Höhe) und die Federenergie $W_{spann} = \frac{1}{2} D \cdot s^2$ (D ist die Federkonstante, s die Auslenkung der Feder).
Die Summe aller Energien in einem reibungsfreien, abgeschlossenen System ist konstant:

$W_{gesamt} = W_{kin} + W_{pot} + W_{spann} =$ konstant.

Impuls und Impulserhaltung

Der Impuls $\vec{p}$ einer Masse m mit der Geschwindigkeit $\vec{v}$ ergibt sich zu: $\vec{p} = m \cdot \vec{v}$. In einem abgeschlossenen System ist die Summe der Impulse aller Massen konstant: $\vec{p}_{gesamt} = \vec{p}_1 + \vec{p}_2 + \vec{p}_3 + \ldots =$ konstant.

Gravitationsgesetz und Kepler'sche Gesetze

Schwerkraft

Zwischen zwei Massen m_1 und m_2 mit dem Abstand r besteht eine Anziehungskraft: $F = G \cdot \frac{m_1 \cdot m_2}{r^2}$.

Die Gravitationskonstante ist sehr klein, $G = 6{,}674 \cdot 10^{-11}\ \frac{\mathrm{m}^3}{\mathrm{kg} \cdot \mathrm{s}^2}$. Da es bei der Gravitation keine Abstoßung gibt und die Kraft nur mit $\frac{1}{r^2}$ abnimmt, ist sie die einzige Kraft, die über sehr große Entfernungen noch wirken kann. Ganze Galaxienhaufen mit Millionen von Lichtjahren im Durchmesser können gravitativ gebunden sein.

Kepler'sche Gesetze

Für die Bewegung von Planeten um ein Zentralgestirn hat Kepler folgende Gesetze entdeckt:

1. Alle Planeten laufen um das Gestirn auf einer Ellipse oder einem Kreis. Das Gestirn steht jeweils in einem Brennpunkt der Ellipsen.

2. Die Verbindungslinie Gestirn–Planet überstreicht in gleicher Zeit eine gleich große Fläche.

3. Für die Umlaufzeiten T_1 und T_2 sowie die großen Halbachsen a_1 und a_2 zweier Planeten gilt folgende Beziehung: $\frac{T_1^2}{T_2^2} = \frac{a_1^3}{a_2^3}$.

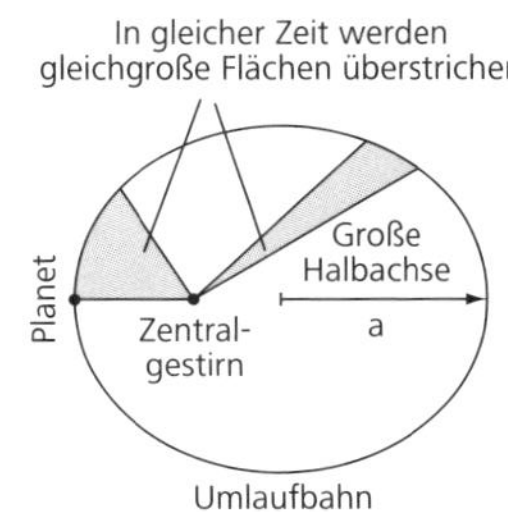

Mechanische Schwingungen

Harmonische Schwingung (Sinusschwingung)

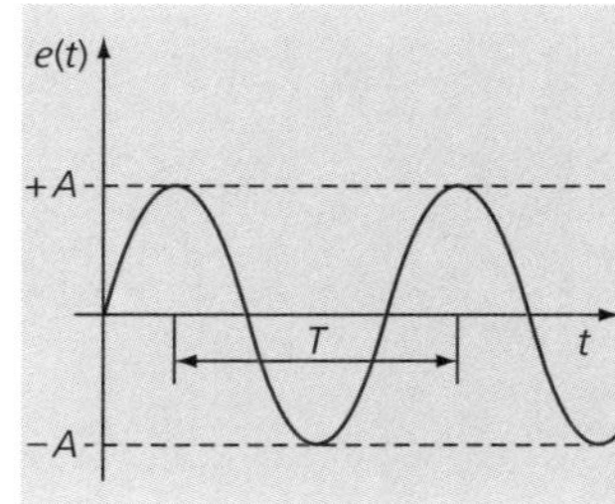

Existiert eine rücktreibende Kraft, die proportional zur Auslenkung e ist, dann kann eine Masse harmonisch um einen Ruhepunkt schwingen:

$e(t) = A \cdot \sin(2\pi \cdot f \cdot t + \phi)$

Dabei ist A die Amplitude (maximale Auslenkung), f die Frequenz der Schwingung $\left(\text{Einheit Hertz, } 1\,\text{Hz} = \frac{1}{\text{s}}\right)$, t die Zeit und ϕ die Phase, die bestimmt, in welchem Zustand die Schwingung bei $t = 0$ ist. Für die Frequenz f findet man folgende Formeln.

Federpendel: $f = \frac{1}{2\pi} \cdot \sqrt{\frac{D}{m}}$ mit Federkonstante D und Masse m

Fadenpendel: $f = \frac{1}{2\pi} \cdot \sqrt{\frac{g}{l}}$ mit Erdbeschleunigung g und Fadenlänge l

Gedämpfte Schwingung

Wegen Reibung kommt jedes freie Pendel früher oder später zur Ruhe. Durch geeignete Anregung von außen kann die Reibung ausgeglichen werden (Beispiel Uhrenpendel).

Erzwungene Schwingung

Wird ein Pendel periodisch von außen angeregt, so schwingt das Pendel mit der Anregungsfrequenz. Ist diese gleich der Eigenfrequenz, schaukelt sich die Schwingung immer weiter auf.

Wellen

Wellenlänge

In einem schwingungsfähigen Medium können sich Wellen ausbreiten. Die Geschwindigkeit c hängt vom Medium ab. Für die Frequenz f $\left(\text{Einheit Hertz, } 1\,\text{Hz} = \frac{1}{\text{s}}\right)$ und die Wellenlänge λ gilt: $c = \lambda \cdot f$

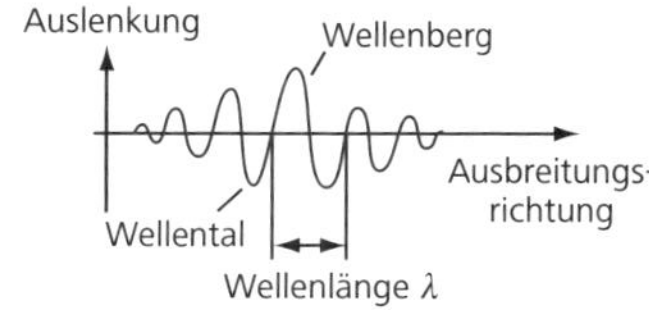

Brechung

Durchdringt eine Welle eine Grenzfläche zwischen zwei Medien mit verschiedenen Ausbreitungsgeschwindigkeiten c_1 und c_2, so knickt die Ausbreitung nach dem Brechungsgesetz ab: $\frac{c_1}{c_2} = \frac{\sin\alpha}{\sin\beta}$.

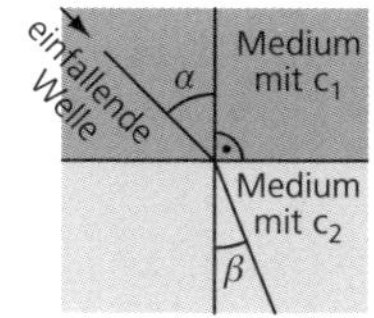

Interferenz, Beugung, stehende Welle

Überlagern sich Wellen, so verstärken sich Wellenberge, die auf Wellenberge treffen. Wellenberg und Wellental löschen sich hingegen aus.
Es entsteht ein Interferenzmuster.
Eine Welle kann nach Aufteilung am Doppelspalt oder Gitter auch mit sich selbst interferieren (Beugung). Durch Reflexion an Begrenzungen und Überlagerung bilden sich bei Resonanzfrequenzen stehende Wellen aus, die an bestimmten Stellen Knoten (keine Schwingung) und Bäuche (maximale Schwingung) aufweisen (Beispiel: Musikinstrumente).

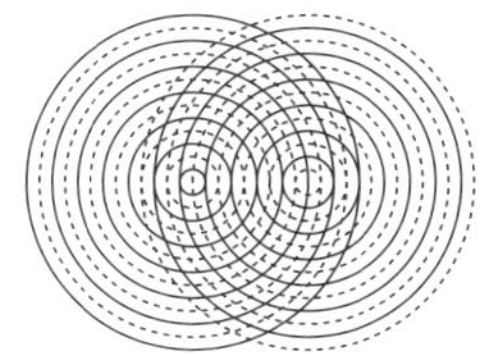

Gasgesetze der Thermodynamik

Absolute Temperatur

Eine Temperaturskala gibt an, in welche Richtung Wärme(-Energie) fließen kann: nur von der höheren zu der tieferen Temperatur. Ein Körper ohne Wärme hat folglich die tiefste mögliche Temperatur. In Celsius sind dies −273,15 °C, in Kelvin 0 K. Angaben in der Kelvin-Skala werden als absolute Temperaturen bezeichnet.

Ideale Gase

In einem idealen Gas sind die Moleküle klein im Vergleich zu ihren Abständen und sie ziehen sich gegenseitig nicht an (z. B. näherungsweise Luft bei Normalbedingungen). Für diese Gase gelten nachfolgende Gesetze.

Das Gesetz von Gay-Lussac: $\frac{V}{T}$ = konstant, wenn der Druck konstant gehalten wird.

Das Gesetz von Amontons: $\frac{p}{T}$ = konstant, wenn das Volumen konstant gehalten wird.

Das Gesetz von Boyle-Mariotte: $p \cdot V$ = konstant, wenn die Temperatur konstant gehalten wird.

Zusammen mit dem Gesetz von Avogadro (Volumina gleicher Stoffmengen sind gleich) ergibt sich die universelle Gasgleichung: $\frac{p \cdot V}{T} = n \cdot R$.

Dabei sind: p der Druck in $\frac{\mathrm{N}}{\mathrm{m}^2}$, V das Volumen in m^3, T die absolute Temperatur in K, n die Stoffmenge in mol (1 mol sind $6{,}022 \cdot 10^{23}$ Teilchen) und R die Gaskonstante mit $R = 8{,}145 \frac{\mathrm{J}}{\mathrm{mol} \cdot \mathrm{K}}$.

Hauptsätze der Thermodynamik

Erster Hauptsatz der Thermodynamik

Für die Änderung der inneren Energie eines beliebigen Systems gilt: $\Delta U = Q + W$

Dabei sind Q die mechanische Arbeit, die an dem System verrichtet wird, und W die Wärme, die in das System fließt. Die innere Energie eines abgeschlossenen Systems, das weder Wärme noch mechanische Energie mit seiner Umgebung austauschen kann, kann sich also nicht ändern und bleibt konstant (Energieerhaltung).

Zweiter Hauptsatz der Thermodynamik

Diesen Hauptsatz gibt es in sehr vielen verschiedenen Formulierungen. Eine ist:

„Wärme kann nicht ohne zusätzlichen Energieaufwand von einem Körper niedriger Temperatur zu einem Körper höherer Temperatur fließen."

Man denke hier z. B. an die Unmöglichkeit eines Kühlschranks, der keine Energie verbraucht.

Wirkungsgrad

Der zweite Satz hat weitreichende Konsequenzen für Wärmekraftmaschinen (z. B. Dampfmaschinen, Verbrennungsmotoren). Das Verhältnis aus gewonnener mechanischer Energie zur eingesetzten Wärme ist maximal so groß wie beim idealisierten Carnot-Prozess. Für dieses als Wirkungsgrad η bezeichnete Verhältnis gilt:

$\eta \leq \frac{T_{max} - T_{min}}{T_{max}}$. Dabei sind T_{max} die Temperatur der Wärmequelle und T_{min} die der Wärmesenke.

Strahlungsgesetze

Stefan-Boltzmann'sches Gesetz

Jeder Körper gibt Wärmestrahlung entsprechend seiner Temperatur T ab. Für die maximal mögliche Strahlungsintensität I, also die Strahlungsleistung pro Flächeneinheit, gilt das Stefan-Boltzmann'sch Gesetz:

$I = \sigma \cdot T^4$ mit $\sigma = 5{,}670 \cdot 10^{-8} \frac{W}{m^2 K^4}$, einer universellen Naturkonstante.

Die Strahlungsintensität hängt neben der Temperatur noch von Eigenschaften der Oberfläche des Körpers ab, z. B. seiner Farbe. Ein schwarzer Körper strahlt Wärme besser ab, als ein weißer oder gar metallisch spiegelnder.

Wien'sches Verschiebungsgesetz

Wärmestrahlung besitzt ein breites Spektrum an Strahlung. Ein Beispiel dafür ist das Sonnenlicht, dessen Spektrum vom infraroten über das sichtbare bis zum ultravioletten Licht reicht. Die Sonne ist in grober Näherung ein schwarzer Strahler. Für die Wellenlänge λ, bei der das Maximum der Strahlungsleistung abgegeben wird, gilt das Wien'sche Verschiebungsgesetz:

$\lambda_{max} = \frac{0{,}002898}{T} K \cdot m$.

Für die Sonne mit $T_{Sonne} = 5\,740\,K$ ergibt sich $\lambda_{max} = 505\,nm = 0{,}505\,\mu m$ (grünes Licht),

für die Erde mit etwa $T_{Erde} = 288\,K$ ist $\lambda_{max} \approx 10\,000\,nm = 10\,\mu m$ (fernes Infrarot).

Elektrische Ladungen, Felder, Potenzial und Spannung

Elementarladung

Es gibt positive und negative elektrische Ladungen. Gleichnamige Ladungen stoßen sich ab, ungleichnamige ziehen sich an. Ladungsmengen Q werden in Coulomb (C) gemessen. Ladungen sind immer Vielfache der Elementarladung $e = 1{,}602 \cdot 10^{-19}$ C. Elektronen besitzen eine negative Elementarladung, Protonen eine positive.

Elektrisches Feld

In einem ungeladenen Körper sind gleich viele positive und negative Ladungen. Gibt es mehr von einer Sorte, ist der Körper geladen und von einem elektrischen Feld $\vec{E}$ umgeben. In dem Feld erfahren Ladungen eine Kraft. Nach Konvention geht das Feld von positiven zu negativen Ladungen. Für eine Kugel mit der Ladung Q gilt das Coulomb'sche Gesetz:

$|\vec{E}| = \frac{1}{4\pi\varepsilon_0} \frac{Q}{r^2}$ mit der elektrischen Feldkonstanten $\varepsilon_0 = 8{,}854 \cdot 10^{-12}\,\frac{\text{As}}{\text{Vm}}$.

Die Kraft auf eine Probeladung q in einem Feld $\vec{E}$ ist: $\vec{F} = q\vec{E}$

In Metallen existieren frei bewegliche Elektronen. Ein äußeres Feld führt zu einer Ladungsverschiebung auf der Oberfläche des Körpers, bis das Innere feldfrei ist. Dieses Phänomen nennt man Influenz.

Das Feld zwischen zwei parallelen Platten der Fläche A und der Ladung Q beträgt $|\vec{E}| = \frac{1}{\varepsilon_0} \frac{Q}{A}$.

Die Arbeit, die man aufwenden muss (oder die frei wird), wenn eine Ladungseinheit von einem zu einem anderen Ort eines Feldes verschoben wird, nennt man Potenzial oder Spannung U (in Volt, V).

Ströme und magnetische Felder

Ströme

Fließen zwischen zwei Punkten Ladungen, nennt man dies Strom. Er wird in Ampere, A, gemessen: $1\,\text{A} = \frac{1\,\text{C}}{1\,\text{s}}$. Ströme setzen voraus, dass es freie Ladungsträger gibt. In Metallen sind dies freie Elektronen, in Flüssigkeiten oder Gasen können Ionen, also geladene Moleküle, einen Strom bilden.

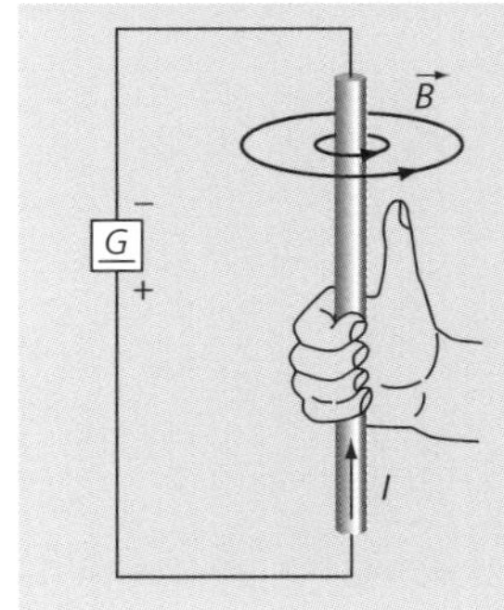

Magnetische Felder

Ein fließender Strom ist stets von einem Magnetfeld $\vec{B}$ (Einheit Tesla, T) umgeben. Magnetische Feldlinien sind geschlossen, haben also weder Anfang noch Ende. Den Umlaufsinn der Feldlinien kann man sich mit der Rechten-Hand-Regel merken.

Achtung: Der Daumen zeigt in die technische Stromrichtung vom Plus- zum Minuspol der Stromquelle.

Wird ein Draht zu einer Spule aufgewickelt, entsteht im Inneren der Spule ein kräftiges, homogenes Magnetfeld $\vec{B}$, für dessen Betrag gilt (näherungsweise):

$\vec{B} = \mu_0 \frac{n}{l} I$ mit der magnetischen Feldkonstanten $\mu_0 = 4\pi \cdot 10^{-7} \frac{\text{T} \cdot \text{m}}{\text{A}}$,

der Windungszahl n, der Spulenlänge l und dem Strom I.

Das Magnetfeld einer Spule kann durch magnetisierbare Stoffe, wie z. B. Eisen, noch vervielfacht werden.

Bewegte Ladungen in elektrischen und magnetischen Feldern

Lorentz-Kraft

Bewegt sich eine Ladung Q senkrecht zu einem Magnetfeld B mit der Geschwindigkeit v, dann erfährt diese eine Kraft senkrecht zu ihrer Bewegung und senkrecht zum Magnetfeld. Diese Kraft nennt man Lorentz-Kraft: $F = Q \cdot v \cdot B$.

Da die Lorentz-Kraft immer senkrecht zur Bewegungsrichtung ist, ändert sie lediglich die Bewegungsrichtung der Ladung, aber nicht deren kinetische Energie. Im Vakuum zwingt ein homogenes Magnetfeld geladene Teilchen auf Kreisbahnen.

Induktion

Als magnetischen Fluss bezeichnet man das Produkt aus Magnetfeld und Fläche, die von dem Feld durchdrungen wird: $\Phi = B \cdot A$.

Ändert sich der magnetische Fluss durch eine Leiterschleife, so entsteht in dieser Schleife eine Spannung:

$U_{\text{ind}} = \frac{\Delta\Phi}{\Delta t}$.

Bei mehreren Schleifen muss die Spannung noch mit der Schleifenanzahl multipliziert werden.

Ob sich das Feld oder die Fläche der Schleife ändert oder ob die Schleife gedreht wird, sodass das Magnetfeld die Schleife mehr oder weniger durchdringt, ist für diese Beschreibung unerheblich.

Elektronische Bauteile: Widerstand, Kondensator und Spule

Widerstand

Das Bauteil „Widerstand“ besitzt zwischen seinen beiden Anschlüssen einen definierten elektrischen Widerstand R (gemessen in Ohm, Ω) und kann z. B. dazu eingesetzt werden, den Stromfluss zu verringern. Der Zusammenhang zwischen Strom, Spannung und Widerstand ist: $U = R \cdot I$.

Kondensator

Im einfachsten Fall besteht ein Kondensator aus zwei parallelen Platten, die gegensätzlich aufgeladen werden können. Das Verhältnis aus gespeicherter Ladung Q und anliegender Spannung U bezeichnet man als Kapazität C (gemessen in Farad, F): $C = \frac{Q}{U}$ oder einprägsamer: $Q = C \cdot U$

Kondensatoren werden z. B. dazu genutzt, Spannungen zu glätten und Ladungen zu speichern.

Spule

Eine Spule besteht aus Leiterwindungen, meist um einen Kern aus magnetisierbarem Material. Ändert sich der Stromfluss in der Spule, ändert sich auch der magnetische Fluss. Das erzeugt eine Spannung, die der Stromänderung entgegenwirkt. Man nennt dies Induktivität L (gemessen in Henry, H):

$$U_{\text{ind}} = L \frac{\Delta I}{\Delta t}.$$

Spulen werden z. B. dazu eingesetzt, den Stromfluss zu glätten oder in Schaltnetzteilen Spannungen zu wandeln. Mit Kondensatoren zusammen bilden sie schwingende Systeme (s. Wechselstrom).

Wechselstrom, Wechselspannung

Bei einer Wechselspannungsquelle ändert sich permanent die Polung. Meist hat die Spannung einen sinusförmigen Verlauf mit fester Frequenz. Der Effektivwert der Spannung ist um den Faktor $\sqrt{2}$ kleiner als ihre Amplitude. Die 50-Hz-Netzspannung hat einen Effektivwert von 230 V, also eine Amplitude von 325 V.

Transformator

Werden zwei Spulen magnetisch gekoppelt, sodass durch beide derselbe magnetische Fluss fließt, erhält man einen Transformator. Wird eine der Spulen an eine Wechselspannungsquelle mit der Spannung U_1 angeschlossen, ergibt sich an der zweiten Spule eine Spannung U_2, die (idealisiert) nur von dem Verhältnis der Windungszahlen n_1 und n_2 abhängt: $U_2 = \frac{n_2}{n_1} U_1$.

Schwingkreis

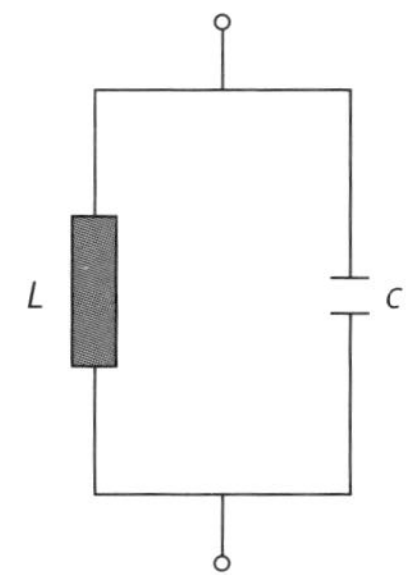

Werden ein Kondensator und eine Spule parallel geschaltet, entsteht ein Schwingkreis. Nach einer Anregung pendelt das System zwischen den Zuständen „Kondensator geladen, Spule stromlos“ und „Kondensator entladen, Spule stromdurchflossen“ hin und her, wobei die Stromrichtung in der Spule und die Polarität am Kondensator ebenfalls wechseln. Für einen Schwingkreis (idealisiert ohne Widerstand) mit einer Kapazität C und einer Induktivität L erhält man die Frequenz:
$f = \frac{1}{2\pi\sqrt{LC}}$.

Elektromagnetische Wellen – Licht

Entstehung elektromagnetischer Wellen

Anders als mechanische können sich elektromagnetische Wellen unabhängig von Materie auch durch den leeren Raum ausbreiten. Grund sind die elektromagnetischen Felder: Jedes sich ändernde elektrische Feld erzeugt ein magnetisches Feld und umgekehrt. Die Ausbreitungsgeschwindigkeit *c* dieser Wellen im leeren Raum ist unabhängig von der Frequenz und ergibt sich aus den Feldkonstanten:

$$c = \frac{1}{\sqrt{\varepsilon_0 \mu_0}} = 299\,792\,458\,\frac{\text{m}}{\text{s}}.$$

Wellenlängenbereiche – von der Langwelle über Licht bis Gamma-Strahlung

In der Regel charakterisiert man eine elektromagnetische Welle nicht durch ihre Frequenz, sondern durch ihre Wellenlänge. Die folgende Abbildung zeigt die verschiedenen Bereiche. Sichtbares Licht ist ein winzig kleiner Teil des gesamten Spektrums.

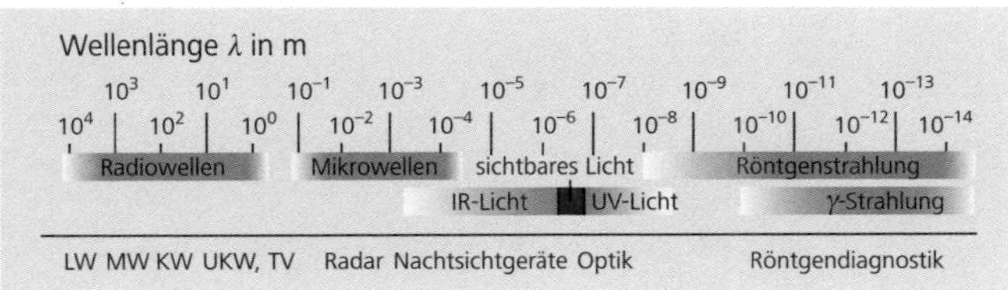

Quantenmechanische Beschreibung des Lichts

Photoeffekt

Trifft UV-Licht auf eine blanke Zinkplatte, werden aus der Oberfläche Elektronen herausgelöst. Die Energie der Elektronen hängt nicht von der Intensität, sondern nur von der Frequenz des Lichts ab.

Quantisierung, Planck'sches Wirkungsquantum

Es zeigt sich, dass Licht quantisiert ist. Lichtquanten (Photonen) verhalten sich dabei wie Teilchen ohne Ruhemasse mit einer Energie E_{Photon}, die von ihrer Frequenz f abhängt: $E_{\text{Photon}} = h \cdot f$. Dabei ist $h = 6{,}626 \cdot 10^{-34}\,\text{J} \cdot \text{s}$ das sogenannte Planck'sche Wirkungsquantum. Für die sehr kleinen Energien benutzt man gern die Einheit Elektronenvolt: $1\,\text{eV} = 1{,}602 \cdot 10^{-19}\,\text{J}$. Grünes Licht hat z. B. eine Energie von $\sim 2{,}5\,\text{eV}$.

Ionisierende Strahlung und Compton-Effekt

Ist die Energie eines Photons größer als die Bindungsenergie eines Elektrons in einem Molekül, kann das Photon das Molekül ionisieren. In biologischem Gewebe kann dies zu Schäden führen. Zur ionisierenden Strahlung gehören das UV-Licht (ab ca. 4 eV) sowie Röntgen- und Gammastrahlung.

Photonen der Energie E_{Photon} besitzen den Impuls $p = \frac{E_{\text{Photon}}}{c}$. Diesen Impuls können sie ganz oder teilweise über einen Stoß auf ein Elektron übertragen. Dabei gelten Impuls- und Energieerhaltung wie beim klassischen elastischen Stoß. Der Effekt spielt nur für Photonen mit sehr hohen Energien eine Rolle (> 100 000 eV) und wird als Compton-Effekt bezeichnet.

Wahrscheinlichkeitswellen und Orbitalmodelle

De-Broglie-Wellenlänge

Teilchen mit einer Ruhemasse m besitzen einen klassischen Impuls $p = m \cdot v$. Mit diesem ist quantenmechanisch die Wellenlänge $\lambda = \frac{h}{p}$ verbunden (h ist das Planck'sche Wirkungsquantum). Tatsächlich findet man diese Wellenlänge bei Beugungsversuchen von Elektronenstrahlen an Atomgittern. Diese Wellen werden als Wahrscheinlichkeitswellen interpretiert.

Heisenberg'sche Unschärferelation

In der Quantenmechanik ist das Produkt bestimmter Größenpaare nicht beliebig genau bestimmbar: z. B. Ort und Impuls, $\Delta x \cdot \Delta p > h$, oder Zeit und Energie, $\Delta t \cdot \Delta E > h$.

Orbitalmodell

Elektronen laufen nicht in festen Bahnen um Atomkerne. Vielmehr sind es stehende Wahrscheinlichkeitswellen, (Orbitale), in denen ein Elektron mit einer bestimmten Wahrscheinlichkeit anzutreffen ist. Die räumliche Begrenzung entsteht durch die Anziehung zwischen negativen Elektronen und positivem Atomkern.

Orbitale sind in Schalen gruppiert. Je weiter eine Schale vom Atomkern entfernt ist, desto weniger stark ist das Elektron darin an den Kern gebunden. Für das Wasserstoffatom findet man z. B. folgende Bindungsenergien für die n-te Schale: $E_n = -13{,}6\ \text{eV} \cdot \frac{1}{n^2}$. n wird als Hauptquantenzahl des Atoms bezeichnet.

Die Nebenquantenzahlen nummerieren die verschiedenen Orbitale einer Schale durch.

Kernphysik

Nukleonen

Atomkerne bestehen aus Nukleonen: Protonen und Neutronen. Ihr Durchmesser ist etwa 100 000-mal kleiner als der eines Atoms. Protonen tragen eine positive Elementarladung und sind auch einzeln stabil. Neutronen sind neutral und geringfügig schwerer als Protonen. Einzeln zerfallen sie mit einer Halbwertszeit von etwa 10 min in ein Proton, ein Elektron und ein Neutrino.

Kernkräfte

Nukleonen werden durch die starke Wechselwirkung gebunden. Diese Anziehungskraft ist viel stärker als die elektrische, aber ihre Reichweite ist so kurz, dass nur benachbarte Nukleonen eine Anziehung spüren.

Kernzerfälle

Stabile Kerne bestehen aus etwa gleich vielen Protonen und Neutronen. Größere Kerne werden nur durch einen Neutronenüberschuss stabil. Die drei wichtigsten Zerfallsmöglichkeiten von instabilen Kernen sind:

Alpha-Zerfall: Der Kern sendet ein Teilchen aus zwei Protonen und zwei Neutronen aus. Dieses Teilchen nennt man Alpha-Teilchen und es ist identisch mit dem Kern eines Heliumatoms.

Beta-Zerfall: Ein Neutron des Kerns wandelt sich in ein Proton um. Das dabei entstehende Elektron (Beta-Teilchen) verlässt den Kern.

Spaltung: Sehr schwere Kerne können stimuliert durch Neutronbeschuss in Bruchstücke zerfallen. Zerfallsprodukte sind meist energetisch angeregt und geben diese Energie als Gamma-Photonen ab.

Spezielle Relativitätstheorie

Raum und Zeit verändern sich, je nach der relativen Geschwindigkeit des Betrachters. Die Krümmung der Raum-Zeit im Gravitationsfeld ist Gegenstand der Allgemeinen Relativitätstheorie und wesentlich komplexer.

Zeitdilatation

Eine Zeitdauer Δt in einem Bezugssystem ist von einem anderen, dazu bewegten Bezugsystem aus gesehen gedehnt. Es gilt $\Delta t' = \Delta t / \sqrt{1 - \frac{v^2}{c^2}}$. Dabei ist v die Relativgeschwindigkeit und c die Lichtgeschwindigkeit.

Längenkontraktion

Längen verkürzen sich in Richtung der Relativbewegung: $\Delta s' = \Delta s \cdot \sqrt{1 - \frac{v^2}{c^2}}$.

Relativistische Masse

Eine Masse und ebenso ein mit ihr verbundener Impuls, die von einem bewegten Bezugssystem aus beobachtet wird, sind vergrößert: $\Delta m' = \frac{\Delta m}{\sqrt{1 - \frac{v^2}{c^2}}}$ und entsprechend $\Delta p' = \frac{\Delta p}{\sqrt{1 - \frac{v^2}{c^2}}}$

Äquivalenz von Masse und Energie

Masse und Energie sind äquivalent und können unter bestimmten Bedingungen ineinander übergehen: $E = mc^2$. Ein Beispiel sind Elektron-Positron-Paare, die sich spontan aus Gammaphotonen bilden können, wenn die Energie des Gammaphotons ausreichend hoch ist, oder wieder zu zwei Gammaphotonen zerstrahlen können.

Standardmodell der Elementarteilchen

Elementarteilchen

Die Materie besteht aus Up-, Down-, Strange-, Charm-, Bottom- und Top-Quarks sowie aus den Leptonen Elektron, Myon, Tauon und drei dazugehörigen Neutrino-Sorten. Quarks haben $\frac{1}{3}$ oder $\frac{2}{3}$ einer Elementarladung e. Sie können aber nur in Gruppen von zwei oder drei Quarks existieren, sodass stets ganzzahlige Elementarladungen auftreten.

Protonen bestehen aus zwei Up- $\left(+\frac{2}{3}e\right)$ und einem Down-Quark $\left(-\frac{1}{3}e\right)$, Neutronen aus einem Up- und zwei Down-Quarks.

Wechselwirkungsteilchen

Es gibt vier bekannte Wechselwirkungen: die Gravitation, die elektromagnetische, die schwache und die starke Wechselwirkung. Elektromagnetische Wechselwirkungen werden durch Photonen vermittelt. Diese koppeln an die Ladung eines Teilchens. Die schwache Wechselwirkung koppelt mit W- und Z-Bosonen an eine Eigenschaft, die als Flavor bezeichnet wird und über die Quarks und Leptonen verfügen. Die starke Wechselwirkung koppelt an die sogenannte Farbladung der Quarks mit den Gluonen. Ob die Gravitation auch über Wechselwirkungsteilchen vermittelt wird, ist unklar. In der Welt der Elementarteilchen spielt sie allerdings wegen ihrer geringen Kraft keine Rolle.